中等职业教育计算机类专业系列教材

计算机录入与排版

主　编　刘基平

参　编　张亚丽　李晓征　张　颖

主　审　杨光伟

机械工业出版社

本书按照“实例效果→操作步骤→提示→练习”模式编写。在模块中都给出了效果图或练习操作内容，教师和学生可以按照自我需求，将模块中的每个独立任务进行组合教学或学习，迅速完成用计算机进行文字录入与排版基本操作和排版技巧的学习任务。

本书适用于中、高职校的学生学习计算机的基本操作和文字录入技术，也适用于学习计算机技术的各类人员。

本书配有电子资源包供任课老师参考使用，可从机械工业出版社教育服务网 www. cmpedu. com 免费下载，或联系编辑（010-88379194）索取。

图书在版编目（CIP）数据

计算机录入与排版/刘基平主编．—北京：机械工业出版社，2007.11（2022.7 重印）
中等职业教育计算机类专业系列教材
ISBN 978-7-111-22771-7

Ⅰ. 计… Ⅱ. 刘… Ⅲ. ①文字处理—专业学校—教材 ②计算机应用—排版—专业学校—教材 Ⅳ. TP391.1 TS803.23

中国版本图书馆 CIP 数据核字（2007）第 173154 号

机械工业出版社（北京市百万庄大街 22 号 邮政编码 100037）
策划编辑：孔熹峻 王玉鑫 责任编辑：梁 伟 版式设计：霍永明
责任校对：李 婷 封面设计：马精明 责任印制：郜 敏
北京富资园科技发展有限公司印刷
2022 年 7 月第 1 版·第 10 次印刷
184mm×260mm·16.5 印张·407 千字
标准书号：ISBN 978-7-111-22771-7
定价：45.00 元

电话服务 网络服务
客服电话：010-88361066 机 工 官 网：www. cmpbook. com
010-88379833 机 工 官 博：weibo. com/cmp1952
010-68326294 金 书 网：www. golden-book. com
封底无防伪标均为盗版 机工教育服务网：www. cmpedu. com

中等职业教育计算机类专业系列教材
编审委员会

前　言

计算机录入与排版是计算机操作中的一项基本操作技术。本书详细介绍了五笔字型的文字录入技巧和Word 2003的大部分排版功能和排版技巧。读者通过本书的学习，并按照本书中的实例进行操作与练习，就能在较短的时间内达到熟练运用五笔字型进行文字录入，熟练运用Word 2003进行排版操作。

本书有8个模块，第1~7模块是基本教学模块，每模块由若干任务组成，每1个任务按照两个课时设计，教师可按照自己意愿进行灵活的教学内容组合，学生可以在两个课时中完成一个独立的学习任务。

本书的附录中有五笔字型的测试录入速度成绩轨迹表，学生可以记录每一次的测试成绩，供学生和教师进行成绩的对比，以达到学生自我激励以及教师查阅学生成绩的效果。

本书的电子资源包中有丰富的教学资源，如学生练习和作业的效果素材，文字录入用的大量素材，常用的输入法安装程序，录入练习程序和小键盘数字练习程序等。

本书在编写的过程中，参考了大量网站的文档资料，在此向各有关网站的编辑表示诚挚的谢意。本书由刘基平担任主编，杨光伟担任主审。本书的第1和第7模块的部分内容由李晓征编写，第2和第8模块由刘基平编写，第3、4和第7模块的部分内容由张亚丽编写，第5和第6模块由张颖编写。

由于作者水平有限，编写时间仓促，书中难免有疏漏和不足之处，欢迎广大读者批评指正。

编　者

目　录

模块1　文字录入基础环境

本模块共有4个任务，在这4个任务中学习启动Windows XP、鼠标与窗口的使用、文件与文件夹的管理、输入法的使用、应用软件的安装与卸载，以及使用计算机录入时的标准指法。

学习目标：

1）学习Windows XP操作系统的基本操作。

2）了解常用输入法的使用和汉字输入法的设置。

1.1　任务1　Windows XP的基本操作

Windows XP是微软公司继Windows 2000之后推出的新型窗口操作系统，它集多媒体和网络新技术为一体，高效稳定，性能优良，使用便捷，为计算机使用者带来全新的感受。利用Windows XP，可以更充分发挥计算机的潜力。下面通过操作任务学习Windows XP的操作。

1.1.1　认识Windows XP桌面和多窗口

在使用Windows XP进行计算机操作时，只要打开计算机，就进入了Windows XP操作界面。桌面和窗口的构成如图1-1所示。

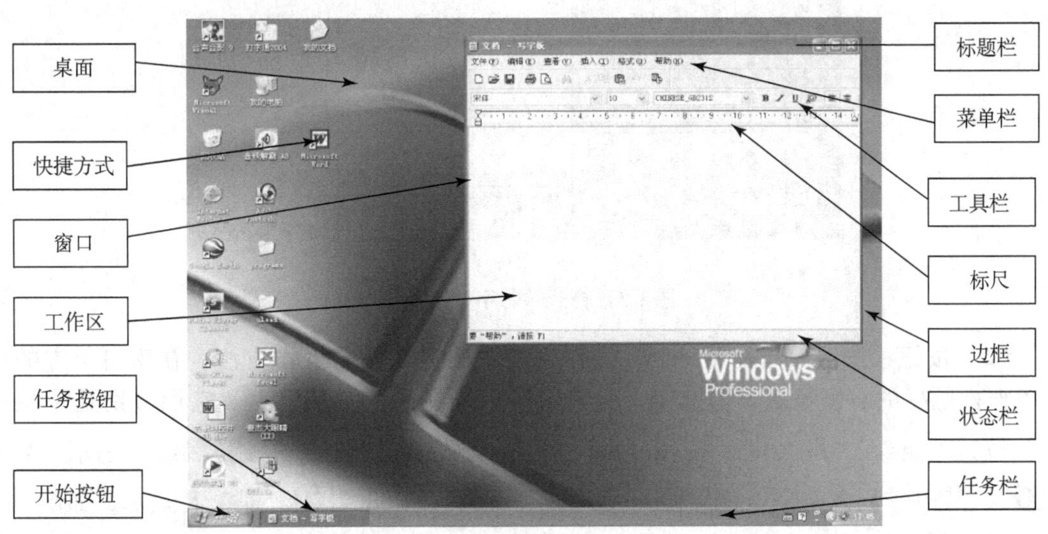

图1-1　桌面和窗口

1.1.2 Windows XP 桌面和多窗口操作步骤与技巧

（1）打开应用程序

1）“记事本”是 Windows XP 系统自带的一个应用软件，在这个软件中可以录入与排版文章。打开“记事本”程序的操作是：单击“开始”→“程序”→“附件”→“记事本”，如图 1-2 所示。

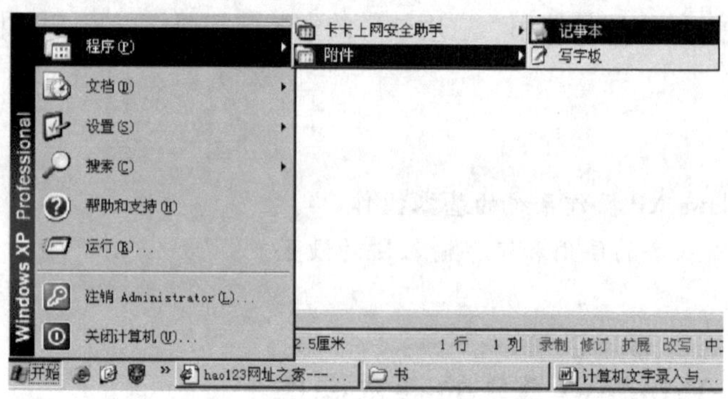

图 1-2　打开“记事本”操作

2）“写字板”也是 Windows XP 系统自带的一个应用软件，在这个软件中可以录入纯文本文件。打开“写字板”程序的操作是：单击“开始”→“程序”→“附件”→“写字板”，如图 1-3 所示。

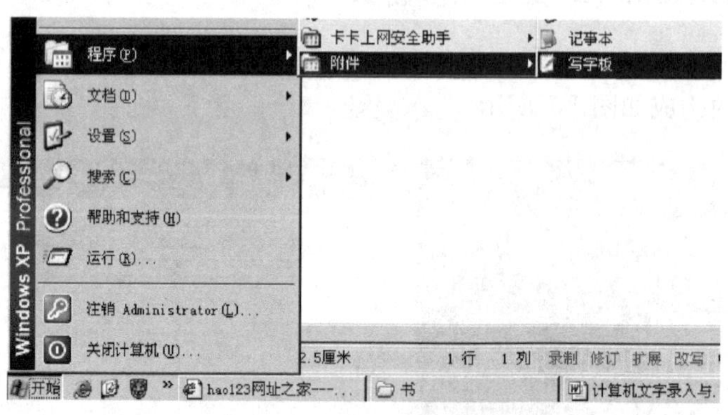

图 1-3　打开“写字板”操作

（2）按钮　按钮操作是 Windows 操作系统中快捷简便的操作方法。在窗口上方的蓝色条框标题栏的右侧显示 3 个按钮，有两个按钮是在同一个位置上。它们分别是“最小化”按钮“_”，“最大化”按钮“□”，“向下还原”按钮“⧉”和“关闭”按钮“×”，其中“最大化”按钮“□”和“向下还原”按钮“⧉”是交替显示，如图 1-4 所示。

（3）用鼠标改变窗口的大小　在操作中可以根据需要改变程序窗口的大小，操作方法

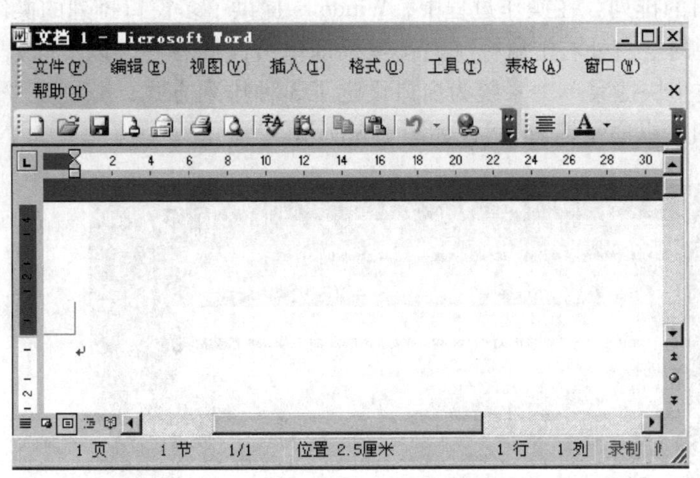

图 1-4　标题栏中的操作按钮

是在还原状态下，用鼠标指向窗口边界或四角，当鼠标指针变成双向箭头形状时，按住鼠标左键不放拖拽边框即可改变窗口的大小，如图 1-5 所示。

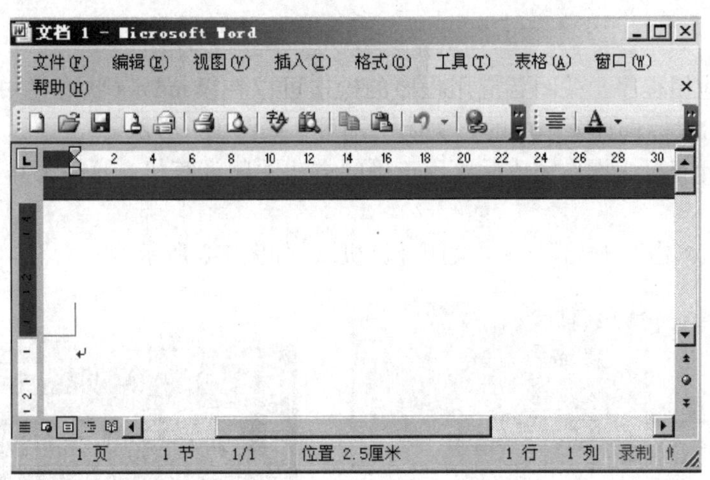

图 1-5　改变应用程序窗口的大小

（4）用鼠标移动窗口　用鼠标点击应用程序的标题栏，并拖拽标题栏，可将应用程序的窗口移动到合适的位置。

（5）同时打开若干个应用程序　在操作中可以同时打开若干个应用程序，但是操作是在当前任务窗口中进行的，这样便存在一个当前任务窗口的切换操作。操作方法如下。

方法一：单击窗口的任意位置。

方法二：单击显示在屏幕下方任务栏中的任务按钮。

方法三：用［Alt］+［Tab］组合键，“+”表示［Alt］键和［Tab］键同时按。

提示：在操作过程中，当前任务的标题栏一定是呈深蓝色的，而不是灰色的。

（6）多窗口的排列　在操作过程中，Windows 提供了多窗口排列的操作，操作方法是在屏幕下方任务栏的空白处右击鼠标（右击鼠标即单击鼠标右键，以下同），将弹出任务栏的快捷菜单。在这个快捷菜单中系统为窗口设定了 3 种排列方式，分别是“层叠窗口”、“横向平铺窗口”和“纵向平铺窗口”，如图 1-6 所示。

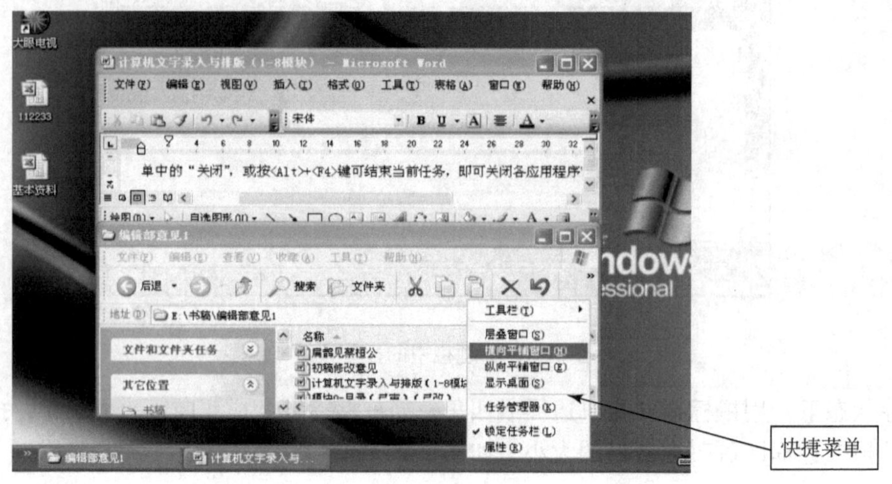

图 1-6　任务栏快捷菜单和多窗口排列

（7）关闭应用程序　关闭各应用程序的操作可以在 Windows 状态栏中进行，选中应用程序，然后右击鼠标选择菜单中的“关闭”即可，如图 1-7 所示。

（8）关闭计算机　操作完成后要用正确的方法关闭计算机，这一操作会同时关闭 Windows XP 系统。

操作方法：单击“开始”→“关闭计算机”，如图 1-8 所示。

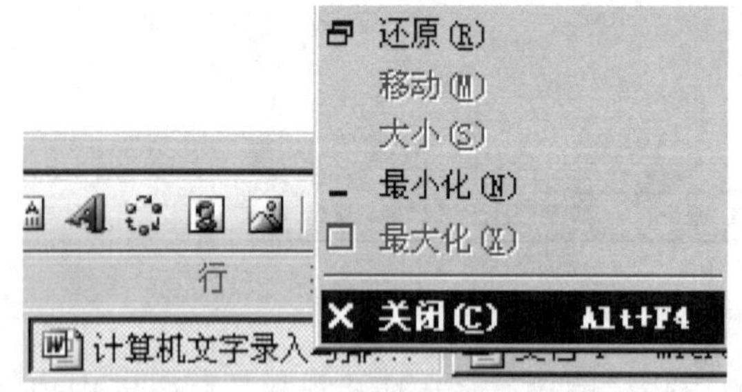

图 1-7　关闭应用程序的操作

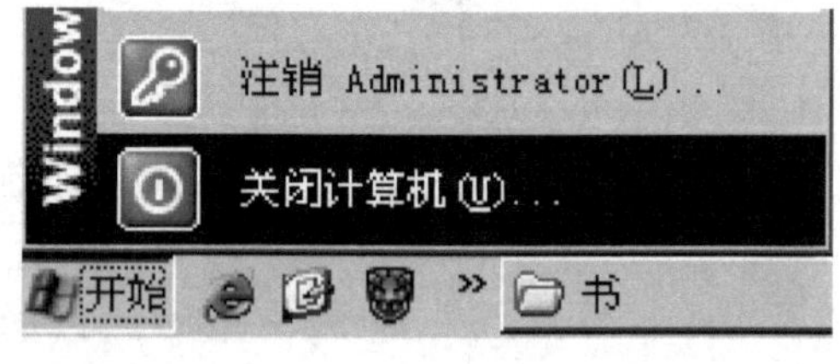

图 1-8　关闭计算机

提示：按［Alt］+［F4］键可快速关闭当前应用程序，也可关闭 Windows XP。

（9）练习

1）打开“记事本”和“写字板”，并改变它们的窗口的大小。

2）将“记事本”窗口“最大化”和“最小化”。

3）将“记事本”和“写字板”横向平铺或纵向平铺。

4）将“记事本”和“写字板”依次切换为当前窗口。

5）用［Alt］+［F4］键快速关闭“记事本”和“写字板”。

1.1.3 Windows XP 的基本操作与技巧

（1）设置个性化的桌面　对 Windows 的桌面进行个性化的设置，可将喜欢的图片或自己的照片设置为桌面的背景。

操作方法：右击桌面空白处，在弹出的快捷菜单中单击“属性”，打开“显示属性”对话框；选择“桌面”选项卡，从“背景”图片列表中或单击“浏览”按钮，选择一张图片；单击“位置”下拉列表，选择“拉伸”，单击“确定”按钮，如图 1-9 所示。

图 1-9　个性化桌面的设置

（2）设置 Windows 的“开始”菜单风格　Windows 的“开始”菜单有两种风格，可以根据习惯设置“开始”菜单风格。

操作方法：右击“开始”按钮，在快捷菜单中单击“属性”，在“任务栏和［开始］菜单属性”对话框中，选择“［开始］菜单”选项卡，在其中选择“［开始］菜单”或“经典［开始］菜单”，单击“确定”按钮，如图 1-10 所示。

（3）设置建立桌面快捷方式　在桌面上有一些快捷方式的图标，用户可以自己建立所需的程序快捷方式。

操作方法：单击“开始”按钮，在菜单中分别右击“我的电脑”和“我的文档”，单击“在桌面上显示”，桌面上则建立了“我的电脑”和“我的文档”的快捷方式，如图 1-11 所示。

单击“开始”→“所有程序”，右击程序列表中的“Microsoft Word”，单击“发送到”→“桌面快捷方式”，桌面上建立了“Microsoft Word”的快捷方式。

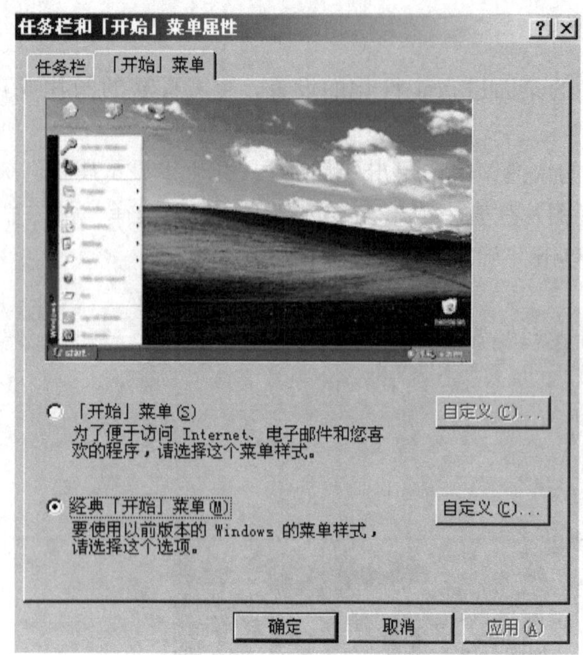

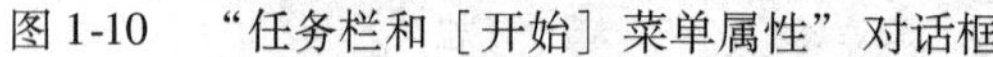

图 1-10 “任务栏和［开始］菜单属性”对话框

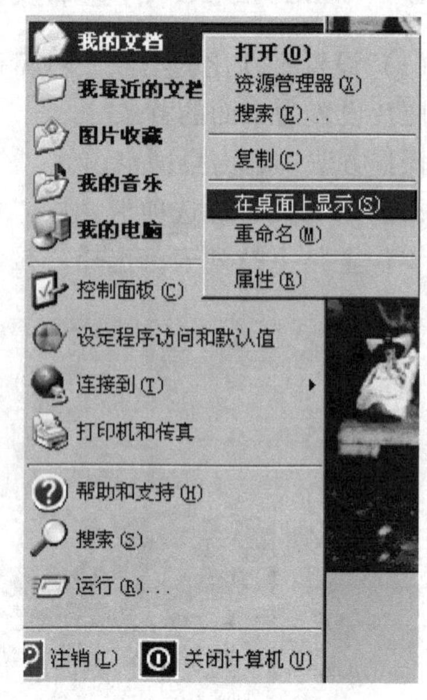

图 1-11 建立“我的文档”快捷方式

1.1.4 Windows XP 中的一些常用操作与技巧

（1）排列桌面图标的操作　手动排列图标的方法是右击桌面空白处，在快捷菜单中选择“排列图标”，单击“自动排列”，将其前边的“✓”去掉，则可将若干图标拖放到屏幕右上角。当重复前面的操作，重新将“自动排列”前的“✓”再选上，就又成为了自动排列图标。

（2）使用“我最近打开的文档”操作　单击“开始”→“我最近的文档”，则可以找到最近打开过的文件。

（3）任务栏的自动隐藏操作　右击任务栏空白处，单击“属性”→“任务栏”，选择“自动隐藏任务栏”。

（4）显示和调整系统日期的操作　双击任务栏右侧的时间指示器，在弹出的“日期和时间属性”对话框中进行调整。如果你的计算机系统是连接在 Internet 上的，可进行“自动与 Internet 时间服务器同步”操作。

提示：

1）经典菜单即为 Windows XP 以前版本的菜单风格。

2）桌面快捷方式是快速启动应用程序，打开文档的一种方法，它是一种特殊的文件，是指向相应的应用程序或文档的一种链接。

3）在“我最近的文档”列表中，系统默认列出了最近使用过的 15 个文档，用它可以快速地打开文档。可以用右击任务栏空白处，单击“属性”→“开始”→“自定义”→“高级”→“清除列表”的方法，清除“我最近打开的文档”中的文件名列表。

（5）练习

1）设置一个性化的桌面。

2）将现在的［开始］菜单设置为另一种风格。

3）建立一个应用程序的快捷方式。

4）排列桌面上的图标。

5）将桌面的任务栏自动隐藏。

6）调整系统时间。

1.1.5 查看磁盘占用情况和文件大小的操作与技巧

（1）查看磁盘占用情况的操作　双击“我的电脑”，右击“本地磁盘 C”，在“本地磁盘 C ”的“属性”对话框中，可查看到磁盘 C 的占用情况，如图 1-12 所示。

（2）查看文件的大小　右击窗口中的文件或文件夹，单击“属性”，选择“常规”选项卡，其中显示出文件或文件夹的占用空间情况，如图 1-13 所示。

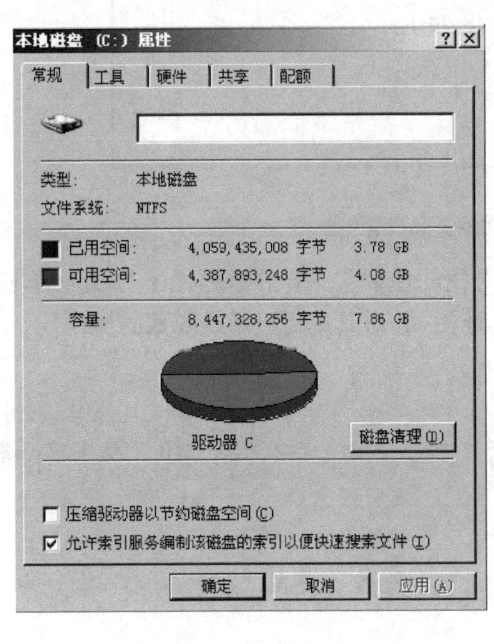

图 1-12　查看磁盘容量

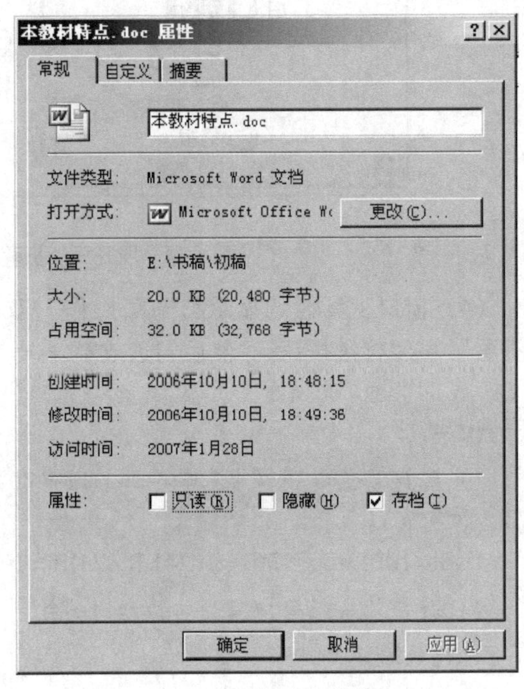

图 1-13　查看文件或文件夹大小

1.1.6 使用“我的电脑”和“资源管理器”的操作与技巧

（1）使用“我的电脑”的操作　双击“我的电脑”，双击 D 盘，层层打开文件夹，直到找到所要的文件。若用窗口工具栏中“ ”按钮，可以快速返回上一级文件夹，或用“后退”按钮，后退到某一曾打开过的窗口，如图 1-14 所示。

（2）使用“资源管理器”浏览和打开文件的操作　右击“我的电脑”中的任一文件夹，在文件夹的窗口中单击“菜单栏”→“文件夹”，打开“资源管理器”窗口，依次单击下一级文件夹名前的“+”号，如图1-14所示。

（3）窗口图标显示方式的操作　在文件夹的窗口中单击“查看”→“缩略图”或直接单击“[按钮图标]”按钮，选择“缩略图”，如图1-14所示。

图1-14　展开式、折叠式文件夹和设置缩略图

（4）窗口工具栏的显示与隐藏操作　双击“我的电脑”，单击标题栏下方的菜单栏，“查看”→“标准按钮”，然后勾选或不勾选“地址栏”，对其进行显示或隐藏的操作。

提示：

1）磁盘容量以字节为基本单位，通常有B（字节）、KB（千字节）、MB（兆字节）和GB（吉字节）。

1GB=1024MB，1MB=1024KB，1KB=1024B。

2）打开“资源管理器”可以按［Windows徽标键］+［E］组合键，或在“我的电脑”窗口中单击“文件夹”工具按钮。

3）点击工具栏中的“文件夹”图标，打开资源管理器窗口，文件夹窗口将分为左右两个窗格。左窗格显示“树型结构”文件夹的列表，如图1-14所示，单击其中“+”号展开并显示下级子文件夹；单击“-”号折叠并隐藏下级子文件夹。

1.1.7　思考与练习

1. 选择题

1）在中文Windows中，用鼠标右键单击某操作目标的作用一般是__________。

A. 运行程序　　B. 打开文档　　C. 选择文件　　D. 调出快捷菜单

2）用鼠标________，弹出的快捷菜单里，可以执行相应的菜单操作命令。

A. 左键单击　　B. 左键双击　　C. 右键单击　　D. 右键双击

3）移动窗口的方法是________。

A. 用鼠标左键拖放窗口菜单栏　　B. 用鼠标左键拖放窗口工具栏

C. 用鼠标左键拖放窗口状态栏　　D. 用鼠标左键拖放窗口标题栏

4）资源管理器有左右两个窗格，右边窗格显示本文件夹中的________。

A. 全部资源　　B. 全部文件　　C. 磁盘和文件夹　　D. 文件及下级文件夹

2. 操作题

1）打开“Microsoft Word”和“写字板”程序，纵向平铺这两个窗口。

2）设置“开始菜单”用小图标显示。

3）用资源管理器显示“E 盘”的容量，并显示其中某个下级子文件夹所占用的存储容量大小情况，右击该文件夹，单击“属性”进行查看。

4）清除“我最近的文档”列表。

1.2 任务2 文件与文件夹的管理

文件与文件夹的管理是指文件和文件夹的新建、重命名、删除、还原、选择、移动、复制和发送等，它是使用 Windows 及各种应用程序最常用的操作。

1.2.1 文件夹的新建、重命名和删除

（1）建立文件夹的操作　在“E 盘”建立名为“Myfiles”的文件夹，再在此文件夹中建立“f1”和“f2”两个子文件夹，在“f1”中创建“a”、“b”、“c”、“d”4 个文件夹，并在资源管理器左窗格中显示，如图 1-15 所示。

操作方法：

1）双击桌面“我的电脑”→“本地磁盘（E:）”。

2）在窗口空白处右击鼠标，在弹出的“快捷菜单”中选择“新建”→“文件夹”，如图 1-16 所示，输入文件夹的名称“Myfiles”，单击窗口空白处确认。

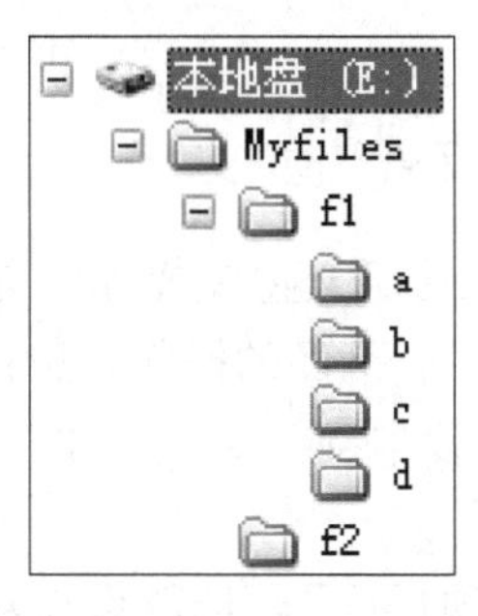

图 1-15　在“E 盘”建的文件夹

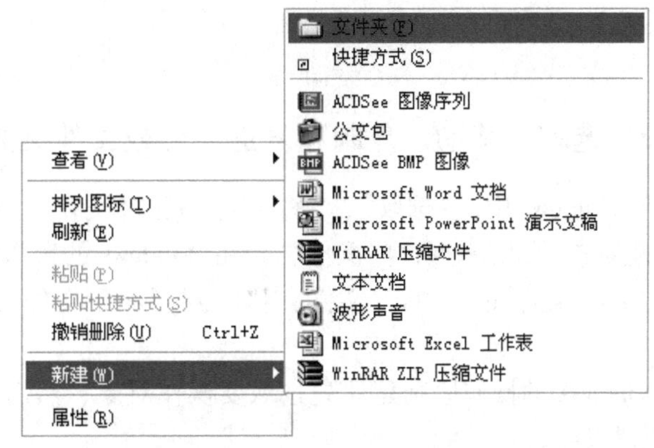

图 1-16　创建文件夹快捷菜单

3）双击打开“Myfiles”文件夹，右击窗口空白处，在弹出的“快捷菜单”中选择“新建”→“文件夹”，输入文件夹的名称“f1”，单击窗口空白处确认。同理，利用“快捷菜单”建立名称为“f2”的文件夹。

4）双击“f1”，打开“f1”文件夹，右击其窗口空白处，选择“新建”→“文件夹”，输入文件夹名“a”，单击窗口空白处确认。依次创建“b”、“c”、“d”3个文件夹。

（2）文件夹重新命名的操作　右击文件夹“a”，在快捷菜单中选“重命名”，输入新的名称“aa”，单击窗口空白处确认。同样方法将文件夹“b”重命名为“bb”，文件夹“c”重命名为“cc”。

（3）查看文件夹的操作　单击窗口“工具栏”中“文件夹”按钮。单击“Myfiles”文件夹前的折叠号“+”，在窗口左窗格中展开所建文件夹，操作结果如图1-17所示。

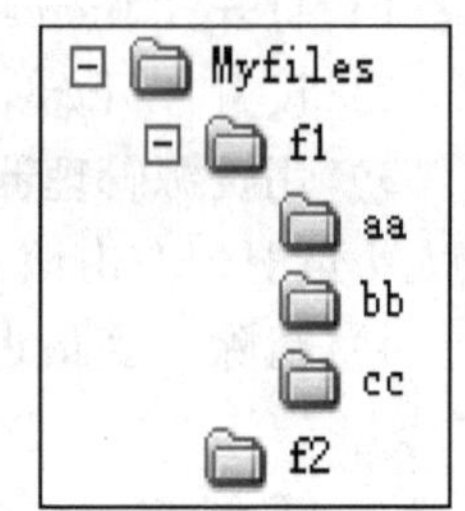

图1-17　在E盘建立文件夹

（4）文件夹的删除操作　将“d”文件夹删除的操作：右击文件夹“d”，在快捷菜单中选“删除”，在弹出的对话框中选择“是”，将“d”文件夹移至“回收站”。

1）双击桌面回收站图标“ ”，打开“回收站”文件夹，文件夹“d”已经移动至此。右击“d”文件夹，在弹出的快捷菜单选择“还原”，可将文件夹“d”还原到原来的位置。

2）在E盘“Myfiles”文件夹中找到“d”文件夹，单击选中此文件夹，然后按住[Shift]键不放，同时按[Delete]键，屏幕提示“确实要删除文件夹‘d’并全部内容吗?”，选择“是”，此时“d”文件夹将被永久删除。打开“回收站”查看，“d”文件夹已不存在。

提示：

1）回收站：它是计算机硬盘中的一块存储区域，“移入回收站”并未将文件永久删除。

2）清空回收站操作：双击桌面回收站图标“ ”，打开“回收站”文件夹，右击其中的文件，在弹出的快捷菜单中可以选择“还原”，也可以选择“删除”，或在左边列表中选择“清空回收站”，后两项操作都将永久性删除文件。被永久删除的文件是无法还原的。

3）永久性删除文件操作：按住[Shift]键同时删除文件，该文件被直接永久性删除，不能恢复，使用时要慎重。

1.2.2　选取、移动、复制和发送文件或文件夹的操作与技巧

在Windows中，“选取”、“移动”、“复制”和“发送文件”或“文件夹操作”是非常重要的操作，熟练掌握这些操作，会在Windows的操作中得心应手。下面的操作是选择文件和将“bb”文件夹和“cc”文件夹移动到“aa”文件夹中，以及复制到“aa”文件夹的练习。

Windows的操作原则是“先选取要操作对象，然后再进行各项操作”。选取操作对象的方法见表1-1。

表 1-1　选定文件与文件夹的操作

序号	操作目的	操作方法
1	选单个目标	单击目标
2	放弃全部被选中的目标	单击窗口空白处
3	选多个连续目标	选中第一个目标后，按住［Shift］键，单击连续目标的最后一个目标，此方法适合于选择远距离的多个连续目标。近距离少量多个连续目标的选择，可用4的方法
4	选包含在一个矩形区域内的多个目标	把鼠标指针指向目标外的一角，不能指在目标上，然后按住鼠标左键，向对角方向拖动，当矩形虚线框罩住所有的目标时，松开鼠标左键
5	选多个分散目标	选中第一个目标后，按住［Ctrl］键，再单击其余各分散目标
6	放弃某些被选中的目标	按住［Ctrl］键，单击欲放弃的目标
7	反向选择（用于选择窗口上已选目标以外的所有目标）	首先用上面的方法在窗口上选择不准备选的对象，然后单击“编辑”菜单，再单击下拉菜单中的“反向选择”，则所有已选目标以外的目标便都被选中了
8	选全部目标	方法一：单击“编辑”菜单，再单击下拉菜单中的“全部选定” 方法二：按［Ctrl］＋［A］组合键

1. 选取文件夹和文件的操作

（1）连续选取文件夹和文件的操作　双击“我的电脑”→“本地磁盘E盘”→“My-files”→“f1”，打开“f1”文件夹，单击工具栏“ ”按钮，选择“列表”显示方式。单击“aa”，选中“aa”文件夹，按住［Shift］键不松手，同时单击“cc”文件夹，此时“aa”、“bb”和“cc”文件夹被同时选中。如果单击窗口空白处，则放弃选择，如图1-18所示。

（2）分散选取文件夹和文件的操作　单击“aa”选中“aa”文件夹，按住［Ctrl］键不放，同时单击“bb”，此时“bb”文件夹被选中，再次单击“bb”则可以取消对“bb”的选择；继续按住［Ctrl］键不放，同时单击“cc”，“cc”文件夹被选中，此时选择的结果，如图1-19所示。

（3）反向选取文件夹和文件的操作　单击菜单栏“编辑”→“反向选择”，这时选择的结果，如图1-20所示。按［Ctrl］＋［A］组合键，则全选；单击空白处，则放弃选择。

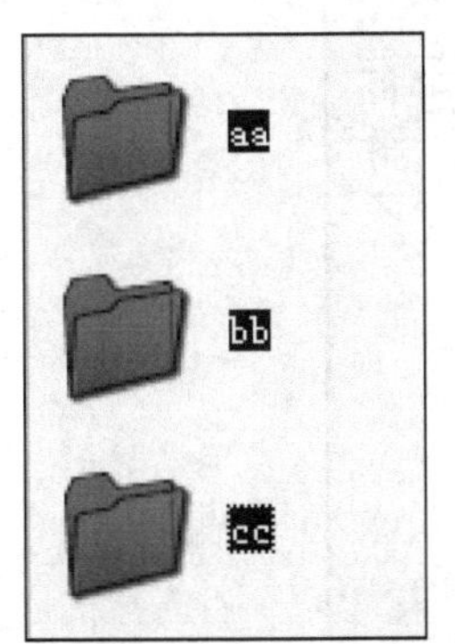

图1-18　选择连续的文件夹

图1-19　选择分散的文件夹

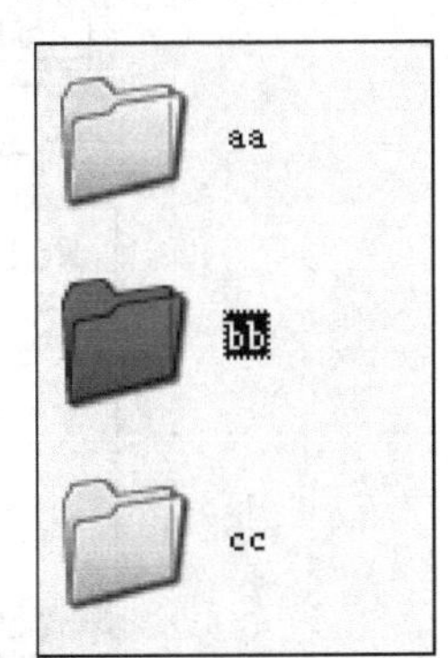

图1-20　反向选择文件夹

2. 移动文件夹和文件的操作

（1）用鼠标拖动方式移动文件夹和文件的操作　单击选中“cc”文件夹，将其拖放到“aa”文件夹上松开，然后双击“aa”文件夹，会看到已将“cc”文件夹移动到了“aa”文件夹中。按“”返回，则返回上一级文件夹 。

（2）用剪切和粘贴方式移动文件夹和文件的操作　右击“bb”文件夹，在快捷菜单中选择“剪切”；双击打开“aa”文件夹，右击窗口空白处，在快捷菜单中选择“粘贴”，“bb”文件夹就被移动到“aa”文件夹中了。按“”返回上一级文件夹。

3. 复制文件夹和文件的操作

（1）用［Ctrl］键和鼠标拖动方式复制文件夹和文件的操作　单击选中“cc”文件夹，按住［Ctrl］键同时，将其拖放到“aa”文件夹上松开，双击打开“aa”文件夹，可看到“cc”文件夹已经复制到了“aa”文件夹中。按“”返回上一级文件夹。

（2）用快捷菜单方式复制文件夹和文件的操作　右击“bb”文件夹，在快捷菜单中选择“复制”，双击打开“aa”文件夹，右击窗口空白处，在快捷菜单中选择“粘贴”，可将“bb”文件夹复制到“aa”文件夹中。按“”返回上一级文件夹。

（3）用发送方式复制文件夹和文件的操作　右击“f1”文件夹，在快捷菜单中选“发送到”→“3.5 软盘 A”。

提示：

1）可以用菜单栏中移动、复制和删除的命令进行上述操作。

2）剪切、复制和粘贴的快捷键依次是［Ctrl］+［X］、［Ctrl］+［C］和［Ctrl］+［V］。

3）取消了上一次的复制操作的快捷键是［Ctrl］+［Z］。

1.2.3　用写字板新建文本文件操作步骤与技巧

1）新建文本文件：单击“开始”“所有程序”→“附件”→“写字板”，打开“写字板”程序。

2）在新建的文本文件中输入内容：输入简单的内容“Welcome!”，如图 1-21 所示。

图 1-21　用写字板新建的文本文件

3）保存新建的文本文件：单击菜单命令“文件”→“保存”，由于是新文件的保存，所以弹出“另存为”对话框。在“保存类型”下拉列表框中选择“文本文档（*.txt）”，如图1-22所示。在“文件名”框中输入“test1”，在“保存在”下拉列表框中选择，C:\Myfiles\f1文件夹中，单击“确定”按钮。

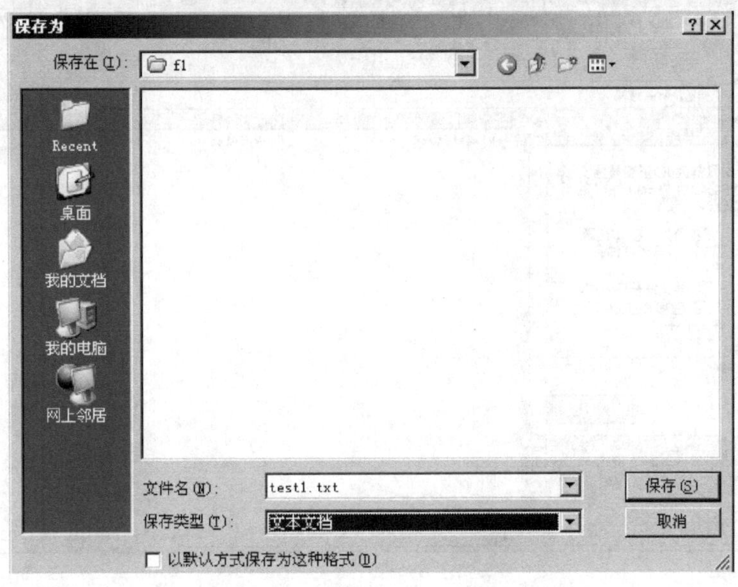

图1-22 “另存为”对话框

1.2.4 用“搜索”功能查找文档操作步骤与技巧

（1）利用“资源管理器”查看文件 在C:\Myfiles\f1中查找test1.txt文件，如图1-23所示。

图1-23 C:\Myfiles\f1中的test1.txt文件

（2）利用“开始”菜单搜索文件　单击“开始”→“搜索”→“所有文件和文件夹”。在“全部或部分文件名”框中输入“tes＊.＊”，在“在这里寻找”框里选择“C 盘”，单击“搜索”按钮，右窗口中即可见到所找的文件和它们存放的位置，如图 1-24 所示。

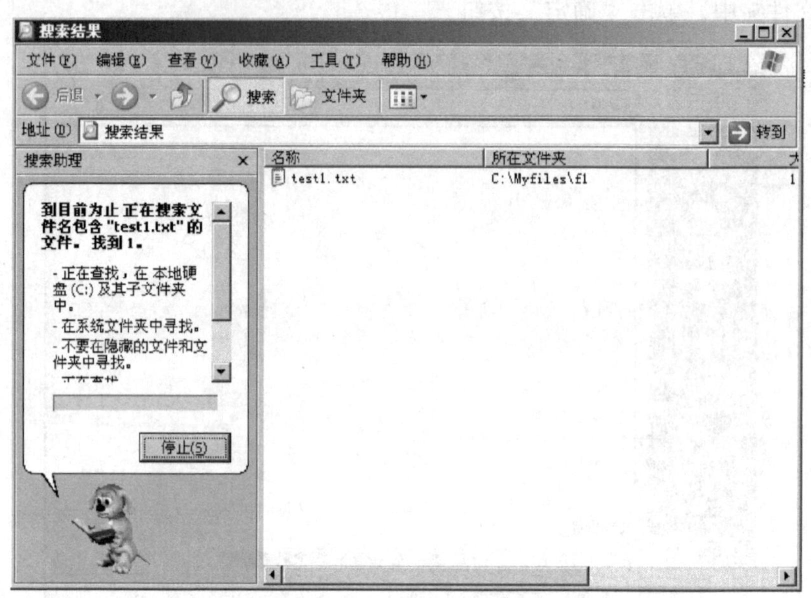

图 1-24　利用“开始”菜单搜索 test1. txt 文件

提示：

1）输入要搜索的文件或文件夹时，可以使用通配符“?”、“＊”来替代文件名中不知道的字符。“?”代替任意一个字符，“＊”代替任意若干个字符。

2）在“搜索结果”窗口的右窗格中，如果要指定多个文件名，可以用空格、逗号或分号来进行分隔。双击某文件或文件夹就可以启动文件或打开文件夹。

1.2.5　思考与练习

1. 选择题

1）在文档窗口上，要选择一批连续排列的文件，在选择开始的第一个文件后，要按住__________键，用鼠标左键去单击最后一个文件。

A. ［Alt］　　B. ［Shift］　　C. ［Ctrl］　　D. ［Caps Lock］

2）在文档窗口上，要选择一批不连续排列的文件，在选择了开始的第一个文件后，要按住__________键，用鼠标左键去单击其他的文件。

A. ［Alt］　　B. ［Shift］　　C. ［Ctrl］　　D. ［Caps Lock］

3）移动被选定目标时，应__________。

A. 先复制再粘贴　　B. 先剪切再粘贴　　C. 先粘贴再剪切　　D. 先剪切再复制

4）用鼠标拖动的方法，复制目标时，一般要按住__________键，同时用左键拖动。

A. ［Alt］　　B. ［Shift］　　C. ［Ctrl］　　D. ［Caps Lock］

5）当选择好文件或文件夹后，下列操作中__________不能删除它们。

A. 在键盘上按［Delete］键

B. 用鼠标右键单击该文件或文件夹，打开快捷菜单，然后选择“删除”命令

C. 在“文件”菜单中选择“删除”命令

D. 用鼠标左键双击该文件或文件夹

2. 操作题

1）用快捷菜单在“E 盘”最上层目录中建立 2 个文件夹，文件夹名分别为“aa”和“bb”，在“aa”中再建立 1 个“cc”子文件夹；把“bb”文件夹复制到“aa”文件夹中，并将复制的“bb”文件夹重命名为“dd”文件夹，再将“bb”文件夹移动到“aa”文件夹中。

2）打开写字板程序新建一文档，文档中输入几个英语单词，将文档以“test2. txt”命名，并存于“cc”文件夹中。

3）搜索“C 盘”中计算器程序，其文件名为“calc. exe”，并将它复制到“cc”文件夹中。完成所有上述操作，检查无误后，再将这些练习文件夹删除。

1.3　任务 3　输入法的使用，应用软件的安装与卸载

在本任务中，要学习汉字最基本的输入方法，学习应用软件的安装和卸载。

在计算机的操作中，离不开汉字的输入，并且要求有一定的输入速度，要想达到这一目的，需要正确掌握汉字录入方法，才能在操作计算机时得心应手。在计算机中使用汉字，就需要有录入汉字的应用软件，因为如果没有安装能录入汉字的软件，在计算机中是不能使用汉字的。

1.3.1　输入法的使用

在 Windows 中用户可使用多种汉字输入法，如极品五笔输入法、智能 ABC 输入法、微软拼音输入法等，如图 1-25 所示。

五笔字型输入法以输入的重码率低，无须知道汉字的发音也能输入的特点，是目前汉字录入人员优先选择的输入方法。拼音输入法简单易学，是最基本的输入方法，但由于汉字重音字多，使得拼音输入法用起来有许多不便之处。

大部分人从小一上学就学习汉语拼音，对拼音是非常熟悉的，所以就认为拼音输入法好学。其实不然，如果能专心致志地学习五笔字型输入法，只需要几个小时就可掌握五笔字型的汉字输入方法，但是要达到快速地录入汉字，就需要多加练习了。将在第 2 模块中详细讲解五笔字型的输入方法。

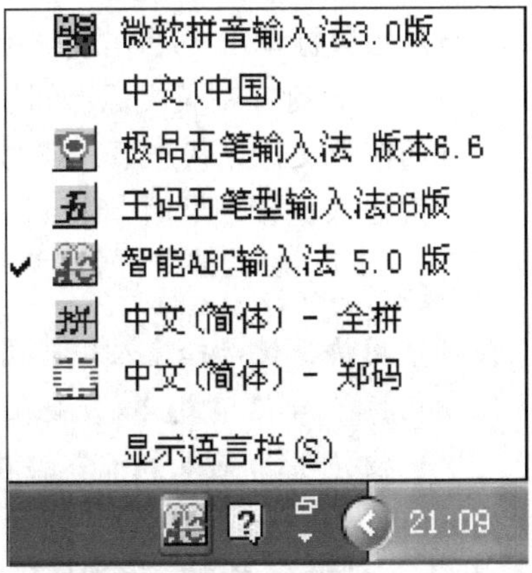

图 1-25　输入法选择框图

本任务中将通过下面的实例来学习“智能 ABC 输入法”的使用方法，如图 1-26 所示。

（1）用写字板建立一个文本文件　“开始”→“程序”→“附件”→“写字板”。

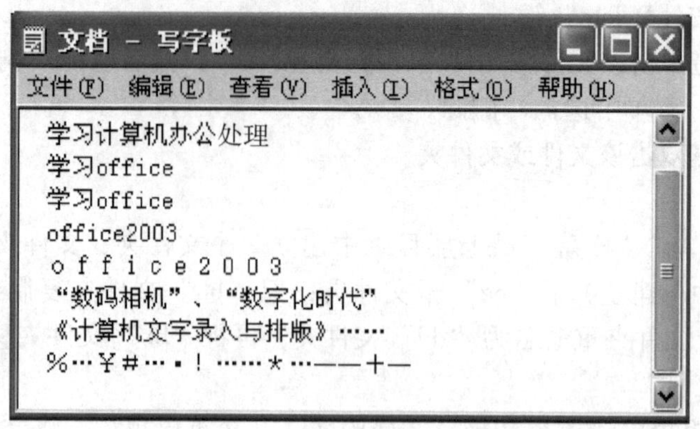

图 1-26 中文及符号输入实例

（2）选择输入法 单击任务栏右下角语言栏“ ”中的输入法指示图标“ ”在输入法选择框中选择“智能 ABC 输入法”，屏幕下方弹出“智能 ABC”的输入法指示框“标准”。

（3）在新建的文本文件中输入内容 利用输入每个字的完整拼音方式输入中文“学习计算机办公处理”。

1）用“智能 ABC”的输入法依次输入“学习”（xuexi），“计算机”（jisuanji），“办公处理”（bangongchuli），每输入完一个词后按两次空格键确认。

2）用［Ctrl］+［空格］组合键快速进行中英文切换，输入“学习 office”。

3）用输入法指示框中的中英文切换按钮切换为英文状态，输入“office 2003”。方法是单击输入法指示框中“ ”图标，使其变为“A”，输入英文字母和数字。

4）输入全角英文及数字，用全角方式输入“office 2003”。

（4）输入中的一些技巧。

1）输入法指示框中“ ”表示半角字符，“ ”表示全角字符。半角字符是全角字符的一半。

2）按［Shift］+［空格］组合键可在半角字符和全角字符间相互转换。

3）用鼠标单击“ ”或“ ”，可进行中文标点与英文标点之间切换，也可用［Ctrl］+［·］组合键在中英文标点间切换。

4）在中文标点状态下，顿号用“\”键输入；书名号按［Shift］键同时按“<”和“>”键输入；省略号用［Shift］+［6］输入。

提示：

1）用快捷键选择输入法：同时按［Ctrl］+［Shift］组合键选择输入法。

2）按“=”键或“]”键在汉字列表中下翻查找所需汉字。

3）按“-”键或“[”键在汉字列表中上翻查找所需汉字。

1.3.2 安装与卸载“金山打字通”软件

计算机只有安装上应用软件才能发挥它的作用。但是由于计算机的存储容量有限，所以要学会正确地安装应用软件，也要学会安全地删除不用的应用软件。

“金山打字通软件”是一个实用的打字学习软件，可以学习、练习和进行测试，是一个常用的计算机辅助学习软件。操作方法如下。

（1）安装金山打字通软件

1）将金山打字通安装盘放入光盘驱动器，关上驱动器门，安装程序就会自动运行，并弹出安装向导画面，也可以双击安装盘中的安装程序，通常文件名为“Setup. exe”或“Install. exe”进行安装。

2）按照向导提示选择“下一步”。

3）在“选择目标文件夹”时，输入程序存放的位置 D:\jstype，如图 1-27 所示。

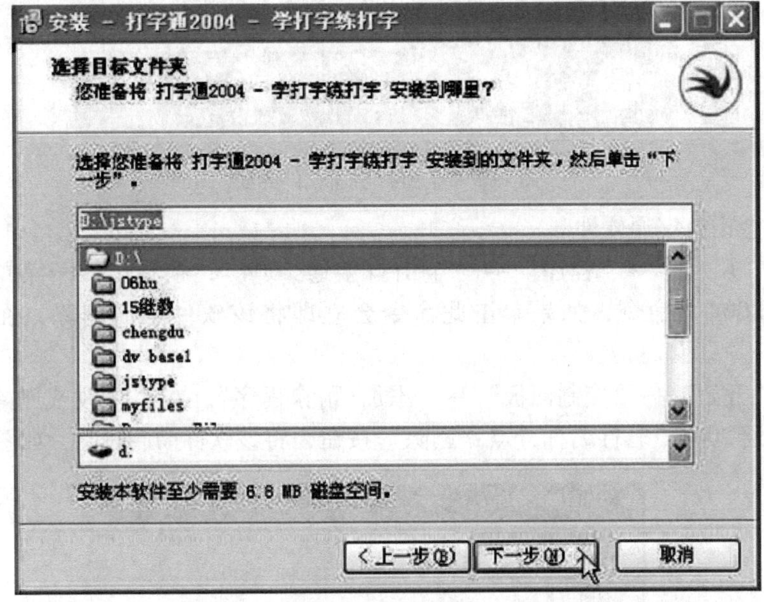

图 1-27　将程序安装到 D 盘 jstype 文件夹

4）在弹出的“购买”对话框中输入该软件的用户名和安装序列号，点“下一步”，如图 1-28 所示。

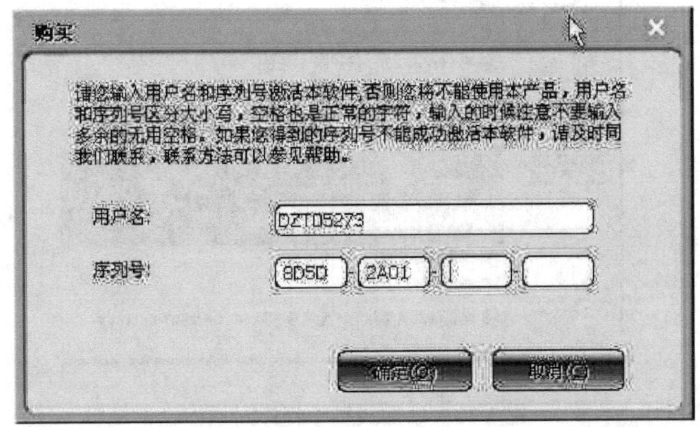

图 1-28　输入用户名和安装序列号

5）安装好金山打字通软件后，双击桌面图标“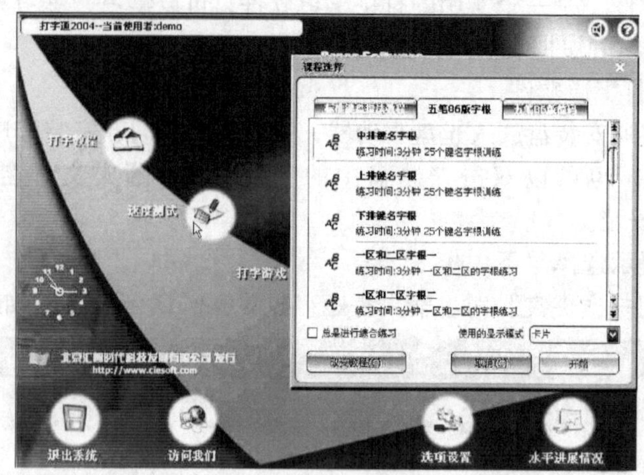”即可启动，界面如图1-29所示。

图1-29　金山打字通软件界面

（2）卸载金山打字通软件

1）单击“开始”→“程序”→“金山打字通2004”，在弹出的子菜单中可以看到“卸载打字通2004”命令，如果单击此命令会立即将该软件全面删除，在此请不要删除。

2）单击“开始”→“控制面板”→“添加/删除程序”，在“更改或删除程序”列表中选择“打字通2004”软件名称，点“删除”按钮，将该软件彻底删除，如图1-30所示。

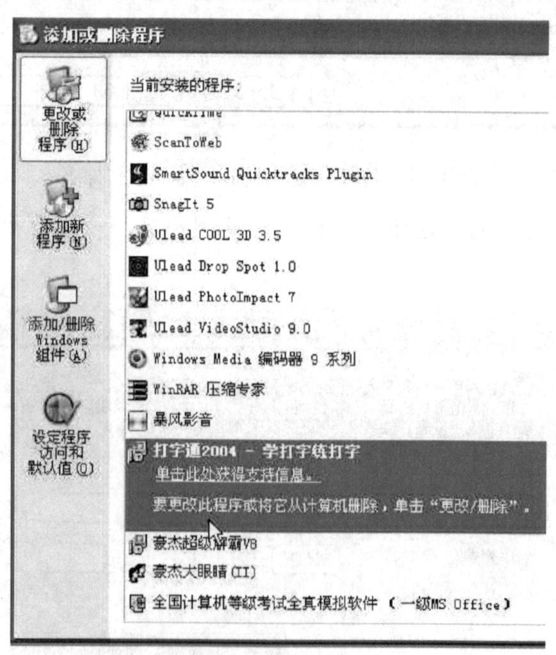

图1-30　添加或删除程序对话框

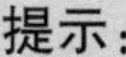

提示：

1）大多数应用程序都有自动安装功能，对于那些不具有自动安装功能的应用程序，也可以单击控制面板中的“添加新程序”按钮进行安装。

2）建议不要直接从应用程序所在的文件夹中删除应用程序，因为多数程序会向Windows XP操作系统注册，并往“开始”菜单中添加快捷方式。如果直接删除主文件夹，将给系统留下许多“垃圾”，因此尽量用实例中练习的方法删除应用程序。

1.3.3 思考与练习

1. 选择题

1）在输入中文时，__________操作不能进行中英文切换。

A. 用鼠标左键单击中英文切换按钮　　B. 用［Ctrl］+［空格］

C. 用任务栏中输入法指示器菜单　　D. 用［Shift］+［空格］

2）下列操作中，能在各种中文输入法间切换的是__________。

A. 用［Ctrl］+［Shift］　　B. 用［Ctrl］+［空格］

C. 用［Shift］+［空格］　　D. 用［Alt］+［Shift］

3）下列操作中，能快速进行中/英文标点切换的是__________。

A. ［Ctrl］+［逗号］　　B. ［Shift］+［句号］

C. ［Ctrl］+［空格］　　D. ［Ctrl］+［句号］

4）以下哪种方法是不提倡的卸载应用程序的方法__________。

A. 用“开始”→“所有程序”下的子菜单中的应用程序自带的卸载程序。

B. 在“开始”→“设置”→“控制面板”→“添加或删除程序”对话框中删除。

C. 直接删除存有该应用程序的主文件夹。

D. 使用光盘中显示出来的卸载功能。

2. 操作题

1）输入前言中前两段的内容。

2）利用软键盘输入标点符号、数字序号、数学符号、单位符号和特殊符号。

3）安装并卸载一个应用程序。

1.4 任务4 计算机键盘的使用与指法

1.4.1 键盘的作用

键盘是计算机最重要的输入设备，也是文字录入最主要的工具。在日常工作中，键盘主要用来录入数据和操作命令。最常用的五笔字型输入法是一种键盘输入法，是通过敲击键盘上相应的键位来录入汉字的。因此，掌握键盘的正确操作方法不仅是操作计算机的基础，也是掌握五笔字型输入法的一个基本的必要条件。

1.4.2 键盘功能分区

1. 键盘分区

一般将键盘划分成5个区，分别是主键盘区、功能键区、光标控制区、数字小键盘区和指示灯区，如图1-31所示。

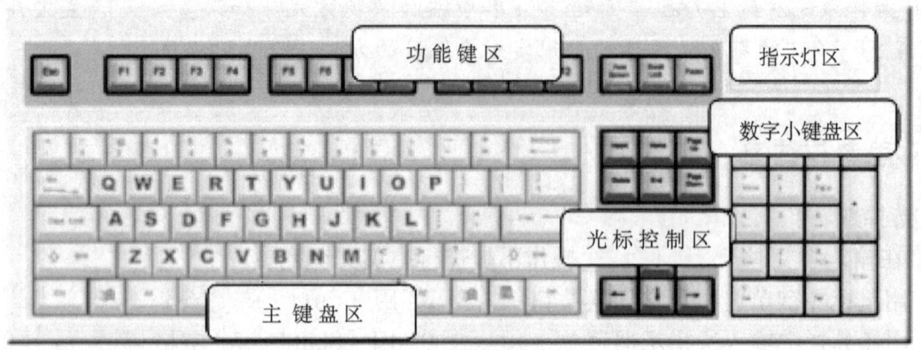

图1-31 键盘和键盘分区

2. 键盘分区说明

（1）主键盘区 使用最频繁的区域，主要用来录入数据、程序和文字。

（2）功能区 ［F1］~［F12］（包括［Esc］键），在不同的软件环境下，各键功能不同，使用功能键是为了快速完成一些操作。例如，按［F1］键通常用来打开帮助文件。

（3）光标控制区 集合了所有对光标进行操作的键位及一些页面操作功能键。

（4）数字小键盘区 共有17个键位，提供了所有用于数字操作的键，包括数字键和符号键。这个键位区特别适合于经常与数字打交道的人员，如银行职员和财会人员等。

（5）指示灯区 指示操作者使用键盘的状态。

1.4.3 计算机指法

熟练的指法是计算机文字录入的关键，必须用规范的指法进行操作，按步骤循序渐进地练习，才能掌握这门技术。指法练习不仅体现了录入技巧，而且贯穿在第2模块的五笔字型的学习过程中。

（1）基本键位 主键盘区第3行的［A］、［S］、［D］、［F］和［J］、［K］、［L］、［;］8个字符键称为基本键。其中的［F］键和［J］键称为原点键，是左右手食指固定的位置，如图1-32所示。

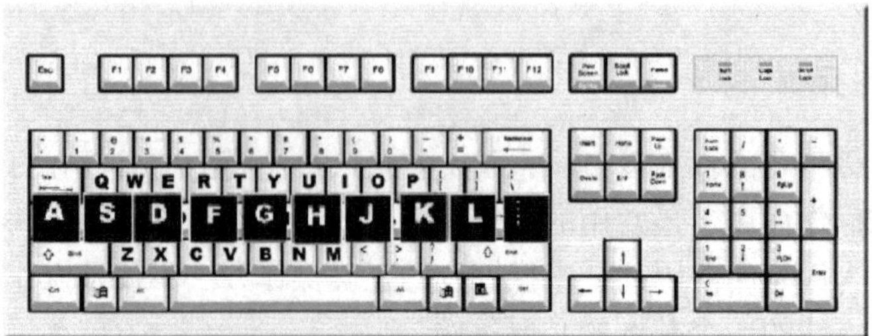

图1-32 基本键位

（2）键盘指法规范　规范的指法是将左手小指、无名指、中指和食指分别放在［A］、［S］、［D］、［F］键上；将右手的食指、中指、无名指和小指分别放在［J］、［K］、［L］、［;］键上，将左右手的拇指轻放在［空格］键上，如图 1-33 所示。

图 1-33　食指在原点键位 F 键和 J 键上

手指的分工是指左右两手的十个手指与键盘上的键位的合理搭配，把键盘上的全部键位合理地分配给十个手指，在文字录入的过程中才能有条不紊地进行操作，如图 1-34 所示。

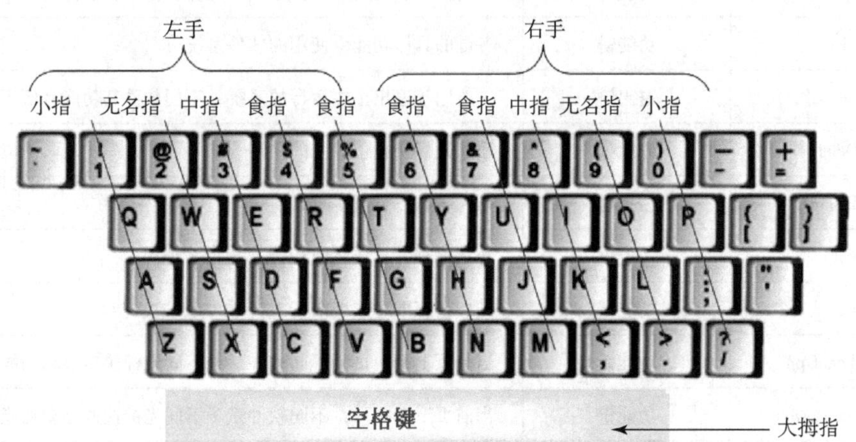

图 1-34　手指在打字区的分工

数字小键盘是用右手进行操作的，用右手的食指、中指、无名指、小指进行操作，如图 1-35 所示。

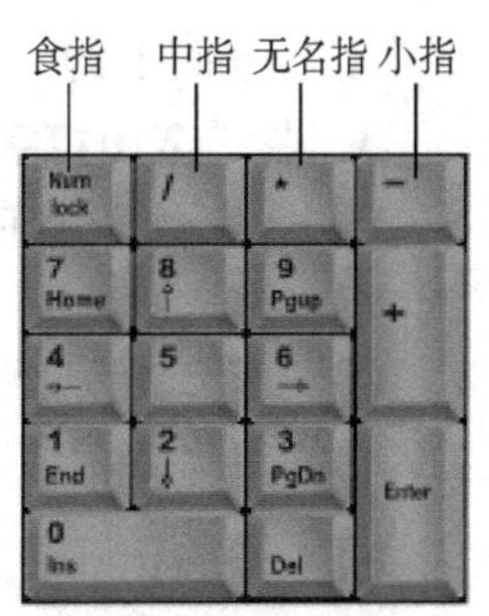

图 1-35　数字小键盘分工图

（3）练习技巧　左右手放在基本键位上，按所负责的范围击键，击键后还原到基本键位上，不能离开基本键位。操作达到熟练以后，试着不看键盘，进行盲打练习。

1.4.4　键盘上常用键符、键名及功能简介

记住键盘上的各键的作用对熟练操作计算机是非常重要的。键盘上常用键符、键名及功能，见表 1-2。

表 1-2 键盘上常用键符、键名及功能简介

键　符	键　名	功能及说明
A ~ Z（a ~ z）	字母键	字母键有大写和小写字符之分
0 ~ 9（主键盘区上的）	数字键	数字键的下档为数字，上档为符号
Shift（↑）	换档键	用来选择双字符键的上档字符
Caps Lock	大小写字母锁定键	大小写字母开关键（计算机默认状态为小写字母）
Enter	回车键	输入行结束、换行、执行命令
Backspace（←）	退格键	删除当前光标左边一个字符，光标左移一位
Space	空格键	在光标当前位置输入一个空格
PrtSc/Sys Rq	屏幕复制键	Windows 系统将当前屏幕整个复制到剪贴板
Ctrl 和 Alt	控制键	与其他键组合，形成组合功能
Pause / Break	暂停键	暂停正在执行的操作
Tab	制表键	在制作图表时用于光标定位；光标跳格 8 个字符的间隔
F1 ~ F12	功能键	各键的具体功能由使用的软件系统决定
Esc	退出键	一般用于退出正在运行的系统，不同软件其功能有所不同
Del（Delete）	删除键	删除光标所在位置上的字符
Ins（Insert）	插入键	插入字符、替换字符切换键
Home	功能键	光标移至屏首或当前行首（软件系统决定）
End	功能键	光标移至屏尾或当前行末（软件系统决定）
PgUp（PageUp）	功能键	当前页上翻一页，不同软件赋予不同光标快速移动功能
PgDn（PageDown）	功能键	当前页下翻一页，不同软件赋予不同光标快速移动功能

1.4.5 进入“金山打字通”软件的方法

双击桌面上的“金山打字通”软件的图标即可进行中英文文字录入练习。

1. 在“金山打字通”软件中进行英文指法练习

（1）基本键位练习　（练习 10 遍）。

f　d　s　a　j　k　l　;

d　j　l　f　a　;　s　k

jjj　kkk lll　;;;　aaa　sss　ddd　fff

dfsa　j; kl　sdaf　dfas　kj; l　klj;　sfad　klj;

（2）字母键练习

1）小写字母（直接按键，练习 10 遍）。

sgdf　khjl　dgsa　sdsg　jklh　hklj　dsga　jhlk

qwert poiuy trewq yuiop etwrq iouyp erwtq opyiu
cxzbv nmvcz vmbxz mvncz cnxmx zvxmn cxnvz vnxbm

2）大写字母（用 Caps Lock 键锁定后输入，或与［Shift］键一起使用）

AAAAA SSSSS DDDDD FFFFF GGGGG HHHHH JJJJJ KKKKK LLLLL ;;;;;

ASDFG HJKLM NBVCX QWERT YUIOP ZQAZW SXEDC RFVTG BYHNU JMIKL

（3）数字键练习 （用小键盘练习 10 遍）。

32415 97068 13425 06897 25413 35412 09678 96079
88556 77556 33554 22559 44558 99778 44112 66558
15943 75315 95123 75312 85225 45456 85852 47961

（4）符号键练习 （练习 10 遍）。

1）上档符号练习（上档符号要与［Shift］键一起使用，练习 10 遍）

~ ! @ # $ % ^ & * ( ) _ + | { } < > ? : ”

2）下档符号练习（直接按键，练习 10 遍）。

- = \ [ ] ; ’ , . / - = \ [ ] ; ’ , . /

（5）综合练习 请输入以下英语会话，每行结束时要注意按［Enter］键。

A: I really appreciate your coming to meet me.

B: You’re welcome. It’s been a year but you haven’t changed a bit.

A: How was your flight?

B: Great. I enjoyed it very much.

A: Did you enjoy your flight?

B: Yes, I did. Thank you for picking me up.

A: How long did the flight take from New York?

B: About twelve hours.

A: Excuse me, but would you perhaps be Mr. Thorn?

B: That’s right.

A: I’m glad to meet you.

B: Thank you. I’m glad to meet you, too.

A: Excuse me, are you Mr. Johnson’s secretary?

B: Yes, I am.

A: I’m Jim Power, sales manager for United Airlines.

A: Shall I take you to the hotel now?

B: Yes, that would be great.

A: Did you make reservations for a hotel?

B: Yes, I’m booked at the Hilton Hotel.

1.4.6 思考与练习

1. 填空题

左手食指负责的键位有：__________；左手中指负责的键位有：__________；
左手无名指负责的键位有：__________；左手小指负责的键位有：__________；

右手食指负责的键位有：__________；右手中指负责的键位有：__________；右手无名指负责的键位有：__________；右手小指负责的键位有：__________。

2. 简答题

1）说出键盘是由哪几部分组成的。

2）说出基准键位的 8 个字母键及其对应的手指。

3）说说在本模块的学习中的收获。

模块2　五笔字型输入法

本模块共有10个任务，在这10个任务中要学习五笔字型基础知识、字根在键盘上的分布，学习键名字根汉字、成字字根汉字、正好四字根汉字、超过四字根汉字、不足四字根汉字、简码、词组和文章的输入方法，以及五笔字型输入法的安装、设置和删除方法。

学习目标：

1）知道五笔字型字根在键盘上的分布。
2）认识五笔字根的笔画、字根和汉字之间的关系。
3）学会五笔字型键面字、五笔字型键外字、简码、词组和文章的输入方法。
4）学习五笔字型输入法系统的安装、设置和删除方法。

2.1　任务1　五笔字型输入法基础

在本任务中，要学习五笔字型输入法的笔画、字根和汉字之间的关系，认识五笔字型字根在键盘上的分布和分区规律，以及五笔字型输入法的助记词。

五笔字型输入法是一种录入速度非常高的汉字输入法，有很多种版本，本模块介绍的86版本是第一个定型的版本，这个版本是其他五笔字型输入法的基础，也是最常用的版本。完成本模块学习后，读者就能掌握五笔字型的输入方法，并可用五笔字型输入法进行文字的录入。

2.1.1　五笔字型的笔画、字根和汉字之间的关系

五笔字型输入法将汉字划分为3个层次，即笔画、字根和单字。

（1）笔画　五笔字型输入法将汉字的笔画归纳为横、竖、撇、捺、折（折则代表所有折的笔画）5类，并为这5类笔画规定了代码，其代码依次为1、2、3、4、5，见表2-1。

表2-1　汉字的5种基本笔画与变形笔画

代码	笔画	运笔的方向	笔画与变形笔画	举例汉字
1	横	从左到右或从左下到右上	一 ㇀	五、型、于
2	竖	从上到下（包括左竖钩）	丨 亅	竖、刘、则
3	撇	从右上到左下	丿	彩、斤、用
4	捺	从左上到右下（包括点）	㇏ 丶	字、方、入
5	折	除竖左钩外的所有带折的笔画	乙 ㇖ ㄣ ㇌ ㇙ ㇕ ㇄	习、飞、弗

（2）字根　五笔字型的字根是由若干笔画连接，按照一定的次序形成的相对不变的结构组合。字根是组成五笔字型汉字最重要、最基本的单位。

（3）单字　五笔字型的单字是由基本字根按一定的规则组合而成的。

2.1.2　五笔字型基本字根分区

86 版本的五笔字型汉字编码单位约有 130 个字根，按照汉字书写起笔的第一笔笔画为规律，将 130 个字根分布在英文键盘上除［z］键外的 25 个字母键上，这 25 个字母键又被划分成 5 个区，每个区 5 个字母键。

在五笔字型输入法中［z］键可以代替［a］～［y］中 25 个键中的任意一个键的使用，称为学习键或万能键，但在使用［z］键时会出现很高的重码率，对五笔字型输入法比较熟练的人员不使用［z］键。

（1）5 个分区　五笔字型的 5 个分区分别为 1 区（横笔起笔区）、2 区（竖笔起笔区）、3 区（撇笔起笔区）、4 区（捺笔起笔区）、5 区（折笔起笔区）。如“王、土、大、木、工”书写时的首笔笔画是横，区号则为“1”；“已、子、女、又”书写时的首笔笔画是折，区号则为“5”，如图 2-1 所示。

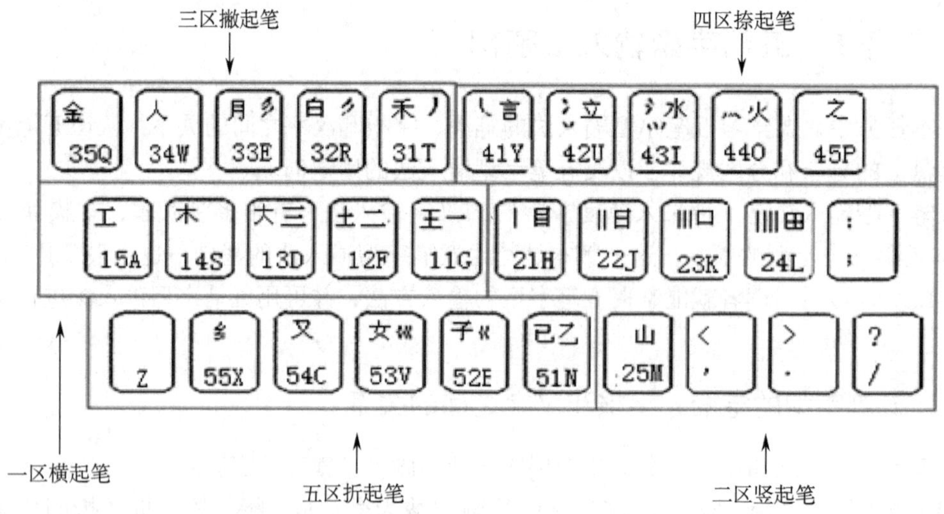

图 2-1　五笔字型输入法在键盘上的 5 个分区

（2）五笔字型的位号　五笔字型的位号与字根的一些笔画数有关。

1）在 1 位上的 5 个单笔画字根：一、丨、丿、丶、乙。

2）在 2 位上的两单笔画字根的 5 个复合字根：二、刂、⺀、冫、巜。

3）在 3 位上的三单笔画字根的 5 个复合字根：三、川、彡、氵、巛。

4）在 4 位上的四单笔画字根的 2 个复合字根：‖‖、灬。

提示： 加深记忆请在字根键盘上查找上面单笔画字根、两单笔画字根、三单笔画字根和四单笔画字根，并熟记这些笔画字根在键盘上的分布，如图 2-2 所示。

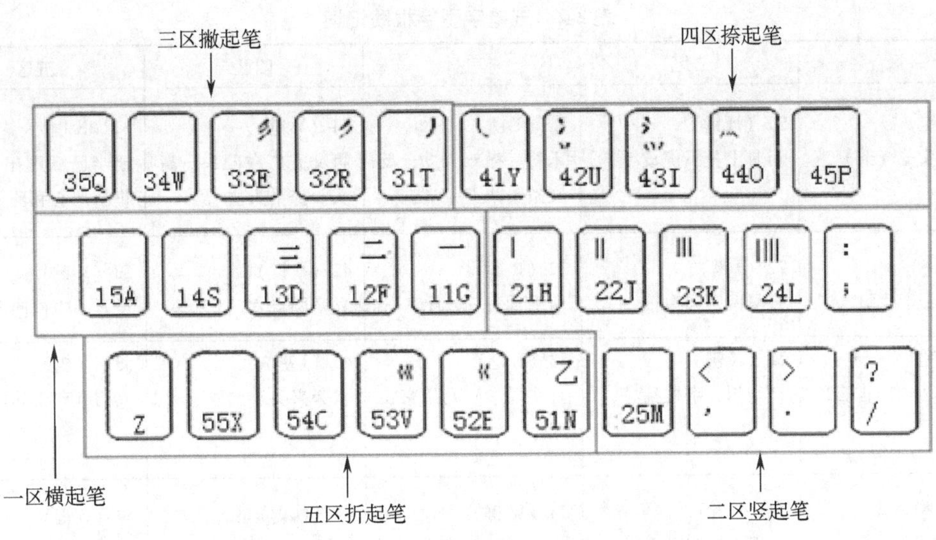

图 2-2　五笔字型输入法在键盘上的笔画区位分布

2.1.3　五笔字型字根键盘图

五笔字型输入法利用英文的 abc 键盘在每一个键位上编制了若干个字根，将这些字根进行组合形成汉字编码，如图 2-3 所示。

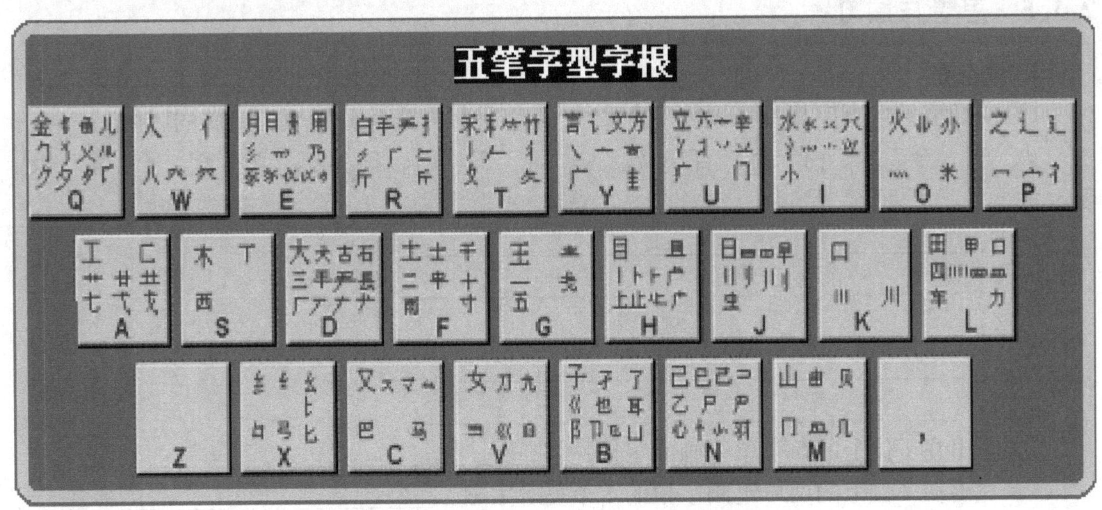

图 2-3　五笔字型输入法字根在键盘上的分布

2.1.4　五笔字型字根助记词

为了快速学习和掌握五笔字型的输入方法，五笔字型的发明者王永民教授编写了助记词。由于五笔字型输入法中的许多字根不是汉字，也没有读音，所以借助外形近似的汉字的读音来帮助学习者的记忆，见表 2-2。

表 2-2 五笔字型字根助记词

一区	二区	三区	四区	五区
11（G 键） 王旁青头戋（兼）五一	21（H 键） 目具上止卜虎皮	31（T 键） 禾竹一撇双人立，反文条头共三一	41（Y 键） 言文方广在四一，高头一捺谁人去	51（N 键） 已半巳满不出己，左框折尸心和羽
12（F 键） 土士二干十寸雨	22（J 键） 日早两竖与虫依	32（R 键） 白手看头三二斤	42（U 键） 立辛两点六门疒	52（B 键） 子耳了也框向上
13（D 键） 大犬三（羊）古石厂	23（K 键） 口与川，字根稀	33（E 键） 月彡（衫）乃用家衣底	43（I 键） 水旁兴头小倒立	53（V 键） 女刀九臼山朝西
14（S 键） 木丁西	24（L 键） 田甲方框四车力	34（W 键） 人和八，三四里	44（O 键） 火业头，四点米	54（C 键） 又巴马，丢矢矣
15（A 键） 工戈草头右框七	25（M 键） 山由贝，下框几	35（Q 键） 金勹缺点无尾鱼，犬旁留乂儿一点夕，氏无七	45（P 键） 之字军盖道建底，摘礻（示）衤（衣）	55（X 键） 慈母无心弓和匕，幼无力

2.1.5 思考与练习

1. 填空题

1）对照五笔字型字根排列图将下列 25 个汉字进行分类，分别填在所属的区内。

火、田、金、木、白、目、言、又、人、口、工、山、日、之、立、禾、子、水、女、王、大、月、纟、土、已。

一区：________________

二区：________________

三区：________________

四区：________________

五区：________________

2）写出在 1 位上的 5 个单笔画的字根：________________

3）写出在 2 位上的两单笔画字根的 5 个复合字根：________________

4）写出在 3 位上的三单笔画字根的 5 个复合字根：________________

5）写出在 4 位上的四单笔画字根的 2 个复合字根：________________

6）参照表 2-3 填写每一个键位上的字根，最好能默写。

表 2-3 键位字根练习填空练习

Q	W	E	R	T	Y	U	I	O	P

（续）

A	S	D	F	G	H	J	K	L	
学习键									
Z	X	C	V	B	N	M			

2. 操作题

在“金山打字通”或其他打字练习软件中进行五笔字型字根的练习与训练，注意用正确的指法。

2.2 任务2 五笔字型输入法字根学习与练习

在本任务中，要学习五笔字型输入法中的几种结构关系和汉字拆分成字根的拆分原则。

在五笔字型输入法的学习过程中，字根的学习、记忆与练习是非常重要的，只要做到对看到汉字就能知道是哪些字根拼形而成的，剩下的事就是熟能生巧了。

2.2.1 几个常用名词

要快速学习和掌握五笔字型输入法，首先要掌握基本笔画、键名字根和成字字根的含义。

（1）基本笔画　一、丨、丿、㇏、乙。

（2）25个键名字根　字根表中每个键位上左上角那个汉字，简称键名。

（3）成字根汉字　键面上除键名外、本身就是汉字的字根汉字。

2.2.2 字根间的几种结构关系

五笔字型将用字根组成的汉字分为4种结构，即“单”、“散”、“连”、“交”。

（1）“单”结构　如果一个汉字是由基本笔画与25个键名字根或成字字根构成的，那么这个汉字与字根的关系就是“单”结构关系。

例如，一、丨、丿、㇏、乙、口、木、山、田、马、雨等都是“单”结构关系的汉字。

提示：基本笔画是字根，字根是由笔画按一定的方式组成的，而构成汉字的最基本的单位是字根而不是笔画。

（2）“散”结构　如果一个汉字是由两个以上的字根组成的，且两个字根之间有一定的距离，那么字根之间的结构就是“散”结构关系。

例如，吕、足、识、汉、苗、格、故、昌、各、拉、科等都是“散”结构关系的汉字。

（3）“连”结构　如果一个汉字的一个字根与一个单笔画字根之间没有明显的距离，那么这个单笔画字根与字根间就是一种“连”的结构关系。

例如，“且”是由“月”字根和单笔画“一”构成的；“尺”是由“尸”字根和单笔画

“丶”构成的；“天”是由单笔画字根“一”和字根“大”构成的；“千”是由单笔画字根“丿”和字根“十”构成的等，这些都是“连”结构关系的汉字。

（4）“交”结构　如果一个汉字的几个字根之间是交叉套迭在一起，这几个字根就属于“交”结构关系。

例如，申、里、夷、电、必、本、中、牙等，这些字都是“交”结构关系汉字。

五笔字型输入法中4种汉字结构分析与归纳，见表2-4。

表2-4　4种结构归纳表

结构类型	特点	例字
单	单独成为汉字的字根	口、木、山、田、马、雨
散	构成汉字的字根间保持一定的距离	吕、足、识、汉、苗、格
连	一个基本字根连一单笔画字根	且、尺、天、千、太、入
交	几个基本字根交叉套迭之后构成的汉字	申、里、夷、电、必、本

2.2.3　字根拆分原则

五笔字型输入法是一种拼形输入法，在输入汉字时要按照汉字的拆分原则对汉字进行字根的拆分，将一个汉字拆分成几个单独的字根，再通过键盘按一定的顺序输入即可。

（1）字根拆分的7个原则　保证拆分出来的字根是基本字根原则，保证按照“书写顺序”拆分字根原则，按照“取大优先”拆分字根原则，按照“能散不连”拆分字根原则，按照“能连不交”拆分字根原则，按照“笔画不断”拆分字根原则，按照“兼顾直观”拆分字根原则。

（2）拆分原则详解　掌握了以上7个拆分原则，就能轻松将汉字拆分成单独的字根，下面详细介绍这7个拆分原则。

1）保证拆分出来的字根是基本字根：所谓基本字根就是指字根表中列出来的字根。这个原则是其他所有原则的基础，不管是否满足其他的拆分原则，首先要满足此原则的规定。如果拆分出来的字根有一个不是基本字根，那么这种拆分方法就肯定是错误的，见表2-5。

表2-5　保证拆分出基本字根

字例	应拆分	字例	应拆分
鸟	勹、丶、乙、一	原	厂、白、小
到	一、厶、土、刂	先	丿、土、儿

2）保证按照“书写顺序”拆分字根：在拆分汉字时，在保证拆分出来的字根是基本字根的前提下，要按照“书写顺序”来拆分汉字。一般书写汉字的顺序为从左到右，从上到下，从外到内，见表2-6。

表2-6　保证按照“书写顺序”拆分字根

字例	正确拆分	错误拆分	字例	正确拆分	错误拆分
落	艹、氵、夂、口	艹、夂、氵、口	岩	山、石	石、山
横	木、廿、由、八	木、由、廿、八	问	门、口	口、门
做	亻、古、攵	亻、攵、古	达	大、辶	辶、大
国	囗、王、丶	王、丶、囗	旭	九、日	日、九
涟	氵、车、辶	氵、辶、车			

3）按照“取大优先”原则拆分字根：“取大优先”原则指导在拆分汉字的时候，按照书写顺序拆分出尽可能大的字根，保证拆分出的字根数量最少。也就是说，如果一个汉字面临多种拆分方法，每种拆分的方法都保证了拆分出来的是基本字根，且是按照书写顺序来拆分的，那么字根数量最少的是正确的，见表2-7。

表2-7　保证按照“取大优先”拆分字根

字例	正确拆分	错误拆分
则	贝、刂	冂、人、刂
和	禾、口	丿、木、口
码	石、马	厂、口、马
字	宀、子	宀、了、一

4）按照“能散不连”原则拆分字根：“能散不连”原则指导拆分汉字时，如果遇到既可以拆分成“散”结构，又可以拆分成“连”结构的，应将汉字拆分成“散”结构，见表2-8。

表2-8　按照“能散不连”原则拆分字根

字例	正确拆分	错误拆分
于	一、十	二、丨
苯	艹、木、一	艹、一、人、一
赍	十、艹、贝	土、丨、丨、冂、人

5）按照“能连不交”原则拆分字根：“能连不交”原则顾名思义就是指能够拆分成相连接的字根就不拆分成互相交叉的字根，见表2-9。

6）按照“笔画不断”原则拆分字根：“笔画不断”的原则就是一个笔画不能割断在两个字根里，见表2-10。

表2-9　按照“能连不交”原则拆分字根

字例	正确拆分	错误拆分
天	一、大	二、人
丰	三、丨	二、十

表2-10　按照“笔画不断”原则拆分字根

字例	正确拆分	错误拆分
果	日、木	田、木
未	二、小	土、小

7）按照“兼顾直观”原则拆分字根：“兼顾直观”原则是对于一个汉字，有可能在满足所有拆分规则的情况下，仍然具有几种拆分方法，此时为了确保拆分的惟一性，就需要从拆分的直观性来考虑拆分的正确，见表2-11。

表2-11　按照“兼顾直观”原则拆分字根

字例	正确拆分	错误拆分
且	月、一	冂、三
正	一、止	一、丨、上
住	亻、丶、王	亻、亠、土
国	口、王、丶	冂、王、丶、一

2.2.4　思考与练习

1. 填空题

1）写出下列每字的首字根。

赠_____范_____晔_____作_____者_____南_____朝_____宋_____陆_____凯_____

折_____花_____逢_____绎_____使_____寄_____与_____陇_____头_____人_____

江_____南_____无_____所_____有_____聊_____寄_____一_____枝_____春_____

2）写出下列每字的首字根。

登_____鹳_____鹊_____楼_____作_____者_____唐_____王_____之_____涣_____

白____日____依____山____尽____黄____河____入____海____流____
欲____穷____千____里____目____更____上____一____层____楼____

3）写出下列每字的首字根。

宿____建____德____江____唐____朝____孟____浩____然____作____
移____舟____泊____烟____渚____日____暮____客____愁____新____
野____旷____天____低____树____江____清____月____近____人____

4）写出下列每字的首字根。

五____言____诗____送____别____作____者____唐____王____维____
山____中____相____送____罢____日____暮____掩____柴____扉____
春____草____明____年____绿____王____孙____归____不____归____

5）写出下列每字的首字根。

乐____游____原____作____者____唐____朝____李____商____隐____
向____晚____意____不____适____驱____车____登____古____原____
夕____阳____无____限____好____只____是____近____黄____昏____

6）写出下列每字的首字根。

夜____宿____山____寺____作____者____唐____朝____李____白____
危____楼____高____百____尺____手____可____摘____星____辰____
不____敢____高____声____语____恐____惊____天____上____人____

7）写出下列每字的首字根。

春____望____作____者____唐____朝____诗____圣____杜____甫____
国____破____山____河____在____城____春____草____木____深____
感____时____花____溅____泪____恨____别____鸟____惊____心____
烽____火____连____三____月____家____书____抵____万____金____
白____头____搔____更____短____浑____欲____不____胜____簪____

8）写出下列每字的首字根。

前____出____塞____中____国____诗____圣____杜____甫____作____
挽____弓____当____挽____强____用____箭____当____用____长____
射____人____先____射____马____擒____贼____先____擒____王____
杀____人____亦____有____限____列____国____自____有____疆____
苟____能____制____侵____陵____岂____在____多____杀____伤____

9）写出下列每字的首字根。

逢____雪____宿____芙____蓉____山____人____刘____长____卿____
日____暮____苍____山____远____天____寒____白____屋____贫____
柴____门____闻____犬____吠____风____雪____夜____归____人____

10）写出下列每字的首字根。

搬____程____高____或____开____量____然____刷____西____业____
隘____出____个____机____看____了____让____说____狭____医____
安____础____给____基____科____羚____人____算____现____印____
版____此____工____级____克____貌____任____随____乡____应____

邦_____导_____古_____几_____课_____每_____容_____他_____小_____用_____

包_____德_____故_____计_____库_____们_____软_____糖_____些_____语_____

被_____的_____故_____技_____块_____猛_____色_____特_____欣_____育_____

彼_____点_____国_____家_____括_____民_____商_____体_____信_____员_____

笔_____电_____过_____见_____来_____命_____赏_____天_____幸_____院_____

别_____东_____孩_____件_____来_____莫_____社_____图_____虚_____在_____

病_____动_____汉_____教_____蓝_____拿_____身_____卫_____需_____者_____

不_____毒_____很_____结_____劳_____内_____生_____未_____学_____这_____

部_____断_____红_____仅_____老_____那_____剩_____位_____训_____珍_____

才_____发_____宏_____进_____雷_____能_____十_____蔚_____迅_____职_____

藏_____法_____洪_____兢_____蕾_____培_____实_____文_____言_____指_____

操_____方_____花_____警_____类_____批_____事_____我_____研_____制_____

产_____费_____华_____敬_____礼_____前_____室_____无_____验_____种_____

常_____份_____画_____究_____里_____巧_____是_____武_____羊_____重_____

厂_____服_____黄_____就_____力_____区_____手_____舞_____药_____子_____

成_____福_____会_____据_____联_____去_____术_____务_____要_____走_____

2. 操作题

在“金山打字通”或其他打字练习软件中进行五笔字型字根的练习与训练，注意用正确的指法。

2.3 任务3 键名汉字和成字字根汉字的输入方法

在本任务中，要学习五笔字型输入法中汉字的基本输入法分类，键名汉字的输入方法，成字字根汉字的输入方法和五个单笔字的输入方法。

2.3.1 汉字基本输入法分类

五笔字型输入法把汉字分成两大类。

（1）键位内汉字　是在五笔字型字根键盘中已有的汉字，分为键名汉字、成字字根汉字、单笔画字。

（2）键位外汉字　是在五笔字型字根键盘中没有的，由基本字根组成的汉字，分为正好四码的汉字、超过四码的汉字和不足四码的汉字。

2.3.2 键名汉字输入

键名是指各五笔字型的键盘上的键位左上角的字根，这些字根中绝大多数本身就是汉字，而它们的组字频度较高，且形体上又是有一定代表性的字根。

（1）按键盘排列的键名　键名汉字在每键上有1个，每区5个，5个区共25个，如图2-4所示。

（2）输入方法　五笔字型键名的输入方法是连击4下所在的键，见表2-12。

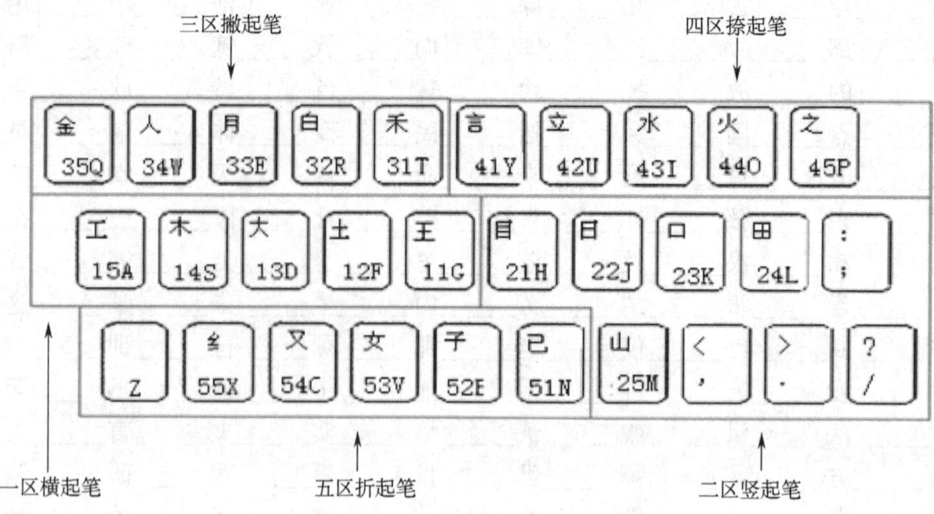

图 2-4　键名汉字在键盘上的分布

表 2-12　五笔字型键名的输入方法

分区	5 位	4 位	3 位	2 位	1 位	1 位	2 位	3 位	4 位	5 位	分区
3 区	金 QQQQ	人 WWWW	月 EEEE	白 RRRR	禾 TTTT	言 YYYY	立 UUUU	水 IIII	火 OOOO	之 PPPP	4 区
1 区	工 AAAA	木 SSSS	大 DDDD	土 FFFF	王 GGGG	目 HHHH	日 JJJJ	口 KKKK	田 LLLL	山 MMMM	2 区
5 区	纟 XXXX	又 CCCC	女 VVVV	子 BBBB	已 NNNN						

2.3.3　成字字根汉字输入

在五笔字型键盘的每个键位上，除了有一个键名汉字以外的字根，还有数量不等的几个其他字根。这些字根中间有一部分其本身就是一个汉字，这些本身就是汉字的字根被称为成字字根。

（1）成字字根汉字在键盘上的排列　在每一个键位上，除了左上角的第 1 个字是键名以外，其他字根为成字字根，如图 2-5 所示。

金 儿夕 35 Q	人 八 34 W	月 乃用豕 33 E	白 手斤 32 R	禾 竹 31 T	言 文方广 41 Y	立 辛 42 U	水 小 43 I	火 米 44 O	之 45 P
工 戈弋廿 七 15 A	木 丁西 14 S	大 犬三古 厂 13 D	土 士二干 十寸雨 12 F	王 戋五一 11 G	目 上止卜 21 H	日 曰早虫 22 J	口 川 23 K	田 甲四皿 车力 24 L	: ;
Z	纟 弓匕幺 55 X	又 巴马厶 54 C	女 刀九臼 53 V	子 孑耳了 也 52 B	已 己巳乙 尸心羽 51 N	山 由贝几 25 M	< ,	> .	? /

图 2-5　成字字根汉字在键盘上的排列

（2）输入方法　五笔字型的成字字根汉字的输入方法是：键名代码（报户口）+首笔代码+次笔代码+末笔代码。各键位上的成字字根的输入代码见表2-13。注意，输入时用小写字母。

表2-13　各键位上的成字字根汉字的输入代码

分区	成字字根汉字	输入代码	成字字根汉字	输入代码	成字字根汉字	输入代码	成字字根汉字	输入代码	成字字根汉字	输入代码
1区（19个）	戋	GGGT	五	GGHG	一	G	士	FGHG	二	FGG
	干	FGGH	十	FGH	寸	FGHY	雨	FGHY	犬	DGTY
	三	DG	古	DGHG	厂	DFT	丁	SFH	西	SGHG
	戈	AGNT	弋	AGNY	廿	AGHG	七	AG		
2区（14个）	上	HHG	止	HH	卜	HHY	早	JHNH	虫	JHNY
	川	KTHH	甲	LHNH	四	LHNG	皿	LHN	车	LHNH
	力	LTN	由	LHNG	贝	MHNY	几	MT		
3区（9个）	竹	TTGH	手	RTGH	斤	RTTH	乃	ETN	用	ETNH
	豕	EGTY	八	WTY	儿	QTN	夕	QTNY		
4区（6个）	文	YYGY	方	YYGN	广	YYGT	辛	UYGH	小	IH
	米	OYTY								
5区（18个）	己	NNGN	巳	NNGN	尸	NNGT	心	NY	羽	NNYG
	子	BNHG	耳	BGHG	了	BNH	也	BNHN	刀	VNT
	九	VTN	臼	VTHG	巴	CNHN	马	CNNG	厶	CNY
	弓	XNFN	匕	XTN	幺	XNNY				

提示：每字最多只能有4个代码，成字字根输入方法归结如下：

1）两码成字字根的输入：报户口+第1笔码+空格。

2）三码成字字根的输入：报户口+第1笔码+第2笔码+空格。

3）四码成字字根的输入：报户口+第1笔码+第2笔码+第3笔码。

4）超过四码成字字根的输入：报户口+第1笔码+第2笔码+末笔码。

2.3.4　五种单笔画的编码

在五笔输入法中有5个单笔画的字，分别是一、丨、丿、乀、乙。

单笔画字的输入代码如下：

一：GGLL　　丨：HHLL　　丿：TTLL　　乀：YYLL　　乙：NNLL

2.3.5　思考与练习

1. 填空题

1）写出键名汉字、成字字根汉字和单笔画字的输入方法。

键名汉字的输入方法：______________________________。

成字字根的输入方法：____。

单笔画字的输入方法：____。

2）写出下列键名汉字的五笔字型的输入代码。

金_____人_____月_____白_____禾_____言_____立_____水_____火_____之_____

工_____木_____大_____土_____王_____目_____日_____口_____田_____山_____

纟_____又_____女_____子_____已_____

3）根据字根的起笔，写出下列键名汉字所在的分区。

山、工、立、土、水、之、火、木、大、目、人、口、金、日、言、田、子、已、又、月、女、禾、纟、白、王

一区：____

二区：____

三区：____

四区：____

五区：____

4）写出下列单笔画字的五笔字型的输入代码。

一__________丨__________丿__________丶__________乙__________

5）写出下列成字字根汉字的输入代码，并按起笔规律将下列成字字根汉字进行分区。

儿_____夕_____八_____用_____乃_____豕_____手_____斤_____竹_____文_____

方_____广_____六_____门_____辛_____小_____米_____攵_____七_____弋_____

戈_____丁_____西_____犬_____石_____三_____厂_____卜_____止_____上_____

曰_____早_____虫_____川_____甲_____四_____弓_____幺_____匕_____马_____

巴_____九_____刀_____臼_____了_____干_____士_____二_____十_____雨_____

寸_____五_____戋_____皿_____车_____力_____皿_____囗_____由_____贝_____

几_____也_____耳_____心_____羽_____

一区：____

二区：____

三区：____

四区：____

五区：____

6）写出下列每字的首字根。

塞_____下_____曲_____作_____者_____唐_____朝_____人_____卢_____纶_____

林_____暗_____草_____惊_____风_____将_____军_____夜_____引_____弓_____

平_____明_____寻_____白_____羽_____没_____在_____石_____棱_____中_____

7）写出下列每字的首字根。

江_____雪_____作_____者_____唐_____朝_____人_____柳_____宗_____元_____

千_____山_____鸟_____飞_____绝_____万_____径_____人_____踪_____灭_____

孤_____舟_____蓑_____笠_____翁_____独_____钓_____寒_____江_____雪

8）写出下列每字的首字根。

独_____坐_____敬_____亭_____山_____唐_____诗_____仙_____李_____白_____

众_____鸟_____高_____飞_____尽_____孤_____云_____独_____去_____闲_____
相_____看_____两_____不_____厌_____只_____有_____敬_____亭_____山_____

2. 操作题

在“金山打字通”或其他文字录入练习软件中，练习键名汉字、成字字根和单笔画字的汉字输入。

2.4 任务4 正好四个字根和超过四个字根汉字的输入方法

在本任务中，要学习用五笔字型输入正好四个字根和超过四个字根汉字的输入方法。

2.4.1 键位外汉字输入方法的分类

按照组成汉字的字根个数，五笔字型输入法将键位外的汉字分成3类，分别是正好四个字根汉字、超过四个字根汉字、不足四个字根汉字。

2.4.2 正好四个字根汉字的输入方法

（1）正好四字根汉字的输入方法　正好四个字根汉字是组成这个字的字根正好是四个。在录入时，只需按照顺序依次输入四个字根的代码即可。正好四个字根汉字的取码规则，见表2-14。

表2-14　正好四个字根汉字的取码规则各键

取码位数	第一码	第二码	第三码	第四码
取码要素	第一字根	第二字根	第三字根	第四字根

（2）正好四个字根汉字录入过程示例，见表2-15。

表2-15　正好四个字根汉字录入过程示例

序号	正好四个字根字	第一字根	第二字根	第三字根	第四字根	全码
1	拿	人	一	口	手	WGKR
2	选	丿	土	儿	辶	TFQP
3	棉	木	白	冂	丨	SRMH
4	愿	厂	白	小	心	DRIN
5	规	二	人	冂	儿	FWMQ
6	资	冫	勹	人	贝	UQWM
7	命	人	一	口	卩	WGKB
8	事	一	口	彐	亅	GKVH
9	悲	三	刂	三	心	DJDN
10	锦	钅	白	冂	丨	QRMH
11	峰	山	夂	三	丨	MTDH
12	踏	口	止	水	日	KHIJ
13	型	二	廾	刂	土	GAJF

（续）

序号	正好四个字根字	第一字根	第二字根	第三字根	第四字根	全码
14	调	讠	冂	土	口	YMFK
15	插	扌	丿	十	臼	RTFV
16	物	丿	扌	勹	彡	TRQR
17	摩	广	木	木	手	YSSR
18	笔	竹	丿	二	乙	TTFN
19	路	口	止	夂	口	KHTK
20	洗	氵	丿	土	儿	ITFQ

（3）练习　写出正好四个字根汉字的录入过程，见表2-16。

表2-16　正好四个字根汉字录入过程练习

序号	正好四个字根字	第一字根	第二字根	第三字根	第四字根	全码
1	教					
2	院					
3	提					
4	富					
5	著					
6	照					
7	第					
8	播					
9	视					
10	都					
11	悖					
12	箪					
13	潸					
14	神					
15	思					
16	倾					
17	滇					
18	逢					
19	滋					
20	装					

（4）上机操作　在“金山打字通”或其他打字软件中练习正好是四个字根的汉字输入。

2.4.3　超过四个字根汉字的输入方法

（1）超过四个字根汉字的输入方法　超过四个字根的汉字在录入时，需要按照顺序依次输入第一个、第二个、第三个和最末字根的编码即可。超过四个字根汉字的取码规则，见

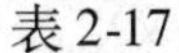

表2-17。

表 2-17　超过四个字根汉字的取码规则

取码位数	第一码	第二码	第三码	第四码
取码要素	第一字根	第二字根	第三字根	最末字根

（2）超过四个字根汉字录入过程示例，见表2-18。

表 2-18　超过四个字根汉字录入过程示例

序号	超过四个字根字	第一字根	第二字根	第三字根	最末字根	全码
1	徽	彳	山	一	攵	TMGT
2	赢	亠	乙	口	丶	YNKY
3	遍	丶	尸	冂	辶	YNMP
4	读	讠	十	乙	大	YFND
5	键	钅	彐	二	廴	QVFP
6	输	车	人	一	刂	LWGJ
7	版	丿	丨	一	又	THGC
8	感	厂	一	口	心	DGKN
9	露	雨	口	止	口	FKHK
10	德	彳	十	四	心	TFLN
11	解	勹	用	刀	丨	QEVH
12	塘	土	广	彐	口	FYVK
13	概	木	彐	厶	儿	SVCQ
14	疆	弓	土	一	田	XFGL
15	糙	米	丿	土	辶	OTFP

（3）练习　写出超过四个字根汉字的录入过程，见表2-19。

表 2-19　超过四个字根汉字录入过程练习

序号	超过四个字根字	第一字根	第二字根	第三字根	最末字根	全码
1	[illegible]djust					
2	棒					
3	编					
4	滨					
5	鹤					
6	穿					
7	端					
8	废					
9	幄					
10	鸿					
11	魂					

（续）

序号	超过四个字根字	第一字根	第二字根	第三字根	最末字根	全码
12	就					
13	鳞					
14	默					
15	藕					
16	蹊					
17	罄					
18	塔					
19	醒					
20	赚					

（4）上机操作　在“金山打字通”或其他打字软件中练习成字字根汉字输入。

2.4.4　思考与练习

1. 填空题

1）写出正好四个字根字的输入方法：________________。
写出超过四个字根字的输入方法：________________。

2）写出下列正好四个字根汉字的输入代码，见表2-20。

表2-20　正好四个字根汉字录入过程练习

序号	正好四个字根字	第一字根	第二字根	第三字根	第四字根	全码
1	鹋					
2	脚					
3	量					
4	验					
5	探					
6	磨					
7	烈					
8	煎					
9	缥					
10	淀					
11	梳					
12	超					
13	率					
14	被					
15	崖					
16	离					
17	斯					

（续）

序号	正好四个字根字	第一字根	第二字根	第三字根	第四字根	全码
18	察					
19	稿					
20	颖					
21	室					
22	觇					
23	鸟					
24	轿					
25	诧					

3）写出下列超过四个字根汉字的输入代码，见表 2-21。

表 2-21　超过四个字根汉字录入过程练习

序号	超过四个字根字	第一字根	第二字根	第三字根	最末字根	全码
1	倒					
2	翩					
3	遇					
4	楔					
5	撰					
6	厥					
7	愈					
8	蠢					
9	霞					
10	满					
11	旗					
12	割					
13	该					
14	澳					
15	警					
16	撼					
17	黩					
18	鸣					
19	糟					
20	鼠					
21	遗					
22	履					
23	雅					
24	腋					
25	繁					

2. 操作题

在“金山打字通”或其他文字录入练习软件中，练习正好四码和超过四码的汉字输入方法。

2.5 任务5 不足四个字根的汉字输入方法

在本任务中，要学习不足四个字根的汉字的输入方法，学会使用五笔字型的识别码及其使用范围。

2.5.1 识别码及其作用

五笔字型输入法与其他输入法相比，虽然重码较少，但也存在这一问题。为了解决重码问题，设计了识别码的应用。识别码是人为规定的，只适用于不足四个字根的汉字的输入，即只有两个字根或三个字根汉字输入时，并且是在出现重码的情况下使用识别码。

提示：

1）重码是两个或两个以上的汉字输入时出现了相同字根的输入码。

2）对于正好是四个字根的汉字和超过四个字根汉字的输入不需要识别码。

3）在以后的简码学习中，有的不足四个字根的汉字也不需要识别码。

例如，“对”和“圣”的输入码都是“ C F ”，这时就出现了重码就需要用到识别码。“对”的识别码是“Y”，“圣”的识别码是“F”。

2.5.2 不足四个字根汉字的输入方法

1）不足四个字根且只有二个字根汉字的输入方法：第 1 字根 + 第 2 字根 + 识别码 + 空格。

2）不足四个字根且只有三个字根汉字的输入方法：第 1 字根 + 第 2 字根 + 第 3 字根 + 识别码。

2.5.3 识别码的使用要点

使用识别码时需要掌握两个要点，一是汉字的字型，二是汉字的末笔笔画，这两点是正确使用识别码的保证。

1）汉字的字型有 3 种：左右型（1 型）、上下型（2 型）、杂合型（3 型），见表 2-22。

表 2-22 汉字字型表

字型代码	字型	图示	字例	特征
1	左右		林、树、部、接	字根之间有间距，总体左右排列
2	上下	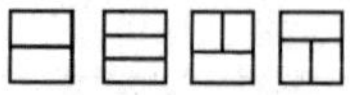	要、意、然、森	字根之间有间距，总体上下排列
3	杂合		回、凶、飞、司、连、囱	字根之间虽有间距，但分不出上下和左右

2）汉字的末笔笔画有5种：横、竖、撇、捺、折。

3）识别码的使用方法：末笔笔画代码+汉字字型代码结合使用。

2.5.4 识别码的使用方法

1）汉字末笔字型交叉识别码，见表2-23。

表2-23 汉字末笔字型交叉识别码

末笔画与代码 \ 字型与代码		左右型（1型）	上下型（2型）	杂合型（3型）
横	1	11 G	12 F	13 D
竖	2	21 H	22 J	23 K
撇	3	31 T	32 R	33 E
捺	4	41 Y	42 U	43 I
折	5	51 N	52 B	53 V

2）五笔字型输入法中识别码的使用示例，见表2-24。

表2-24 识别码的使用示例

例字 \ 识别码解析		末笔笔画	末笔代码	汉字字型	字型代码	末笔代码+字型代码（区位码）	末笔识别码
1	粒	一	1	左右	1	11	G
2	雷	一	1	上下	2	12	F
3	里	一	1	杂合	3	13	D
4	利	丨	2	左右	1	21	H
5	齐	丨	2	上下	2	22	J
6	厕	丨	2	杂合	3	23	K
7	旷	丿	3	左右	1	31	T
8	芦	丿	3	上下	2	32	R
9	户	丿	3	杂合	3	33	E
10	凉	㇏	4	左右	1	41	Y
11	宋	㇏	4	上下	2	42	U
12	玉	㇏	4	杂合	3	43	I
13	巧	乙	5	左右	1	51	N
14	气	乙	5	上下	2	52	B
15	匹	乙	5	杂合	3	53	V

2.5.5 识别码练习

（1）练习 1　两字根汉字练习，共 40 个字，写出输入代码，将末笔识别码写在括号内。

把______（　）　利______（　）　扒______（　）　粒______（　）　礼______（　）
论______（　）　矿______（　）　仁______（　）　仲______（　）　弘______（　）
仅______（　）　柏______（　）　旷______（　）　吐______（　）　驮______（　）
枚______（　）　泪______（　）　咕______（　）　洼______（　）　场______（　）
亩______（　）　宋______（　）　尔______（　）　卡______（　）　兰______（　）
亨______（　）　茧______（　）　邑______（　）　备______（　）　汞______（　）
卞______（　）　亏______（　）　孕______（　）　企______（　）　各______（　）
雷______（　）　苗______（　）　冬______（　）　尿______（　）　户______（　）

（2）练习 2　三字根汉字练习，共 40 个字，写出输入代码，将末笔识别码写在括号内。

芦______（　）　庐______（　）　虏______（　）　掠______（　）　吁______（　）
诌______（　）　诗______（　）　誉______（　）　驭______（　）　耶______（　）
码______（　）　蚂______（　）　吗______（　）　买______（　）　麦______（　）
伊______（　）　秧______（　）　捏______（　）　奎______（　）　坤______（　）
栗______（　）　隶______（　）　揩______（　）　坝______（　）　推______（　）
漏______（　）　屑______（　）　厘______（　）　凉______（　）　晾______（　）
聂______（　）　紊______（　）　捂______（　）　厕______（　）　惊______（　）
犯______（　）　坊______（　）　疟______（　）　仰______（　）　悟______（　）

（3）练习 3　二字根和三字根汉字练习，共 20 个字，写出输入代码，将末笔识别码写在括号内。

斗______（　）　丹______（　）　气______（　）　垃______（　）　里______（　）
子______（　）　庙______（　）　刃______（　）　连______（　）　疗______（　）
看______（　）　扛______（　）　抗______（　）　扦______（　）　仟______（　）
羌______（　）　巧______（　）　茄______（　）　怯______（　）　辜______（　）

（4）在“金山打字通”或其他打字练习软件中练习需用识别码的汉字输入。

2.5.6 初学五笔时遇到的难拆字

对于初学五笔字型的人来说，有些字很难直观地看出其组成的字根。下面是一些常用的比较难拆的字，请读者对照拆分练习。

曹	GMAJ	年	RHFK	贯	XFMU	遇	JMHP	甘	AFD	醭	SGOY
敖	GQTY	假	WNHC	浇	IATQ	予	CBJ	乙	NNLL	幽	XXMK
身	TMDT	藏	ADNT	候	WHND	爿	NHDE	甫	GEHY	巫	AWWI
肃	VIJK	凹	MMGD	隹	WYGG	印	QGBH	钺	QANT	爽	DQQQ
监	JTYL	凸	HGMG	泼	INTY	拟	RNYW	本	SGD	噩	GKKK
班	GYTG	乃	ETN	夏	DHTU	半	UFK	养	UDYJ	尴	DNJL
曳	JXE	戈	AGNT	万	DNV	卞	YHI	羌	UDNB	尬	DNWJ

制	RMHJ	越	FHAT	乐	QII	卷	UDBB	疏	NHYQ	戍	DYNT
鬯	QOBX	拜	RDFH	虐	HAAG	夹	GUWI	严	GODR	戌	DGNT
段	WDMC	泯	INAN	丫	UHK	丧	FUEU	末	GSI	戊	DNYT
鼎	HNDN	余	WTU	判	UDJH	载	FALK	援	REFC	靥	DDDL
官	PNHN	派	IREY	丹	MYD	丈	DYI	蒙	APGE	篝	TFJF
片	THGN	夜	YWTY	瓦	GNYN	感	DGKN	亏	FNV	姊	VTNT
舞	RLGH	聚	BCTI	卵	QYTY	牙	AHTE	臣	AHNH	貌	EERQ
鹿	YNJX	鹅	TRNG	鬼	RQCI	及	EYI	颐	AHKM	长	TAY
毋	XDE	伪	WYLY	卑	RTFJ	僚	WDUI	孑	BNHG	魂	FCRC
贼	MADT	寒	PFJU	鼻	THLJ	离	YBMC	彦	UTER	丹	MYD
雀	IWYF	属	NTKY	甚	ADWN	既	VCAQ	缅	XDMD	牙	AHT
铲	QUTT	满	IAGW	乘	TUXV	殷	RVNC	肺	EGMH	兆	IQV
追	WNNP	专	FNYI	互	GXGD	廿	AGHG	节	ABJ	飞	NUI

提示：在电子资源包中的模块2可以查询到86版中的所有汉字的输入代码。

2.5.7 思考与练习

1. 填空题

1）用五笔字型输入法输入汉字时，在______________________情况下使用识别码。

2）在五笔字型中汉字的字型分为__________型、__________型和__________型3种。

3）写出下列汉字的输入代码，并将末笔识别码写在括号内，共50个字。

末______(　　)　位______(　　)　蚊______(　　)　纹______(　　)　牛______(　　)
闯______(　　)　套______(　　)　肘______(　　)　住______(　　)　汀______(　　)
吾______(　　)　去______(　　)　午______(　　)　伍______(　　)　舀______(　　)
硒______(　　)　矽______(　　)　市______(　　)　圭______(　　)　虾______(　　)
草______(　　)　叉______(　　)　尘______(　　)　驰______(　　)　倡______(　　)
盏______(　　)　栈______(　　)　芯______(　　)　沂______(　　)　铀______(　　)
弄______(　　)　奴______(　　)　艺______(　　)　刊______(　　)　浅______(　　)
故______(　　)　唯______(　　)　沃______(　　)　芜______(　　)　待______(　　)
昔______(　　)　闲______(　　)　仑______(　　)　斥______(　　)　乞______(　　)
农______(　　)　呕______(　　)　闷______(　　)　蛊______(　　)　问______(　　)

4）写出下列汉字的输入代码，并将末笔识别码写在括号内，共60个字。

剂______(　　)　忌______(　　)　佳______(　　)　贾______(　　)　见______(　　)
践______(　　)　秸______(　　)　仅______(　　)　京______(　　)　厅______(　　)
炯______(　　)　洒______(　　)　巨______(　　)　章______(　　)　仓______(　　)
玛______(　　)　旦______(　　)　悼______(　　)　肚______(　　)　杜______(　　)

妒____（　）　伐____（　）　肪____（　）　访____（　）　飞____（　）
吠____（　）　奋____（　）　匹____（　）　青____（　）　齐____（　）
琼____（　）　丘____（　）　泉____（　）　戎____（　）　唁____（　）
票____（　）　迫____（　）　粕____（　）　扑____（　）　仆____（　）
钾____（　）　笺____（　）　幼____（　）　余____（　）　井____（　）
竞____（　）　萁____（　）　冗____（　）　泣____（　）　盂____（　）
触____（　）　床____（　）　令____（　）　妨____（　）　扯____（　）
廷____（　）　勿____（　）　匣____（　）　尺____（　）　酉____（　）

5）写出下列汉字的输入代码，共60个字。

官____ 片____ 舞____ 鹿____ 毋____ 贼____ 雀____ 铲____
追____ 年____ 假____ 藏____ 余____ 派____ 夜____ 聚____
凹____ 凸____ 戈____ 越____ 泯____ 拜____ 乃____ 贯____
殷____ 廿____ 甘____ 乙____ 甫____ 钺____ 鹅____ 伪____
寒____ 属____ 满____ 本____ 专____ 班____ 曳____ 制____
鬯____ 段____ 鼎____ 官____ 片____ 舞____ 鹿____ 毋____
贼____ 雀____ 铲____ 追____ 年____ 浇____ 夏____ 泼____
住____ 候____ 篝____ 姊____

6）写出下列汉字的输入代码，共35个字。

七____ 言____ 绝____ 句____ 唐____ 杜____ 甫____
两____ 个____ 黄____ 鹂____ 鸣____ 翠____ 柳____
一____ 行____ 白____ 鹭____ 上____ 青____ 天____
窗____ 含____ 西____ 岭____ 千____ 秋____ 雪____
门____ 泊____ 东____ 吴____ 万____ 里____ 船____

7）写出下列汉字的输入代码，共35个字。

从____ 军____ 行____ 唐____ 王____ 昌____ 龄____
青____ 海____ 长____ 云____ 暗____ 雪____ 山____
孤____ 城____ 遥____ 望____ 玉____ 门____ 关____
黄____ 沙____ 百____ 战____ 穿____ 金____ 甲____
不____ 破____ 楼____ 兰____ 终____ 不____ 还____

8）写出下列汉字的输入代码，共35个字。

题____ 西____ 林____ 壁____ 宋____ 苏____ 轼____
横____ 看____ 成____ 岭____ 侧____ 成____ 峰____
远____ 近____ 高____ 低____ 各____ 不____ 同____
不____ 识____ 庐____ 山____ 真____ 面____ 目____
只____ 缘____ 生____ 在____ 此____ 山____ 中____

2. 操作题

用“金山打字通”或其他打字练习软件进行五笔字型字根的练习与训练。

2.6 任务6 简码的输入

在本任务中，要学习五笔字型一级简码、二级简码和三级简码的输入方法。

五笔字型输入法为了进一步提高输入速度，将一些常用的汉字规定了“简码”的输入方法，即只取汉字的前一个、两个或三个字根构成输入码称为简码输入。

五笔字型简码输入的分类：一级简码、二级简码、三级简码。

2.6.1 一级简码（高频字）输入

一级简码也称为高频字，在五笔字型键盘的每一个键位上有一个，25 个键位一共 25 个，要牢记这 25 个一级简码。

（1）一级简码在键盘上的分布，见表 2-25。

表 2-25 一级简码在键盘上的分布

我 35（Q）	人 34（W）	有 33（E）	的 32（R）	和 31（T）	主 41（Y）	产 42（U）	不 43（I）	为 44（O）	这 45（P）
工 15（A）	要 14（S）	在 13（D）	地 12（F）	一 11（G）	上 21（H）	是 22（J）	中 23（K）	国 24（L）	
Z 学习键	经 55（X）	以 54（C）	发 53（V）	了 52（B）	民 51（N）	同 25（M）			

（2）输入方法 敲击一下所在键＋空格。

（3）练习 写出一级简码（高频字）的输入代码。

工__________ 了__________ 以__________ 在__________ 有__________

地__________ 一__________ 上__________ 不__________ 是__________

中__________ 国__________ 同__________ 民__________ 为__________

这__________ 我__________ 的__________ 要__________ 和__________

产__________ 发__________ 人__________ 经__________ 主__________

（4）操作 用“金山打字通”软件或其他文字录入软件进行一级简码（高频字）输入与练习。

2.6.2 二级简码

二级简码由单字的前两个字根码组成，二级简码理论上应有 25×25＝625 个，实际上有 610 个。

（1）输入方法 输入前两个字根代码后，再敲击一下空格键即可。例如：

1）“吧”字应拆分为：口、巴 ＋ 空格；“罚”字应拆分为：四、讠 ＋ 空格

2）“给”字应拆分为：纟、人 ＋ 空格；“科”字应拆分为：禾、丫 ＋ 空格

3）“厅”字应拆分为：厂、丁 ＋ 空格；“吵”字应拆分为：口、小 ＋ 空格

4）“帮”字应拆分为：三、丿 ＋ 空格；“进”字应拆分为：二、刂 ＋ 空格

5）“芳”字应拆分为：艹、方 ＋ 空格；“录”字应拆分为：彐、水 ＋ 空格

（2）五笔字型二级简码表　五笔字型的二级简码输入方法：列代码 + 行代码，即先输入第 1 代码，再输入第 2 代码。二级简码的输入代码，见表 2-26。

表 2-26　五笔字型二级简码表

二级简码		第 2 代码（行代码）				
		GFDSA	HJKLM	TREWQ	YUIOP	NBVCX
第1代码（列代码）	G	五于天末开	下理事画现	玫珠表珍列	玉平不来琮	与屯妻画互
	F	二寺城霜载	直进吉协南	才垢圾夫无	坟增示赤过	志地雪支坳
	D	三夺大厅左	丰百右历面	帮原胡春克	太磁砂灰达	成顾肆友龙
	S	本村枯林械	相查可楞机	格析极检构	术样档杰棕	杨李要权楷
	A	七革基苛式	牙划或功贡	攻匠菜共区	芳燕东萎芝	世节切芭药
	H	睛睦睚盯虎	止旧占卤贞	睡睥肯具餐	眩瞳步眯瞎	卢 眼皮此
	J	量时晨果虹	早昌蝇曙遇	昨蝗明蛤晚	景暗晃显晕	电最归紧昆
	K	呈叶顺呆呀	中虽吕另员	呼听吸只史	嘛啼吵噗喧	叫啊哪吧哟
	L	车轩因困轼	四辊加男轴	力斩胃办罗	罚较 辚边	思团轨轻累
	M	同财央朵曲	由则 崭册	几贩骨内风	凡赠峭赕迪	岂邮 凤嶷
	T	生行知条长	处扣各务向	笔物秀答称	入科秒秋管	秘季委么第
	R	后持拓打找	年提扣押抽	手折扔失换	扩拉朱搂近	所报扫反批
	E	且肝须采肛	胩胆肿肋肌	用遥朋脸胸	及胶膛膦爱	甩服妥肥脂
	W	全会估休代	个介保佃仙	作伯仍从你	信们偿伙	亿他分公化
	Q	钱针然钉氏	外旬名甸负	儿铁角欠多	久匀乐炙锭	包凶争色
	Y	主计庆订度	让刘训为高	放诉衣认义	方说就变这	记离良充率
	U	闰半关亲并	站间部曾商	产瓣前闪交	六立冰普帝	决闻妆冯北
	I	汪法尖洒江	小浊澡渐没	少泊肖兴光	注洋水淡学	沁池当汉涨
	O	业灶类灯煤	粘烛炽烟灿	烽煌粗粉炮	米料炒炎迷	断籽娄烃糨
	P	定守害宁宽	寂审宫军宙	客宾家空宛	社实宵灾之	官字安 它
	N	怀导居 民	收慢避惭届	必怕 愉懈	心习悄屡忱	忆敢恨怪尼
	B	卫际承阿陈	耻阳职阵出	降孤阴队隐	防联孙耿辽	也子限取陛
	V	姨寻姑杂毁	叟旭如舅妯	九 奶 婚	妨嫌录灵巡	刀好妇妈姆
	C	骊对参骠戏	骒台劝观	矣牟能难允	驻骈 驼	马邓艰双
	X	线结顷 红	引旨强细纲	张绵级给约	纺弱纱继综	纪弛绿经比

（3）练习 1　写出以下单字的二级简码。

五________于________天________末________开________二________寺________

城________霜________载________三________夺________大________厅________

左________本________村________枯________林________械________七________

革________基________苛________式________量________时________晨________

果________虹________呈________叶________顺________呆________呀________

同________财________央________朵________曲________生________行________

知________条________长________后________持________拓________打________

（4）练习 2　写出以下单字的二级简码。

找______ 且______ 肝______ 采______ 肛______ 对______ 线______
结______ 顷______ 红______ 参______ 全______ 会______ 估______
休______ 代______ 钱______ 针______ 然______ 钉______ 氏______
主______ 计______ 庆______ 订______ 度______ 闰______ 半______
关______ 亲______ 并______ 汪______ 法______ 尖______ 洒______
江______ 业______ 灶______ 类______ 灯______ 煤______ 定______
守______ 害______ 宁______ 宽______ 怀______ 导______ 居______

2.6.3　三级简码的输入

1）三级简码由单字的前三个根字码组成。

2）输入方法：敲击一个字的前三个字根 + 空格。

例如："华"字的全码为"人七十"，即 WXFJ，而简码为人七十，即 WXF。

2.6.4　上机练习

在"金山打字通"中或其他文字录入软件中练习用二级简码汉字和三级简码汉字的输入。

2.6.5　思考与练习

1. 填空题

1）五笔字型的简码分为______简码、______简码、______简码。

2）写出 25 个一级简码汉字的输入编码（用字母表示）。

工______ 发______ 这______ 一______ 上______ 经______ 了______ 国______
在______ 中______ 人______ 以______ 的______ 和______ 产______ 我______
有______ 为______ 民______ 不______ 要______ 地______ 同______ 和______
是______

3）写出下列 150 个一级简码汉字的五笔字型编码（用字母表示）。

我______ 是______ 一______ 中______ 国______ 人______ 我______ 国______
人______ 民______ 是______ 主______ 人______ 上______ 工______ 了______
一______ 要______ 和______ 不______ 要______ 有______ 地______ 这______
是______ 人______ 民______ 的______ 在______ 中______ 国______ 这______
有______ 产______ 我______ 的______ 发______ 和______ 人______ 的______
发______ 主______ 要______ 为______ 了______ 工______ 人______ 工______
人______ 是______ 主______ 人______ 产______ 地______ 是______ 中______
国______ 同______ 是______ 一______ 人______ 上______ 要______ 为______
国______ 要______ 为______ 民______ 要______ 为______ 我______ 的______
中______ 国______ 不______ 要______ 这______ 为______ 中______ 国______
人______ 上______ 有______ 地______ 的______ 是______ 地______ 主______
国______ 和______ 人______ 和______ 民______ 和______ 人______ 和______

为______上______在______中______国______人______人______要______

和______不______是______为______我______是______为______了______

要______和______经______这______人______的______地______我______

不______是______要______是______为______了______产______地______

同______是______一______国______为______上______不______是______

要______有______主______人______要______我______的______人______

和______地______不______要______这______人______

4）写出下列 272 个二级简码汉字的五笔字型编码（用字母表示）。

阿______处______公______叫______卢______啊______粗______功______

杰______卤______暗______胆______宫______结______录______吧______

当______贡______届______嘛______芭______档______姑______紧______

慢______百______导______观______景______么______包______的______

归______居______没______保______第______轨______决______煤______

北______电______辊______军______眯______必______佃______害______

楷______秘______避______甸______汉______可______面______宾______

定______红______客______民______步______东______化______空______

名______部______断______籽______扣______哪______惭______芳______

画______昆______南______灿______妨______怀______肋______年______

册______纺______煌______类______宁______查______分______晃______

累______怕______昌______粉______或______楞______皮______吵______

丰______机______离______岂______顾______肆______友______龙______

卢______成______风______肌______理______器______承______烽______

吉______力______强______池______冯______记______历______切______

耻______负______际______历______沁______炽______纲______继______

灵______轻______个______家______龙______权______止______充______

高______加______另______顷______抽______各______渐______娄______

嚷______电______最______归______紧______昆______叫______啊______

哪______吧______哟______秘______季______委______么______第______

世______节______切______芭______药______思______眼______轨______

轻______累______下______理______事______画______现______杨______

李______要______权______楷______员______烃______亿______事______

让______杂______同______引______守______人______早______瞳______

蝇______曙______如______澡______外______哟______术______弱______

灶______为______幽______思______色______则______委______由______

肆______纱______曾______卫______友______叟______商______崭______

闻______友______他______审______占______务______愉______台______

世______站______戏______遇______啼______训______涨______细______

中______协______押______胀______幽______肿______懈______牙______

贞______下______轴______凶______烟______阵______嫌______宙______

旭________燕________争________显________烛________眩________阳________芝________
现________驻________雪________杨________直________线________妆________寻________
样________职________相________姨________岂________药________向________志________

5）写出下列汉字的输入代码，共35个字。

绝________句________清________朝________吴________嘉________纪________
白________头________灶________户________低________草________房________
六________月________煎________盐________烈________火________旁________
走________出________门________前________炎________日________里________
偷________闲________一________刻________是________乘________凉________

6）写出下列汉字的输入代码，共35个字。

杂________诗________清________朝________龚________自________珍________
九________州________生________气________恃________风________雷________
万________马________齐________喑________究________可________哀________
我________劝________天________公________生________抖________擞________
不________拘________一________格________降________人________才________

2. 操作题

在“金山打字通”或其他打字练习软件中进行五笔字型字根的练习与训练。

2.7 任务7 两字词输入

在本任务中，要学习两字词的输入方法。在文章的输入中，两字词组在汉语词汇中占的比重非常大，五笔字型的词组是在词库中设置好的，86版五笔字型中的词组有2830多条词，而两字词有2340条，约占82%。熟练地掌握两字词的输入是提高文章输入速度的有效捷径。

提示：五笔字型中的词组是输入法中内置的，有时在输入时会遇到词组输入的输入码是正确的，但是却不能出现所需要的词组，这是因为所需要的词组在五笔字型的字库中不存在，所以在使用中要以五笔字型字库中的词组为准。

2.7.1 两字词输入方法

两字词输入方法是取词组中每字全码中的前两个码，共4码组成两字词的代码。

提示：第一字的第一码＋第一字的第二码＋第二字的第一码＋第二字的第二码。

例如：中国 KHLG　北京 UXYI　供销 WAQI　学校 IPSU　学生 IPTG　教师 FTJG

2.7.2 两字词编码练习

（1）两字词组练习1　先写出编码，然后在金山打字通中进行输入练习，共50个词。

这样__________风雨__________日子__________如果__________没有__________

什么______ 事情______ 他们______ 宁愿______ 整天______
因此______ 许多______ 地方______ 冬天______ 积雪______
正是______ 到处______ 肮脏______ 汗水______ 依然______
街道______ 有时______ 偶尔______ 过来______ 胳膊______
干活______ 生命______ 农村______ 城市______ 完全______
丧失______ 生气______ 变得______ 没有______ 一点______
随着______ 童年______ 结束______ 公社______ 先生______
材料______ 父亲______ 高兴______ 可以______ 每天______
学生______ 回家______ 好处______ 工具______ 工龄______

（2）两字词组练习 2　先写出编码，然后在金山打字通中进行输入练习，共 50 个词。

消费______ 观念______ 格式______ 帮助______ 文件______
编辑______ 收藏______ 历史______ 查看______ 后退______
地址______ 生命______ 可贵______ 朋友______ 详细______
关闭______ 算术______ 语言______ 工作______ 努力______
中文______ 汉字______ 网络______ 邻居______ 电脑______
文档______ 打字______ 开始______ 结束______ 词组______
下乡______ 风景______ 风湿______ 风雨______ 明白______
清楚______ 读书______ 红旗______ 开头______ 祖国______
爱国______ 运动______ 政治______ 赞扬______ 美丽______
鲜花______ 叶子______ 工具______ 文章______ 练习______

（3）两字词组练习 3　先写出编码，然后在金山打字通中进行输入练习，共 50 个词。

常用______ 工具______ 软件______ 教程______ 海洋______
出版______ 技能______ 人才______ 培训______ 委员______
职业______ 随着______ 技术______ 迅猛______ 发展______
计算______ 成为______ 人类______ 社会______ 生活______
重要______ 开设______ 课程______ 教育______ 大量______
方法______ 技巧______ 病毒______ 商业______ 审核______
这些______ 那些______ 指导______ 特点______ 同志______
批语______ 虚拟______ 内容______ 任务______ 知识______
珍藏______ 安全______ 过程______ 包括______ 总是______
印刷______ 应用______ 电力______ 工程______ 欣赏______

（4）两字词组练习 4　先写出编码，然后在金山打字通中进行输入练习，共 50 个词。

爱国______ 那些______ 公社______ 文件______ 自由______
安全______ 难度______ 共同______ 文明______ 总是______
肮脏______ 能够______ 瓜分______ 文章______ 组成______
帮助______ 能力______ 关闭______ 文字______ 祖国______
包括______ 宁愿______ 关键______ 问题______ 最高______
必须______ 农村______ 观念______ 物体______ 最好______
必要______ 努力______ 过程______ 物质______ 最后______

编辑__________偶尔__________过来__________下乡__________风景__________
变得__________培训__________孩子__________先生__________风湿__________
辩证__________培养__________海洋__________鲜花__________风雨__________

(5) 两字词组练习 5　先写出编码，然后在金山打字通中进行输入练习，共 50 个词。

病毒__________朋友__________汉字__________现代__________父亲__________
材料__________批语__________汉族__________现实__________复杂__________
藏族__________其中__________汗水__________现象__________改革__________
策略__________启蒙__________好处__________详细__________干活__________
查看__________抢夺__________合作__________消费__________高度__________
产品__________清朝__________核心__________小学__________高兴__________
常用__________清楚__________很多__________效果__________胳膊__________
成为__________情绪__________红旗__________效力__________革命__________
城市__________全新__________后退__________心理__________格式__________
仇恨__________人才__________恢复__________欣赏__________更多__________

(6) 两字词组练习 6　先写出编码，然后在金山打字通中进行输入练习，共 50 个词。

出版__________人类__________回家__________形式__________更好__________
创新__________任务__________积雪__________形象__________更加__________
创造__________仍然__________基本__________虚拟__________更新__________
词组__________日子__________基础__________需要__________工程__________
从小__________容易__________即使__________许多__________工具__________
存在__________如果__________几乎__________学生__________工龄__________
打字__________软件__________计算__________学校__________工作__________
大量__________丧失__________技能__________迅猛__________随着__________
大学__________闪闪__________技巧__________眼睛__________所以__________
代表__________商业__________技术__________眼泪__________他们__________

(7) 两字词组练习 7　先写出编码，然后在金山打字通中进行输入练习，共 50 个词。

当然__________社会__________既然__________要素__________唐朝__________
到处__________审核__________加工__________叶子__________特点__________
地方__________生存__________价值__________一点__________提出__________
地理__________生活__________教程__________一起__________提供__________
地址__________生命__________教师__________一直__________条件__________
点燃__________生气__________教学__________依然__________同学__________
电力__________胜利__________教育__________因此__________同志__________
电脑__________什么__________街道__________印刷__________童年__________
冬天__________实现__________结构__________应用__________推翻__________
懂得__________世界__________结束__________有时__________脱离__________

(8) 两字词组练习 8　先写出编码，然后在金山打字通中进行输入练习，共 50 个词。

动物__________世俗__________解决__________于是__________脱离__________
斗争__________事情__________进步__________语言__________外国__________

读书______ 收藏______ 精神______ 原始______ 完全______
对象______ 思维______ 就是______ 运动______ 网络______
多么______ 思想______ 就是______ 赞扬______ 惟一______
发光______ 似乎______ 开设______ 哲学______ 委员______
发展______ 宋朝______ 开始______ 这些______ 文档______
发展______ 素质______ 开头______ 这样______ 同事______
方法______ 算术______ 可贵______ 珍藏______ 同伴______
方向______ 随时______ 可以______ 整天______ 听话______

(9) 两字词组练习 9　先写出编码，然后在金山打字通中进行输入练习，共 50 个词。

课程______ 正是______ 满族______ 智慧______ 提前______
课堂______ 政权______ 没有______ 中国______ 提供______
口号______ 政治______ 每天______ 中华______ 提高______
劳动______ 知道______ 美丽______ 中文______ 似乎______
力量______ 知识______ 蒙古______ 中学______ 几乎______
历史______ 直觉______ 民主______ 重新______ 丝毫______
练习______ 职业______ 民族______ 重要______ 顺利______
列强______ 指导______ 明白______ 逐渐______ 胜利______
邻居______ 指导______ 目标______ 状态______ 水平______
逻辑______ 至今______ 内容______ 自然______ 水利______

(10) 两字词组练习 10　先写出编码，然后在金山打字通中进行输入练习，共 50 个词。

利害______ 考试______ 内涵______ 认识______ 市场______
口号______ 教养______ 课堂______ 这个______ 广场______
口语______ 教师______ 如果______ 这边______ 声誉______
用户______ 教授______ 如此______ 那个______ 声音______
客户______ 讲课______ 仍然______ 那边______ 上课______
不仅______ 明天______ 认真______ 相当______ 刚才______
不能______ 办公______ 继续______ 完毕______ 并且______
不敢______ 常用______ 合格______ 完成______ 而且______
变化______ 复制______ 及格______ 大家______ 对话______
变成______ 复习______ 国外______ 促进______ 对方______

2.7.3　思考与练习

1. 填空题

1）写出在五笔字型中两字词的输入方法：____________。

2）写出下列两字词的输入代码（150 个）。

安全______ 独立______ 基础______ 面向______ 社会______
安装______ 对照______ 激烈______ 目标______ 审核______
包括______ 儿童______ 极为______ 目的______ 生存______
保护______ 发展______ 计划______ 内部______ 生活______

必须__________	翻译__________	计算__________	内存__________	时期__________
毕业__________	方便__________	技能__________	内容__________	实际__________
编著__________	方法__________	技巧__________	那些__________	实践__________
病毒__________	丰富__________	技术__________	能力__________	实现__________
步骤__________	附件__________	继续__________	你们__________	使用__________
部分__________	复制__________	假定__________	排版__________	世纪__________
材料__________	感谢__________	建设__________	培训__________	世界__________
操作__________	纲要__________	建筑__________	批语__________	输入__________
测试__________	革命__________	教程__________	普通__________	数据__________
产品__________	工程__________	教育__________	其他__________	说明__________
常用__________	工具__________	进步__________	强烈__________	素质__________
成为__________	功能__________	经济__________	清晰__________	随着__________
吃饭__________	关键__________	竞争__________	趋势__________	特点__________
出版__________	光景__________	就是__________	全国__________	提出__________
出现__________	国力__________	具体__________	全面__________	提高__________
磁盘__________	国民__________	开发__________	全球__________	提示__________
错误__________	过程__________	开设__________	人才__________	通信__________
打开__________	海洋__________	考查__________	人类__________	同意__________
大会__________	和社__________	科技__________	人力__________	同志__________
大量__________	宏伟__________	科教__________	任务__________	图形__________
代表__________	后来__________	可以__________	仍然__________	推进__________
单位__________	欢迎__________	课程__________	日常__________	完整__________
当今__________	还是__________	理论__________	日趋__________	委员__________
第二__________	回家__________	列车__________	软件__________	文件__________
电力__________	会的__________	流量__________	商业__________	我国__________
电子__________	机器__________	落实__________	设置__________	我们__________

2. 操作题

在“金山打字通”或其他打字练习软件中进行五笔字型两字词的练习与训练。

2.8 任务8 三字词、四字词和多字词的输入

在本任务中，要学习三字词、四字词和多字词的输入方法。由三个字组成的词称为三字词，由四字组成的词称为四字词，超过四个字组成的词称为多字词。

2.8.1 三字词输入方法

三字词的输入方法是取词组中第一字、第二字的第一码和第三字的前两个码，共4码组成三字词的代码。

> **提示**：第一字的第一码＋第二字的第一码＋第三字的第一码＋第三字的第二码。

例如：计算机 YTSM　　委员会 TKWF　　工作组 AWXE　　联合国 BWLG

（1）三字词组练习 1　先写出编码，然后在金山打字通中进行输入练习，共 40 个词。

计算机______ 委员会______ 工作组______ 联合国______
十进制______ 数据库______ 黄花菜______ 葡萄酒______
蔚蓝色______ 茫茫然______ 芭蕾舞______ 莫斯科______
医药费______ 英联邦______ 警卫员______ 警卫连______
巧克力______ 蒙古包______ 基础课______ 蒙古族______
敬老院______ 劳动者______ 莫过于______ 东南亚______
劳动力______ 东南风______ 劳动局______ 或者说______
二进制______ 工艺品______ 欧共体______ 茅台酒______
莫须有______ 劳动日______ 甚至于______ 工具书______
荧光屏______ 共患难______ 芝加哥______ 戈壁滩______

（2）三字词组练习 2　先写出编码，然后在金山打字通中进行输入练习，共 40 个词。

共青团______ 董事长______ 董事会______ 基督教______
某些人______ 工学院______ 医学院______ 荣誉感______
蒸汽机______ 荣誉奖______ 蓄电池______ 划时代______
世界观______ 黄连素______ 世界上______ 世界杯______
世界语______ 共同社______ 共同体______ 燕尾服______
慕尼黑______ 警惕性______ 工业区______ 工业品______
营业员______ 工业化______ 工业国______ 工业局______
营业额______ 营业税______ 运动会______ 运动员______
博览会______ 存贮器______ 服务器______ 服务员______
打印机______ 复印机______ 收割机______ 计算器______

2.8.2　四字词输入方法

四字词的输入方法是取词组中每一个字的第一码，共 4 码组成四字词的代码。

提示：第一字的第一码 + 第二字的第一码 + 第三字的第一码 + 第四字的第一码。

例如：无产阶级 FUBX　　风华正茂 MWGA　　出其不意 BAGU　　鞠躬尽瘁 ATNU

（1）四字词组练习 1　先写出编码，然后在金山打字通中进行输入练习，共 40 个词。

基础理论______ 草木皆兵______ 出其不意______ 兢兢业业______
工矿企业______ 鞠躬尽瘁______ 孤芳自赏______ 原原本本______
其貌不扬______ 医疗卫生______ 孜孜不倦______ 大有可为______
若无其事______ 茁壮成长______ 孤陋寡闻______ 万古长青______
劳动模范______ 蓬头垢面______ 阳奉阴违______ 大有作为______
劳动保护______ 工商银行______ 出奇制胜______ 面貌一新______
莎士比亚______ 花言巧语______ 阳春白雪______ 克服困难______
劳动纪律______ 莫衷一是______ 随声附和______ 大腹便便______
英文键盘______ 萍水相逢______ 除此之外______ 有声有色______

惹事生非__________东施效颦__________随波逐流__________万无一失__________

(2) 四字词组练习 2　先写出编码，然后在金山打字通中进行输入练习，共 40 个词。

克勤克俭__________悬崖勒马__________无能为力__________滥竽充数__________
百花齐放__________爱憎分明__________老马识途__________海阔天空__________
奋勇当先__________脍炙人口__________朝三暮四__________活灵活现__________
悲欢离合__________服务态度__________博古通今__________浩如烟海__________
郁郁葱葱__________脱颖而出__________无奇不有__________沁人肺腑__________
夸夸其谈__________声东击西__________雷厉风行__________当仁不让__________
万寿无疆__________无孔不入__________地大物博__________深化改革__________
石破天惊__________喜出望外__________动脉硬化__________兴高采烈__________
胸有成竹__________走马观花__________赤膊上阵__________海市蜃楼__________
脚踏实地__________干劲十足__________南腔北调__________流言蜚语__________

2.8.3　多字词输入方法

多字词的输入方法是取词组中第一字、第二字、第三字和末字的第一码，共 4 码组成多字词的输入代码。

提示：第一字的第一码 + 第二字的第一码 + 第三字的第一码 + 末字的第一码。

例如：马克思列宁主义 CDLY　有志者事竟成 DFFD　百闻不如一见 DUGM
现代化建设 GWWY　当一天和尚撞一天钟 IGGQ　喜马拉雅山 FCRM

(1) 多字词组练习 1　先写出编码后，然后在金山打字通中进行输入练习，共 30 个词。

马克思列宁主义__________发展中国家__________中央政治局__________
百闻不如一见__________风马牛不相及__________历史唯物主义__________
集体所有制__________更上一层楼__________中央人民广播电台__________
本报特约记者__________广西壮族自治区__________科学技术委员会__________
辩证唯物主义__________国务院总理__________党的十一届三中全会__________
常务委员会__________汉字输入技术__________当一天和尚撞一天钟__________
打破沙锅问到底__________疾风知劲草__________搬起石头砸自己的脚__________
快刀斩乱麻__________理论联系实际__________坚持四项基本原则__________
可望而不可及__________军事委员会__________百尺竿头更进一步__________
发明家分会__________坚持改革开放__________马克思主义__________

(2) 多字词组练习 2　先写出编码后，然后在金山打字通中进行输入练习，共 3 0 个词。

毛泽东思想__________人民代表大会__________一切从实际出发__________
民主集中制__________上接第一版__________以经济建设为中心__________
内蒙古自治区__________四个现代化__________有志者事竟成__________
宁夏回族自治区__________为人民服务__________新疆维吾尔自治区__________
评论员文章__________西藏自治区__________政治协商会议__________
全国各族人民__________喜马拉雅山__________中共中央总书记__________

中国共产党________ 现代化建设________ 全国人民代表大会________
全民所有制________ 小资产阶级________ 中国科学院________
人大常委会________ 新华社北京电________ 中国人民解放军________
人民大会堂________ 新华社记者________ 中国人民银行________

2.8.4 上机练习

在“金山打字通”或其他打字软件中练习三字词、四字词和多字词的输入和训练。

2.8.5 思考与练习

1. 填空题

1）写出在五笔字型中三字词的输入方法：________________。
2）写出在五笔字型中四字词的输入方法：________________。
3）写出在五笔字型中多字词的输入方法：________________。
4）写出下列三字词的输入代码（100个）。

办公厅________ 半成品________ 半导体________ 北京人________ 本地区________
闭幕式________ 避雷针________ 边防军________ 表决权________ 玻璃钢________
博物院________ 渤海湾________ 不在乎________ 参考书________ 陈列室________
吹鼓手________ 炊事员________ 存储器________ 打火机________ 大幅度________
电影院________ 董事长________ 独生子________ 对不起________ 多样化________
峨眉山________ 发展史________ 法西斯________ 反作用________ 纺织品________
非金属________ 风景区________ 福州市________ 复印机________ 感兴趣________
高压锅________ 戈壁滩________ 歌唱家________ 各单位________ 根据地________
工具书________ 共青团________ 国庆节________ 合同制________ 河北省________
核爆炸________ 贺年片________ 黑龙江________ 恨不得________ 湖北省________
化肥厂________ 划时代________ 还可能________ 黄连素________ 混合物________
火车头________ 机动性________ 基础课________ 吉祥物________ 几何学________
纪念日________ 技术性________ 继电器________ 寄存器________ 加工厂________
驾驶员________ 检察员________ 建军节________ 鉴定会________ 奖学金________
交易所________ 教研室________ 金字塔________ 锦标赛________ 尽可能________
近几年________ 进一步________ 井冈山________ 警惕性________ 就是说________
绝对值________ 开幕词________ 科学院________ 控制台________ 劳动力________
理工科________ 联合体________ 练习题________ 辽宁省________ 疗养院________
林荫道________ 逻辑性________ 马铃薯________ 毛泽东________ 茅台酒________
没关系________ 秘书长________ 某些人________ 目的地________ 慕尼黑________

5）写出下列三字词的输入代码（50个）。

培训班________ 批发价________ 片面性________ 乒乓球________ 平均数________
普通话________ 起重机________ 气象台________ 千里马________ 前不久________
巧克力________ 侵略军________ 青霉素________ 轻音乐________ 清洁工________
穷折腾________ 取决于________ 全民族________ 热衷于________ 日月潭________

荣誉感________乳白色________软件包________三门峡________上海市________
少林寺________设计师________摄制组________沈阳市________甚至于________
省军区________实验田________使用权________世界杯________事实上________
受教育________数学课________水电站________四川省________太阳系________
特效药________天文馆________铁路局________同志们________统计图________
王府井________望远镜________卫生间________蔚蓝色________温度计________

6）写出下列四字词的输入代码（100 个）。

爱莫能助________按劳取酬________澳大利亚________八面玲珑________白手起家________
百年大计________半途而废________报仇雪恨________暴跳如雷________北京时间________
背道而驰________逼上梁山________闭门造车________宾至如归________兵荒马乱________
并行不悖________波澜壮阔________博古通今________捕风捉影________不甘落后________
操作系统________察言观色________产业革命________长年累月________畅通无阻________
朝气蓬勃________彻头彻尾________陈词滥调________成人之美________承前启后________
诚心诚意________乘风破浪________程序逻辑________赤膊上阵________充耳不闻________
冲锋陷阵________出类拔萃________除此之外________处世哲学________触景生情________
川流不息________吹毛求疵________垂头丧气________春秋战国________词不达意________
从容不迫________聪明才智________粗制滥造________错综复杂________打破常规________
大器晚成________待人接物________单枪匹马________当务之急________道貌岸然________
得心应手________等价交换________地大物博________帝王将相________电话号码________
雕虫小技________调虎离山________丢卒保车________东施效颦________读者来信________
独断专行________短小精悍________断章取义________对外贸易________多愁善感________
咄咄怪事________额外负担________恶性循环________二氧化碳________发扬光大________
法律顾问________翻天覆地________繁琐哲学________反唇相讥________放任自流________
飞黄腾达________废寝忘食________费尽心机________分道扬镳________粉身碎骨________
丰富多彩________风吹草动________封建主义________改朝换代________干劲十足________
甘拜下风________刚愎自用________纲举目张________高屋建瓴________歌舞升平________
根深蒂固________工商银行________公费医疗________功败垂成________供不应求________

7）写出下列四字词的输入代码（100 个）。

孤芳自赏________古色古香________固步自封________故弄玄虚________顾名思义________
刮目相看________冠冕堂皇________贯彻执行________光明磊落________广大群众________
规章制度________国民经济________哈尔滨市________海市蜃楼________骇人听闻________
汗马功劳________毫无疑问________好高骛远________和颜悦色________横向联合________
后顾之忧________狐假虎威________胡作非为________虎头蛇尾________花言巧语________
华而不实________化学元素________画龙点睛________欢欣鼓舞________环境污染________
患难与共________恍然大悟________汇丰银行________讳疾忌医________浑水摸鱼________
机构改革________鸡毛蒜皮________基本原则________疾恶如仇________集思广益________
计算中心________记忆犹新________技术咨询________既往不咎________寄人篱下________
坚忍不拔________艰苦奋斗________简单扼要________见异思迁________建筑材料________
将功赎罪________骄兵必败________脚踏实地________节衣缩食________截长补短________

借题发挥______金碧辉煌______襟怀坦白______谨小慎微______近水楼台______
进退维谷______兢兢业业______精雕细刻______井井有条______九霄云外______
居心叵测______鞠躬尽瘁______卷土重来______绝无仅有______开天辟地______
科技人员______克勤克俭______刻不容缓______口若悬河______枯木逢春______
脍炙人口______廖若晨星______柳暗花明______乱七八糟______满面春风______
漫山遍野______眉飞色舞______墨守成规______目中无人______旁若无人______
轻工业部______热泪盈眶______若无其事______少数民族______声东击西______
首当其冲______水落石出______提纲挈领______头重脚轻______推波助澜______
拖泥带水______炎黄子孙______一概而论______斩草除根______自食其力______

2. 操作题

在“金山打字通”或其他打字练习软件中进行五笔字型字根的练习与训练。

2.9 任务9 文章的输入

在本任务中，要学习文章的录入与标点符号的输入方法。

文章的输入是文字录入的目的，学习了前面的内容，再学习文章的录入就非常简单了。

2.9.1 标点符号的输入方法

下列常用的标点符号输入是在汉字状态下用组合键的方法实现的，见表2-27。

表2-27 标点符号的输入方法

标点符号名称	标点符号	使用的键	标点符号名称	标点符号	使用的键
左书名号	《	Shift + , <	姓氏分隔符	·	Shift + 6 ^
右书名号	》	Shift + . >	双引号	“ ”	Shift + ' "
破折号	——	Shift + - _	顿号	、	\ |
省略号	……	Shift + 6 ^	问号	？	Shift + / ?
惊叹号	！	Shift + 1 !	逗号	，	, <
冒号	：	Shift + ; :	句号	。	. >
左括号	（	Shift + 9 (	单引号	‘ ’	' "
右括号	）	Shift + 0)			

2.9.2 文章练习与录入

（1）文章练习1。

1）写出下列诗的五笔字型的录入编码，括号中给出了部分字的输入代码。

《望庐（YYNE）山瀑（IJAI）布》——（唐）李白

日照香（TJF）炉生（TG）紫烟，

遥（ERMP）看瀑布挂（RFFG）前川（KTHH）。

飞（NUI）流（IYCQ）直下三千（TFK）尺（NYI），

疑（XTDH）是银（QVE）河落九（VT）天。

2）在“金山打字通”或其他文字录入软件中进行文章输入，计标点符号共32字。

（2）文章练习2。

1）写出下列诗的五笔字型的录入编码，括号中给出了部分字的输入代码。

《龟（QJN）虽寿（DTF）》——（东汉）曹（GMAJ）操

神（PYJH）龟虽寿，犹（QTDN）有竟（UJQ）时。

腾（EUDC）蛇乘（TUX）雾，终为土灰。

老骥（CUXW）伏（WDY）枥，志在千里（JFD）；

烈士暮（AJDJ）年（RH），壮心（NY）不已。

盈（ECLF）缩之期，不但在天；

养怡之福（PYGL），可得永（YNI）年。

幸（FUF）甚（ADWN）至哉（FAK），歌（SKSW）以咏（KYNI）志。

2）在“金山打字通”或其他文字录入软件中进行文章输入，计标点符号共70字。

（3）文章练习3。

1）写出下列词的五笔字型的录入编码。

郊外______ 晚上______ 四处______ 悄悄______ 只有______ 夜色______ 深夜______

多么______ 迷人______ 静静______ 月光______ 阵阵______ 歌声______ 默默______

不敢______ 过去______ 天色______ 衷心______ 祝福______ 姑娘______ 但愿______

今后______ 莫斯科______

2）在“金山打字通”或其他文字录入软件中进行歌词输入，计标点符号共250字。

《莫斯科郊外的晚上》深夜花园里四处静悄悄，只有风儿在轻轻唱，夜色多么好，心儿多爽朗，在这迷人的晚上，夜色多么好，心儿多爽朗，在这迷人的晚上，小河静静流微微泛波浪，水面映着银色月光，一阵阵清风一阵阵歌声，在这幽静的晚上，一阵阵清风一阵阵歌声，在这幽静的晚上。

我的心上人坐在我身旁，默默看着我不作声，我想开口讲，但又不敢讲，多少话儿留在心上，我想开口讲，但又不敢讲，多少话儿留在心上。长夜快过去天色蒙蒙亮，衷心祝福你好姑娘，但愿从今后，你我永不忘，莫斯科郊外的晚上，但愿从今后，你我永不忘，莫斯科郊外的晚上。

（4）文章练习4。

1）写出下列词的五笔字型的录入编码。

美丽______ 遍地______ 晚霞______ 骏马______ 珍珠______ 姑娘______ 愉快______

歌声______ 天涯______ 绿色______ 莲花______ 牧民______ 描绘______ 幸福______

春光______ 万里______

2）在“金山打字通”或其他文字录入软件中进行歌词输入，计标点符号共173字。

《美丽的草原我的家》美丽的草原我的家风吹绿草遍地花，彩蝶纷飞白鸟儿唱一弯碧水映晚霞，骏马好似草一朵，牛羊好似珍珠洒。啊……

牧羊姑娘放声唱愉快的歌声满天涯，牧羊姑娘放声唱愉快的歌声满天涯，美丽的草原我的家水清草美我爱它，草原就像绿色的海毡包就像白莲花，牧民描绘幸福景春光万里美如画。啊……

牧羊姑娘放声唱愉快的歌声满天涯，牧羊姑娘放声唱愉快的歌声满天涯。

（5）文章练习5。

1）写出下列词的五笔字型的录入编码。

确认______卫星______太阳______拥有______数量______最多______旅行______

飞船______拍摄______图片______可能______存在______通过______太空______

发现______天体______明显______大气______同步______例外______它们______

轨道______规则______科学______太阳系______科学家______望远镜______

大多数______

2）在“金山打字通”或其他文字录入软件中进行文章输入，计标点符号共175字。

土星有18个经确认的卫星，是太阳系中拥有卫星数量最多的行星。人们还从“旅行者”飞船拍摄的图片中找到了4个可能存在的新卫星。1995年，科学家通过哈勃太空望远镜发现的4个天体也可能是新卫星。在土星的卫星中，只有土卫6（Titan）拥有明显的大气层。大多数卫星同步自转，但土卫7（Hyperion）与土卫9（Phoebe）是个例外，它们的轨道是无规则的。

提示：输入法切换技巧

1）在Windows XP环境下，按［Ctrl］+［Shift］组合键可以快速切换输入法。

2）按［Shift］+［空格］组合键：可快速切换输入法中全角 ● 与半角 ◗ 输入状态；

3）按［Ctrl］+［ :> ］组合键：可以快速切换输入法中文符号 。, 与英文符号 ., ；

4）按［Ctrl］+［空格］组合键：可以快速切换英文输入法与中文输入法。

（6）文章练习6。

1）写出下列词的五笔字型的录入编码。

成都______历史______遗址______这里______数量______大致______相同______

文物______久远______文化______灿烂______民间______传说______一直______

土地______故事______文明______传播______创立______国家______公元______

世纪______建筑______当时______建立______中原______文字______记载______

震惊______世界______推进______百年______

2）在“金山打字通”或其他文字录入软件中进行文章输入，计标点符号共346字。

追溯成都的历史，新近出土的金沙遗址是一个闪光点，这里有与三星堆大致相同的文物无言的述说着成都历史的久远和文化的灿烂。史书与民间传说一直传述着成都这片土地上古蜀先民的故事，古蜀王蚕丛、柏灌、鱼凫、杜宇和开明王等在西蜀大地上采撷、渔猎和进行农耕文明的传播，并创立了蜀地最早的国家。公元前5世纪中叶，开明王九世将都城从广都樊乡（今双流县）迁至成都，并在此地建筑了城池，那就是最早的成都城了，距今已有2500多年的历史。成都一名便是当时所取，也从未更改过。公元前316年秦惠文王大军灭蜀后在此建立了蜀郡，自此以后，成都就一直作为中原政权的属地。这是有文字记载的历史，而金沙遗址，这一震惊世界考古界的无字天书则又将成都的历史向前推进了数百年。成都，以一种厚重而久远的历史在中国西部大地衍化着子民与文化。

（7）文章练习7。

1）写出下列词的五笔字型的录入编码。

宇宙______天地______万物______朝阳______利弊______不足______牡丹______
玫瑰______由此______如此______园林______使用______芳香______美丽______
历史______天下______出谋划策________

2）在“金山打字通”或其他文字录入软件中进行文章输入，计标点符号共485字。

《道》作者北京八中怡海分校学生王一南。

宇宙分天地，万物有朝阳。事事偕利弊，物物无全良。美者，花草也。然花草无利弊？茉莉、米兰者，虽香远亦清，然艳丽不足；君子兰、牡丹者，虽雍容华贵，然馨香不足；玫瑰者，虽色香俱佳，然其利刺周身。由此得之，无尽美之花草也。才者，将相也。然将相有全良者乎？翼德，温候者，虽有万夫不挡之勇，然谋智无过人之处；卧龙、凤雏者，虽有经天纬地之才，然手无缚鸡之力；东吴周公瑾，虽文武双全，然其气度不足。

由此观之，无全才之将相也。虽如此，庭院园林无有不用奇花异草，帝王诸侯尽皆使用勇将良相者。何哉？

有茉莉、米兰，则赏其芳香；有君子兰、牡丹，则观其美丽；若得玫瑰，只须不角其周身，则香美俱得。由此可得，赏花观草之道，唯尽其美而忘其弊也。

有翼德、温侯，则令其冲杀敌阵；有卧龙、凤雏，则令其出谋划策；如有东吴周郎，只须无犯其尊颜，则文武俱得。

统观历史，天下之争，得天下而统九州者，其用人之道，无不是使“智者尽其谋，勇者竭其力，仁者播其惠，信者效其忠者。

由此可知，用人之道，唯尽其所善而忘其不足也。通观此理，可得成事之道：避弊而尽利，弃恶而用善，则事事物物唯我所用也。

（8）文章练习8。

1）写出下列词的五笔字型的录入编码。

无数______美丽______陈列______物品______没有______天河______宽广______
能够______此刻______他们______灯笼______

2）在“金山打字通”或其他文字录入软件中进行文章输入，计标点符号共162字。

《天上的街灯》作者郭沫若——远远的街灯明了，好像是闪着无数的明星。天上的明星现了，好像是点着无数的街灯。我想那缥缈的空中，定然有美丽的街市。街市上陈列的一些物品，定然是世上没有的珍奇。你看，那浅浅的天河，定然是不甚宽广。那隔着河的牛郎织女，定能够骑着牛儿来往。我想他们此刻定然在天街闲游。不信，请看那朵流星，是他们提着灯笼在走。

（9）文章练习9。

1）写出下列词的五笔字型的录入编码。

早晨______吃惊______婆婆______老爷______母鸡______金色______从此______
每天______并且______很高______价钱______然而______他们______拥有______
更多______那么______肚子______很多______金子______于是______可是______
糟糕______现在______

2）在“金山打字通”或其他文字录入软件中进行文章输入，计标点符号共184字。

《金蛋》有一天早晨，吃惊不已的老婆婆大喊大叫。“老爷！老爷！不得了！我们家的母鸡生下金色耀眼的蛋呀！”从此，母鸡每天都生下一个金蛋，并且卖得很高的价钱。原本很穷的他们，一下子变的很富有。然而，他们还想拥有更多的金蛋。“鸡每天都生下一个金蛋，那么它的肚子一定有很多金子吧！”于是，老爷就把母鸡杀了。可是却找不到金子。“糟糕啦！如果让它活着，每天还能生金蛋……现在惨了。”

（10）文章练习10。

1）写出下列词的五笔字型的录入编码。

坚固______棍子______父亲______孩子______自己______跟前______各自______
容易______立刻______那么______现在______起来______力气______就是______
第二______最小______脆弱______只要______没有______同心协力______

2）在“金山打字通”或其他文字录入软件中进行文章输入，计标点符号共185字。

《坚固的棍子》这一天，父亲把三个孩子叫到自己的跟前来，“你们各自把这根棍子折折看吧！”“这很容易嘛！”三个孩子立刻啪的一声，将棍子折断了。“那么现在来折这个！”父亲将三根棍子捆起来，交给大儿子。“折折看！”大儿子用尽力气，就是折不断这捆棍子。第二个儿子也来试，最小的儿子也试了，但都折不断。“孩子们，你们看，一根棍子是很脆弱的，但把三根捆在一起就会变得坚固。也就是说，只要你们同心协力，就没有办不到的事。”

2.9.3 思考与练习

1. 填空题

1）写出破折号“——”的输入方法是：____________。

2）写出书名号“《》”的输入方法是：____________。

3）写出省略号“……”的输入方法是：____________。

4）写出姓氏分隔符“·”的输入方法是：____________。

2. 操作题

在“金山打字通”或其他打字练习软件中进行五笔字型词组与文章的练习与训练。

2.10 任务10 五笔字型输入法的安装、设置和删除

在本任务中，要学习五笔字型输入法的安装、设置和删除。

2.10.1 五笔字型输入法的安装

因为Windows XP操作系统自身没有五笔字型输入法，所以要想在Windows XP环境中使用五笔字型输入法，则需要手动进行安装（安装程序可在电子资源包模块2中可以找到，也

可以在 Internet 上搜索下载到）。其安装步骤如下。

1. 五笔字型输入法的安装

1）打开含有五笔字型安装程序的文件夹，如图 2-6 所示。

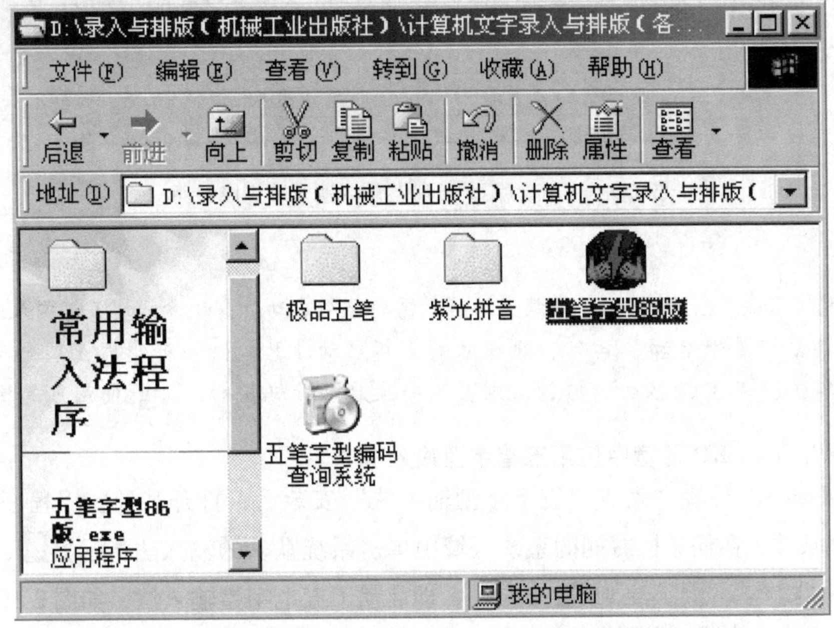

图 2-6　包含五笔字型输入法程序的文件夹

2）双击“五笔字型 86 版”图标，屏幕出现五笔字型的安装解压缩界面，如图 2-7 所示。

图 2-7　五笔字型的安装解压缩界面

3）单击“五笔字型 86 版”安装解压缩界面中的“Setup”选项按钮，出现五笔字型输入法 86 版的安装过程界面，如图 2-8 所示。

图 2-8　五笔字型输入法 86 版的安装过程界面

4）“五笔字型 86 版”输入法安装完成界面，如图 2-9 所示。

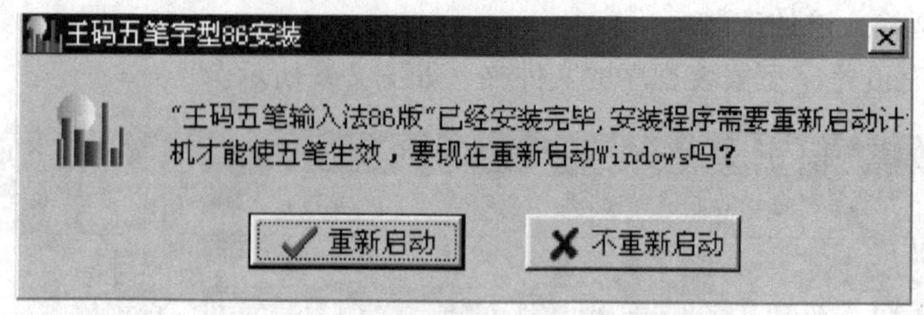

图 2-9　“五笔字型 86 版”输入法安装完成界面

提示：

1）五笔字型输入法 86 版程序安装完毕后，需要重新启动计算机才能使五笔输入法生效。

2）若单击“重新启动”按钮，系统立刻重新启动计算机，即可使用五笔输入法了。

3）若单击“不重新启动”按钮，则在下一次启动计算机后，才能使用五笔输入法。

2. 在 Windows XP 环境中使用五笔字型输入法

在 Windows XP 环境中完成“五笔字型输入法”安装后，打开某种应用程序，如 Word 2003 字处理软件，在任务栏右侧的系统区域中单击系统默认的输入法指示器En，从弹出的菜单中选择“五 王码五笔型输入法86版”，即启动了五笔字型输入法，如图 2-10 所示。启动了五笔字型输入法后，在屏幕的左下角会出现五笔字型输入法状态条，即可在应用软件中使用五笔字型输入法输入汉字，如图 2-11 所示。

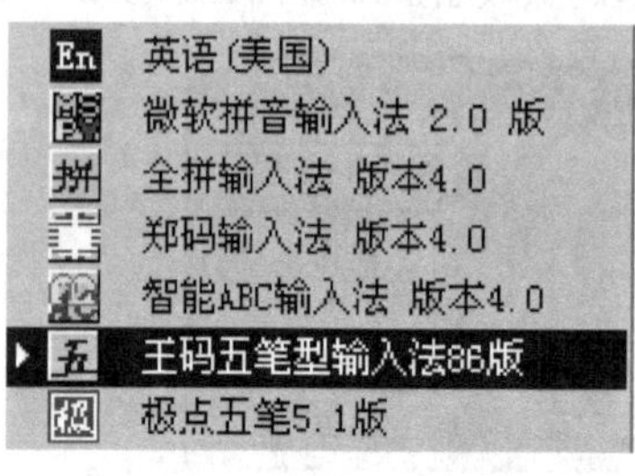

图 2-10　启动“五笔字型输入法”

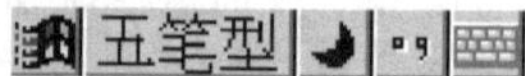

图 2-11　“五笔字型输入法 86 版”状态条

2.10.2　五笔字型输入法的设置

在 Windows XP 中安装并启动五笔字型输入法后，在任务栏的系统区域会出现五笔字型输入法图标五，如图 2-12 所示。要设置五笔字型，其具体操作步骤如下。

1）右击五笔字型输入法图标，弹出快捷菜单，如图 2-13 所示。

图 2-12　五笔字型输入法图标

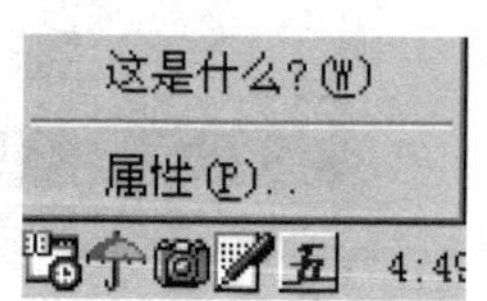

图 2-13　输入法快捷菜单

2）选择快捷菜单中的“属性”命令，弹出“键盘属性”对话框，如图 2-14 所示。

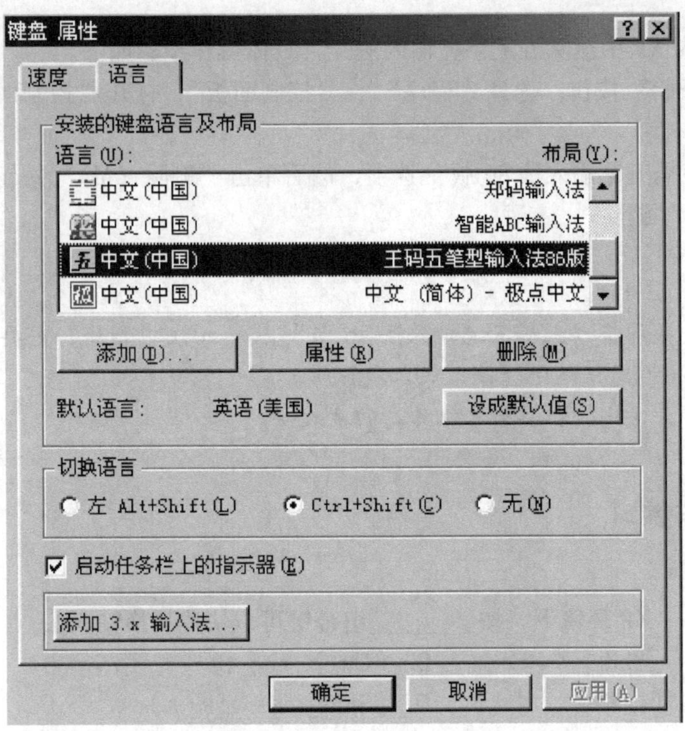

图 2-14　“键盘 属性”对话框

3）选择“王码五笔输入法 86 版”选项，然后单击“属性（R）”按钮，系统弹出“输入法设置”对话框，如图 2-15 所示。

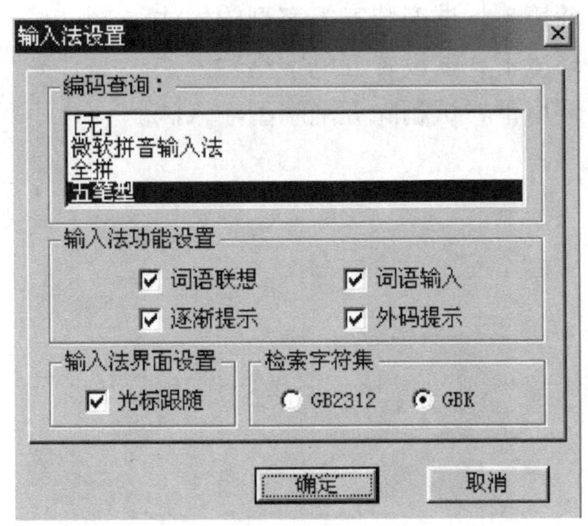

图 2-15　“输入法设置”对话框

4）根据需要在“输入法功能设置”、“输入法界面设置”和“检索字符集”选项中进行设置。

2.10.3 五笔字型输入法的删除

要从 Windows XP 中删除五笔字型输入法，其具体操作步骤如下。

1）单击“开始”按钮，选择“程序”→“控制面板”，打开“控制面板”对话框，双击“输入法”。

2）选择“王码五笔输入法 86 版”选项，然后单击“删除（M）”按钮，系统将“王码五笔输入法 86 版”删除。

提示：

1）这种删除操作将“王码五笔输入法 86 版”从输入法中删除，若要再次使用可在如图 2-14“键盘属性”对话框中选择“添加（D）”。

2）可用这种方法删除和添加其他各类的输入法。

2.10.4 思考与练习

1. 选择题

1）在 Windows XP 环境下，按________组合键可以快速切换输入法。

A. [Ctrl] + [Shift]　　B. [Ctrl] + [Alt]

C. [Ctrl] + [空格]　　D. [Shift] + [Alt]

2）在 Windows XP 环境下，按________组合键可以快速切换英文输入法和中文输入法。

A. [Ctrl] + [Shift]　　B. [Ctrl] + [Alt]

C. [Ctrl] + [空格]　　D. [Shift] + [Alt]

2. 操作题

1）在 Windows XP 环境下，试安装五笔字型输入法。

2）在 Windows XP 环境下，试设置五笔字型输入法。

3）在 Windows XP 环境下，试删除五笔字型输入法。

模块 3　中文 Word 2003 入门与实例

本模块共有 8 个任务，在这 8 个任务中学习中文 Word 2003 的基本操作，这些基本操作包含在实例操作的学习中。这些实例是设计制作个人简历、入党申请书、合同书、英文表扬信、海报、产品说明书、工作总结。

学习目标：

1）学习 Word 文档的建立与保存操作、打开与关闭操作、撤消与恢复操作、页面的设置操作。

2）学习字体和段落的设置操作、项目符号和编号的添加与删除操作。

3）学习文本的分栏操作、边框与底纹的设置操作。

4）学习艺术字、图片、剪贴画的插入与编辑操作、分页符的插入操作。

5）学习文本的查找与替换操作、学习批注的插入与修改、删除操作。

3.1　任务 1　中文 Word 2003 操作的基础知识

本任务介绍了 Word 2003 操作的基础知识，主要包括 Word 2003 的启动与关闭、操作窗口介绍、Office 助手的使用方法、Word 文档的新建和保存方法，以及 Word 文档的关闭和打开方法。

3.1.1　基础知识

（1）Word 2003 的启动　单击任务栏上的“开始”→“程序”→“Microsoft Office 2003”→“Microsoft Office Word 2003”，即启动 Word 2003，进入操作窗口。

（2）Word 2003 的工作环境 Word 2003 的操作窗口主要由标题栏、菜单栏、工具栏、文档编辑区、任务窗格和状态栏等部分组成，如图 3-1 所示。

提示：双击桌面上的“Microsoft Office Word 2003”快捷图标可快速启动 Word 2003；打开“我的电脑”或“资源管理器”窗口，双击 doc 类型的文件也可启动 Word 2003。

1）标题栏：标题栏位于 Word 2003 窗口的顶部，显示当前文档名。单击最左侧的程序控制按钮，弹出控制菜单，包括还原、移动、改变大小、最大化、最小化和关闭菜单项。标题栏右侧是 3 个窗口控制按钮，即“最小化”按钮、“最大化”按钮（或“还原”按钮）和“关闭”按钮。

2）菜单栏：菜单栏位于标题栏下方，包括 9 个菜单项、1 个“键入需要帮助的问题”下拉列表框和一个“关闭窗口”按钮。菜单栏中各项含义如下。

① 菜单：当鼠标指针移动到菜单标题上时，标题会以淡黄色背景显示，单击后弹出下拉式菜单。在下拉菜单中移动鼠标指针时，被选中的菜单项同样以淡黄色背景显示，单击菜

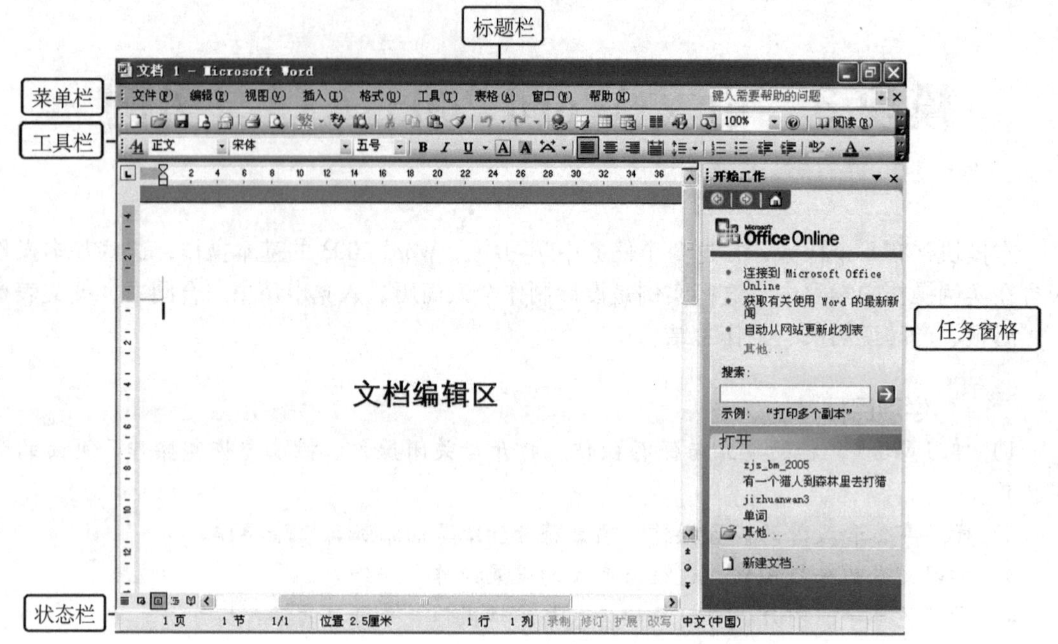

图 3-1　Word 2003 的操作窗口

单项，即可执行该项菜单命令。

②“键入需要帮助的问题”下拉列表框：使用该列表框可以方便地查找相关帮助信息。只需输入关键词，按回车键即可打开与该关键词相关的帮助主题列表，单击所需的帮助主题即可打开帮助窗口并显示该主题的相关内容。

③“关闭窗口”按钮：该按钮用于关闭 Word 文档，并不退出 Word 应用程序，而单击标题栏上的“关闭”按钮将退出 Word 应用程序。

提示：单中后跟…的菜单项表示选择该菜单项后将打开一个对话框；菜单中后跟▼的菜单项表示该菜单项还有下级子菜单；菜单中后跟组合键的菜单项表示按下该组合键即可执行相应的菜单命令。

3）工具栏：工具栏位于菜单栏下方，由多个按钮和一些下拉列表框组成，是一些常用命令的快捷方式，可以方便快速地执行所需的命令。若要执行某个命令，只需单击相应的按钮即可。通常情况下，在编辑窗口中显示的工具栏有“常用”工具栏和“格式”工具栏。

提示：用户可以在工具栏上右击或选择“视图”→“工具栏”命令，来控制各工具栏显示或隐藏。如果工具栏中的某按钮或下拉列表框呈灰色，则表示对应的命令不能执行。

4）文档编辑区：文档编辑区占据了 Word 2003 界面的绝大多数空间，用户可以在此区域内创建、编辑、修改和排版文档。

5）任务窗格：任务窗格会根据用户的操作需求自动出现在 Word 2003 窗口右侧，包括“新建文档”、“剪贴板”、“搜索”、“插入剪贴画”、“样式和格式”、“显示格式”等任务窗格。单击任务窗格右上角的▼按钮，在弹出的下拉菜单中选择某个命令即可切换到相应的任务窗格。

6）状态栏：状态栏位于窗口的底部，用于显示文档编辑状态和位置信息。其中包括页数、节、当前所在页数/总页数、插入点所在位置、行和列等信息。

（3）Word 2003 的退出　在 Word 2003 中，关闭该应用程序的常用方法有以下几种。

1）选择“文件”→“退出”菜单命令。

2）单击标题栏右端的“关闭”按钮。

3）使用［Alt］+［F4］快捷键。

（4）新建 Word 文档　新建 Word 文档常用的有新建空白文档和根据模板新建文档两种方式，用户可根据实际需要选择所需的方式。

1）新建空白文档：启动 Word 2003 后，系统会自动新建一个名为“文档 1”的空白文档。如果还要新建空白文档，则只需单击“常用”工具栏上的“新建空白文档”按钮或按［Ctrl］+［N］组合键即可。之后新建的空白文档会自动以“文档 2”、“文档 3”等进行命名。

2）根据模板新建文档：Word 2003 提供了许多已经设置好的文档模板，用户可以根据这些模板快速创建出具有固定格式的文档，如简历、日历、通信录等，以提高工作效率。

根据模板新建文档的具体操作步骤如下：

① 选择“文件”→“新建”菜单命令，打开“新建文档”任务窗格。

② 单击“模板”区中的“本机上的模板…”链接，打开“模板”对话框。

③ 单击模板所在的选项卡，选择模板，单击“确定”按钮，即可创建一个基于该模板的文档。

（5）保存 Word 文档　Word 2003 为用户提供了多种保存文档的方式，并且还具有自动保存的功能，可以最大限度地保护因意外而引起的数据丢失。执行保存操作的具体步骤如下。

1）保存新文档：若要保存的文档是没有保存过的新文档，选择“文件”→“保存”菜单命令，或使用［Ctrl］+［S］快捷键，或单击常用工具栏上的“保存”按钮，均可打开“另存为”对话框，如图 3-2 所示。在“保存位置”下拉列表框中选择文档要保存的位置，在“文件名”文本框中输入文件名，在“保存类型”下拉列表框中选择所需要的文件类型，单击“保存”按钮即可。

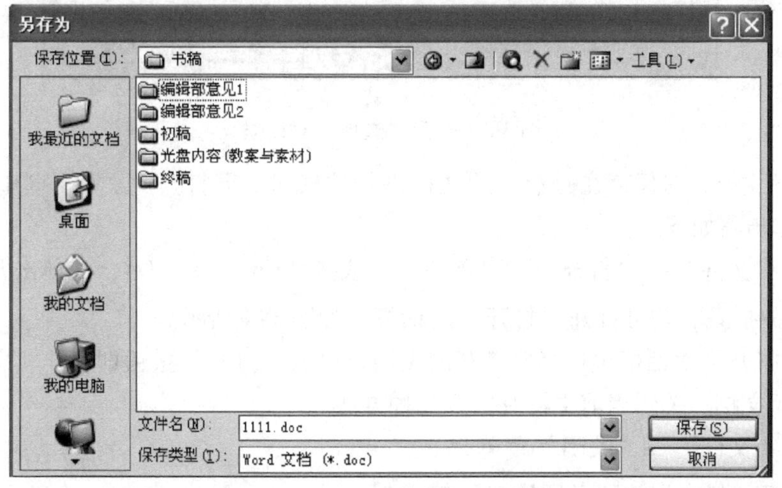

图 3-2　打开“另存为”对话框

提示：一次保存所有打开的文件的操作是：按［Shift］键的同时，选择“文件”→“全部保存”菜单命令即可。

2）保存已有文档：若文档已被保存过，那么 Word 将自动把文件的修改内容保存到原文档中。若想再换个名字或换个位置保存该文件，则应选择“文件”→“另存为…”菜单命令。

3）自动保存文档：在文档的编辑过程中，为了防止因死机或断电等意外情况引起数据丢失，启用 Word 2003 的自动保护功能很有必要。选择“工具”→“选项…”菜单命令，打开“选项”对话框，选择“保存”选项卡，选中“自动保存时间间隔”复选框，在右边的微调框中输入希望自动保存的时间间隔，单击“确定”按钮即可，如图 3-3 所示。

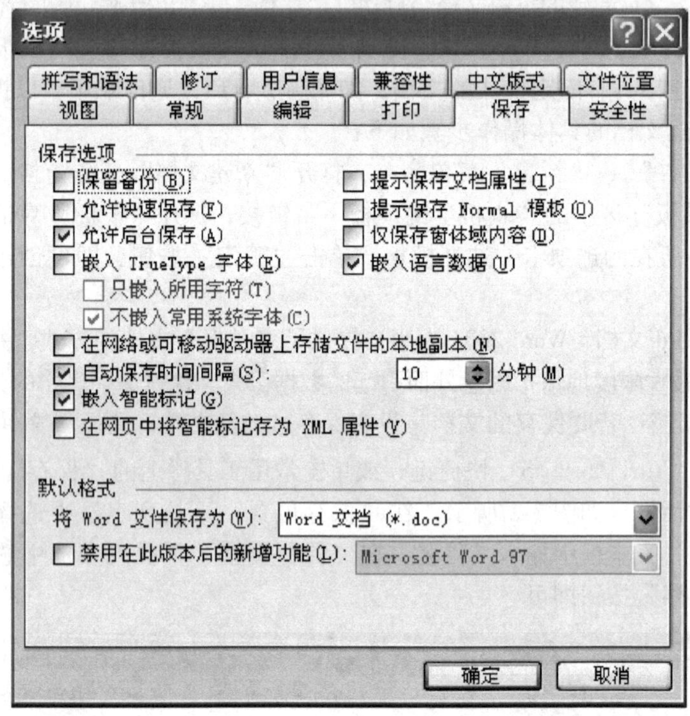

图 3-3　打开“选项”对话框

（6）打开文档　对保存在磁盘上的文档进行编辑时，需打开此文档才能进行编辑。打开文档的操作步骤如下。

1）选择“文件”→“打开…”菜单命令，或按［Ctrl］+［O］，或单击常用工具栏上的“打开”按钮，均可打开“打开”对话框，如图 3-4 所示。

2）在“打开”对话框中选择要打开的文档，单击“打开”按钮即可。

（7）关闭文档　关闭当前文档有以下几种方法。

1）选择“文件”→“关闭”菜单命令。

2）单击菜单栏右端的“关闭窗口”按钮。

3）使用［Ctrl］+［F4］快捷键。

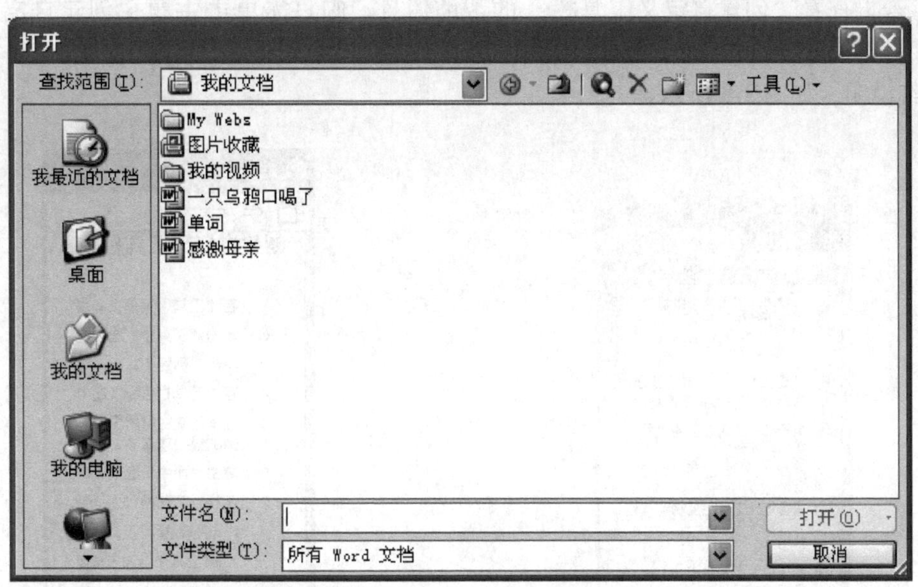

图 3-4 “打开”对话框

4）双击标题栏左端的程序控制按钮。

提示：一次关闭所有打开的文件的操作是：按［Shift］键的同时，选择“文件”→“全部关闭”菜单命令即可。

3.1.2 两个简单案例

（1）案例 1 查找“工具栏”的帮助信息。具体操作步骤如下：

1）首次启动 Word 2003，屏幕上会出现一个如图 3-5 所示的 Office 助手。若没有显示该助手，可选择“帮助”→“显示 Office 助手”菜单命令将其显示出来。在 Office 助手上单击鼠标右键，在弹出的快捷菜单中选择“隐藏”菜单命令可隐藏 Office 助手。

2）单击 Office 助手，在其上面显示出“请问你要做什么?”提示框，在其文本框中输入“工具栏”，然后单击“搜索”按钮，如图 3-6 所示。

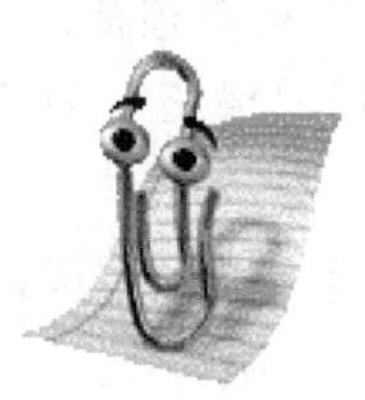

图 3-5 Office 助手

图 3-6 输入“工具栏”

3）在“搜索结果”任务窗格中将列出与“工具栏”相关的帮助主题，如图 3-7 所示。

4）若想查看“创建自定义工具栏”的帮助信息，则只需单击主题“创建自定义工具栏”，即打开“Microsoft Office Word 帮助”窗口，在窗口中列出了“创建自定义工具栏”相关的详细说明，如图 3-8 所示。

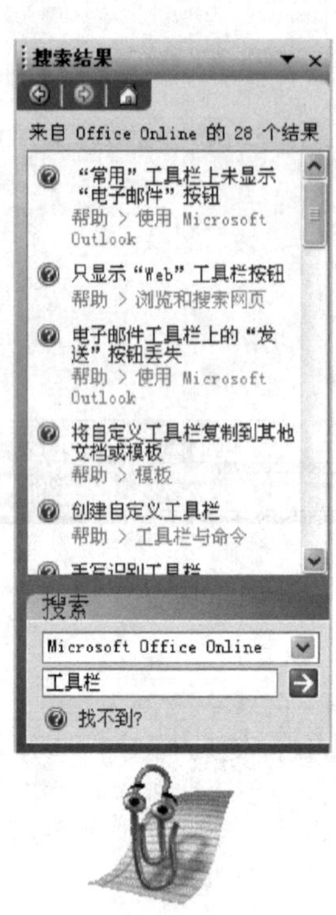

图 3-7 “搜索结果”任务窗格

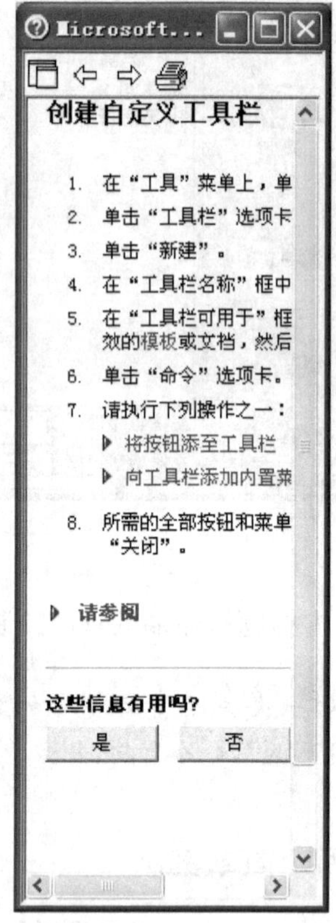

图 3-8 “Microsoft Office Word 帮助”窗口

（2）案例 2 新建并保存基于“稿纸”模板建立的稿纸格式文档。

提示：文件的扩展名表示文件的类型。Word 的文档的扩展名为 .doc；Word 的模块的扩展名为 .dot。

1）根据模板新建稿纸文档，具体操作步骤如下。

① 选择“文件”→“新建”菜单命令，打开“新建文档”任务窗格，如图 3-9 所示。

② 单击“模板”区中的“本机上的模板…”链接，打开“模板”对话框，如图 3-10 所示。

③ 单击“报告”选项卡，然后选择“稿纸向导”，再单击“确定”按钮即可启动“稿纸向导”，如图 3-11 所示。

④ 若选择稿纸的大小及方向、稿纸网格格式、网格线的种类或页面位置及设置附注，只需单击“下一步”按钮，分别进行“页面大小”、“字数/行数”、“格线设置”或“页号/附注”的设置；若不想进行以上细节性的设置，则直接单击“完成”按钮，即可创建出基于“稿纸”模板的文档，如图 3-12 所示。

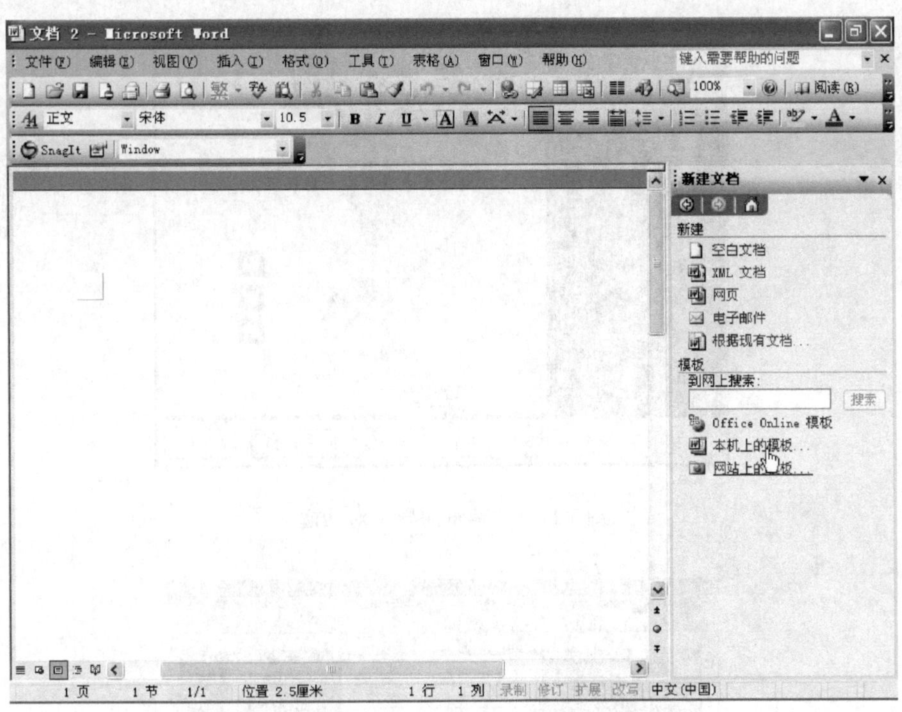

图 3-9 打开“新建文档”任务窗格

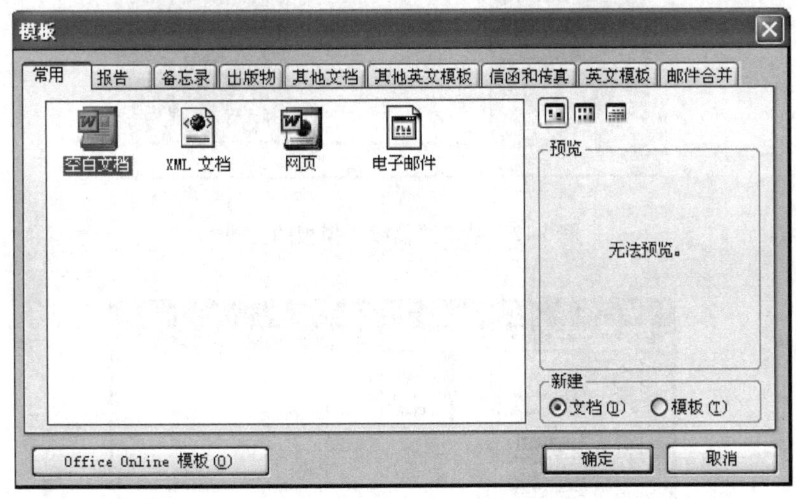

图 3-10 打开“模板”对话框

2）保存并关闭稿纸文档，具体操作步骤如下。

① 选择“文件”→“保存”菜单命令，打开“另存为”对话框。

② 在“保存位置”下拉列表框中选择 D 盘，如图 3-13 所示。双击“个人文档”文件夹，在“文件名”文本框中输入“稿纸”，在“保存类型”下拉列表框中保持默认的“Word 文档”文件类型，如图 3-14 所示。单击“保存”按钮将该文档保存到 D 盘的“个人文档”文件夹中。

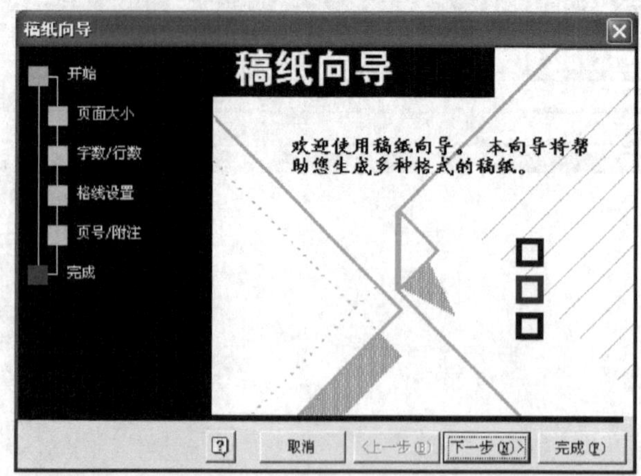

图 3-11 “稿纸向导”对话框

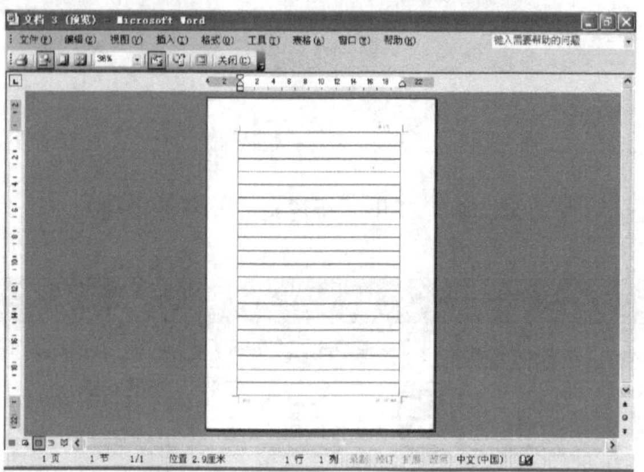

图 3-12 基于“稿纸”模板的文档

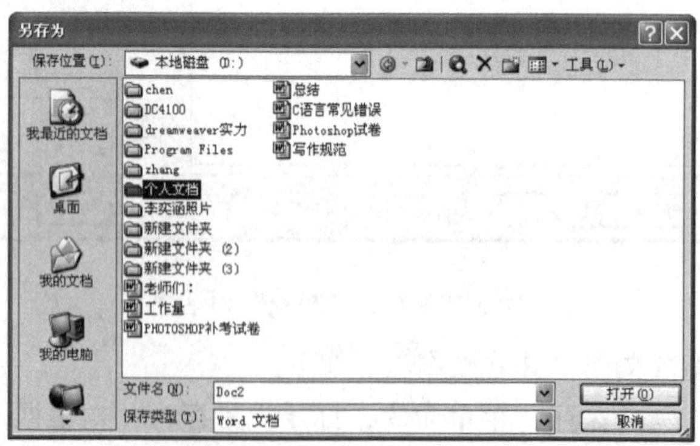

图 3-13 选择保存位置

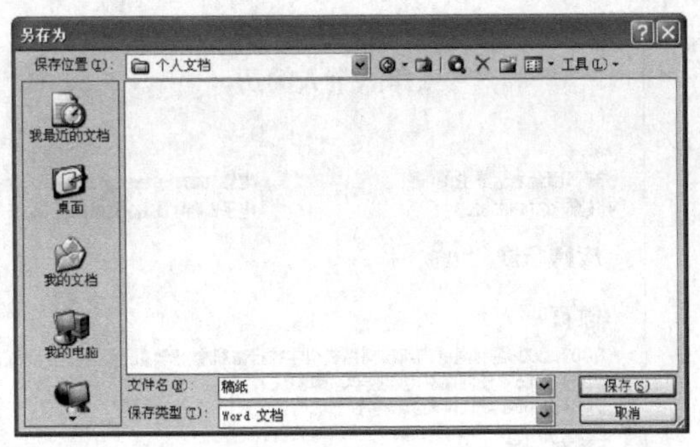

图 3-14　输入文件名“稿纸”并保存

3.1.3　思考与练习

1. 选择题

1）________是“还原”按钮。

A. ▭　　B. ▢　　C. ⧉　　D. ✕

2）若用户想一次保存所有打开的文件，可在按下键盘上________键的同时，选择“文件”→“全部保存”命令。

A. [Ctrl]　　B. [Shift]　　C. [Alt]　　D. [Esc]

2. 操作题

1）根据模板创建并保存“报告”格式文档。

2）打开上题中建立的“报告”格式文档并重新命名保存。

3.2　任务 2　设计制作个人简历

在本任务中要求掌握“简历向导”模板的应用，能够简单设置字体和段落的格式，进一步熟练新建文档、保存文档这些基本操作。

个人简历一般包括姓名、性别、年龄、政治面貌、应聘职位、联系方式、教育状况等方面的内容。制作的简历应短小精悍，用最少的文字表达最多的信息。

3.2.1　实例效果

个人简历的效果如图 3-15 所示。

3.2.2　操作步骤与技巧

1）启动 Word 2003，选择“文件”→“新建…”菜单命令，打开“新建文档”任务窗格。单击“模板”区中的“本机上的模板…”链接，打开“模板”对话框，单击“其他文档”选项卡，选择“简历向导”模板，如图 3-16 所示。单击“确定”按钮，打开“简历向导”模板，进入模板第一步“开始”操作，如图 3-17 所示。

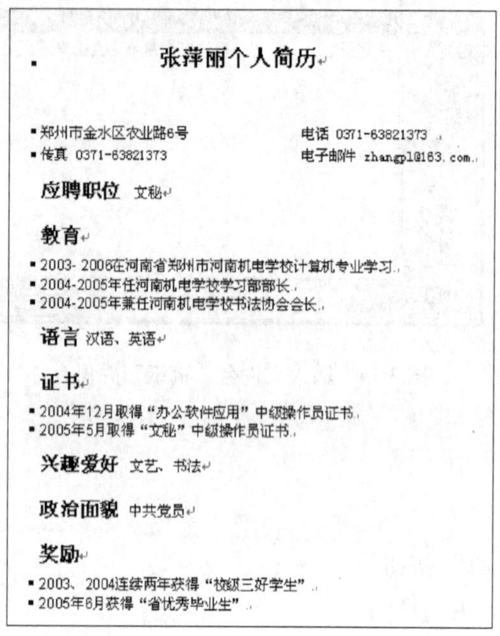

图 3-15 “个人简历”效果图

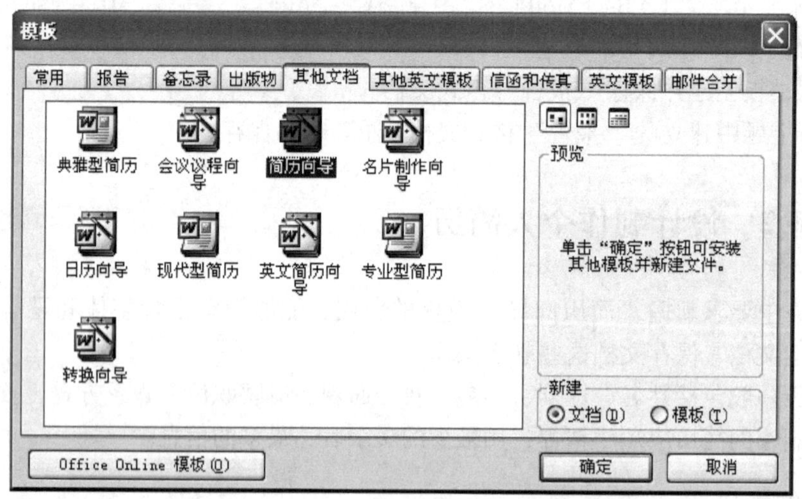

图 3-16 打开“模板”对话框

2）单击“下一步”按钮，进入模板第二步“样式”操作，选择“优雅型”样式，如图 3-18 所示。单击“下一步”按钮，进入模板第三步“类型”操作，如图 3-19 所示。

3）选择“专业型”，单击“下一步”按钮，进入模板第四步“地址”操作，在“您的姓名及通信地址：”栏中分别填入各项信息，如图 3-20 所示。单击“下一步”按钮，进入模板第五步“标准标题”操作，如图 3-21 所示。

4）选中此页的“教育”、“语言”两项，各项前对应复选框中会出现“√”，然后单击

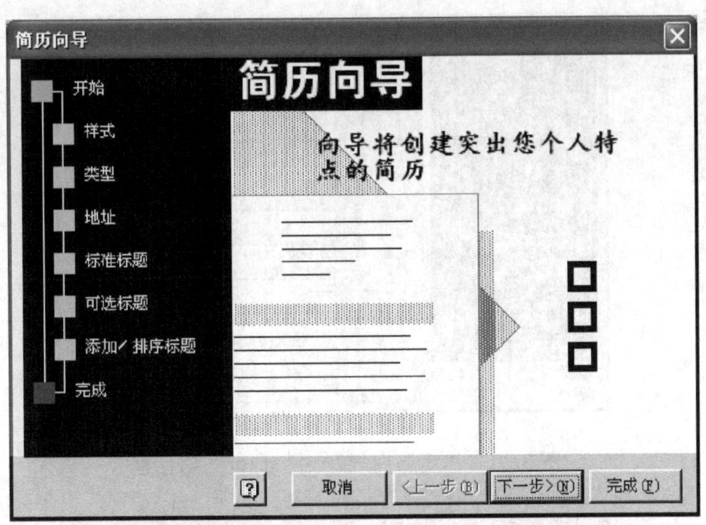

图 3-17 “简历向导”之“开始”对话框

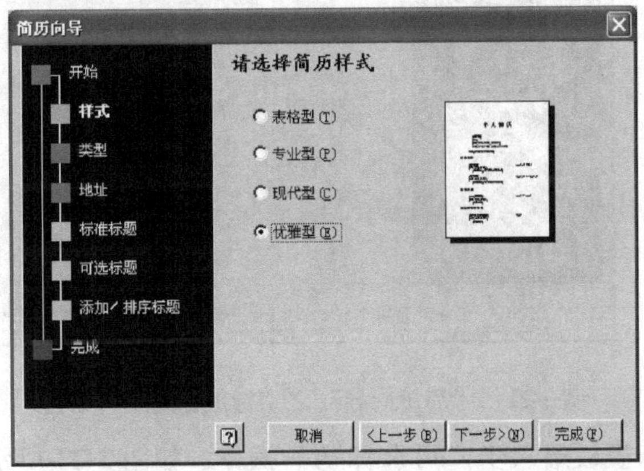

图 3-18 “简历向导”之“样式”对话框

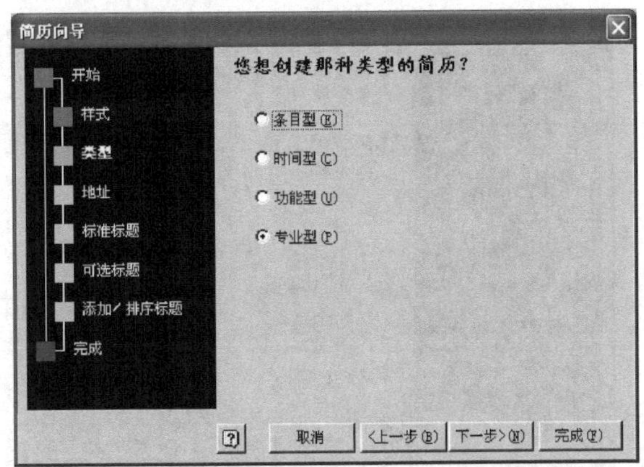

图 3-19 “简历向导”之“类型”对话框

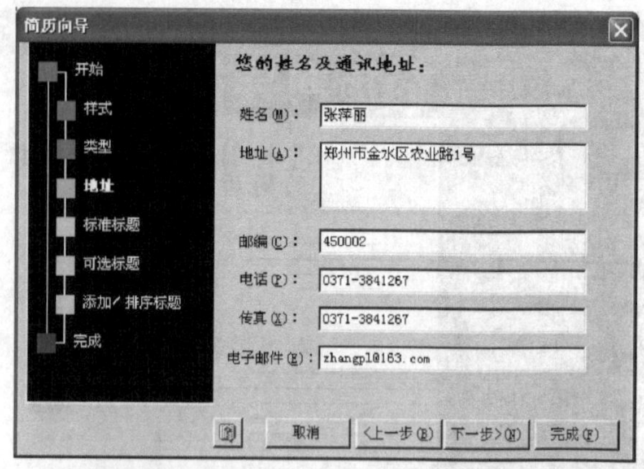

图 3-20 “简历向导”之“地址”对话框

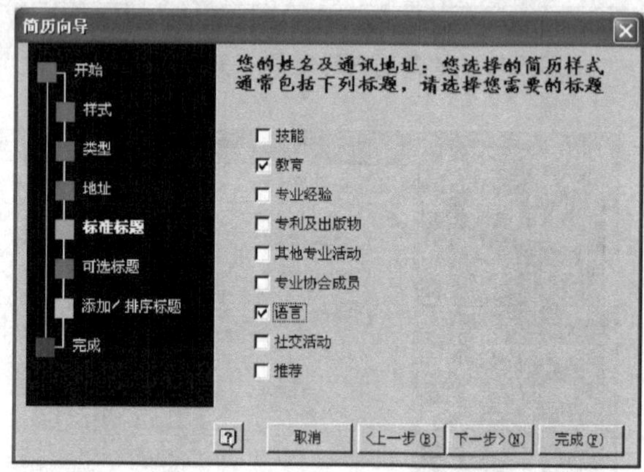

图 3-21 “简历向导”之“标准标题”对话框

“下一步”按钮，进入模板第六步“可选标题”操作，如图 3-22 所示。选中此页的“应聘职位”、“证书”、“兴趣爱好”、“政治面貌”和“奖励”5 项，然后单击“下一步”按钮，进入模板第七步“添加/排序标题”操作，如图 3-23 所示。

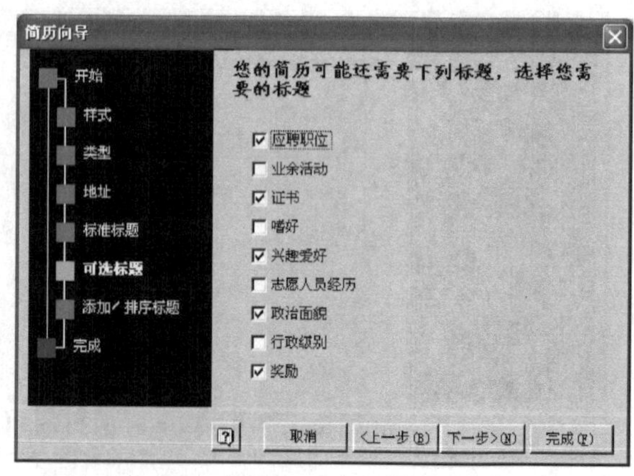

图 3-22 “简历向导”之“可选标题”对话框

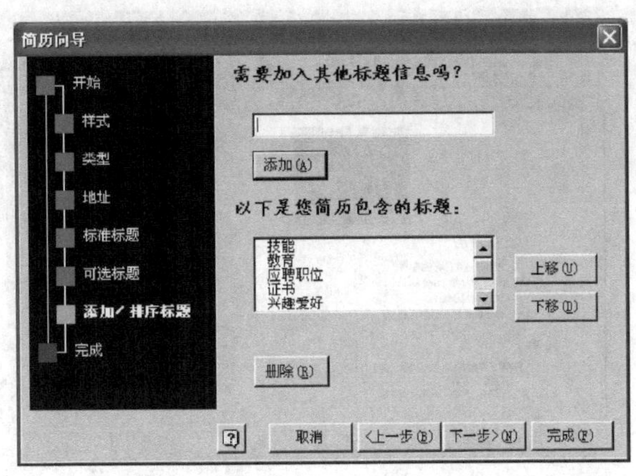

图 3-23 “简历向导”之“添加/排序标题”对话框

5）如果需要添加一项标题，只需在“需要加入其他标题信息吗?”下面的文本框中输入相应标题，然后单击“添加”按钮。如果需要添加多项标题，只需多次重复该操作。选中标题，通过单击“上移”、“下移”按钮可以重新调整简历中所包含标题的顺序，然后单击“下一步”按钮，进入模板第八步“完成”操作，如图 3-24 所示。直接单击“完成”按钮退出此向导并返回到 Word 编辑窗口，建立的文档已显示在当前 Word 编辑窗口。选择“文件”→“保存”菜单命令，在“另存为”对话框中，保存位置选择 D 盘“个人文档”文件夹，在“文件名”文本框中输入文件名“张萍丽简历”，文件类型选择默认的“Word 文档”，如图 3-25 所示。单击“保存”按钮保存该文档。

图 3-24 “简历向导”之“完成”对话框

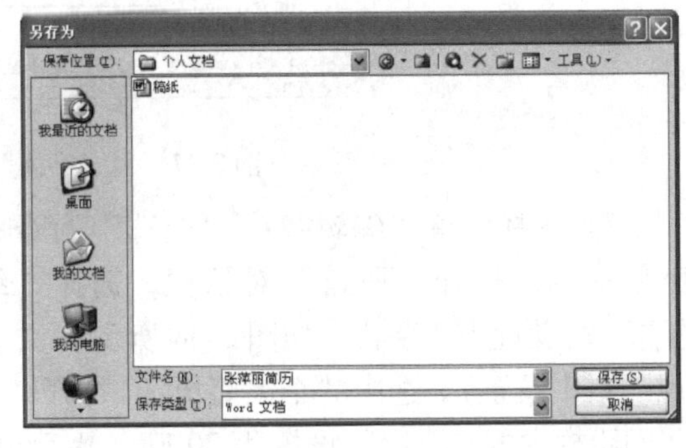

图 3-25 “另存为”对话框

6）简单的简历制作完成了，但不美观。下面将对简历进行修饰。选中“个人简历”4 个字，在格式工具栏中设置其字体为“楷体”，字号为“一号”，字型为“粗体”，如图3-26 所示。

提示：选择菜单“格式”→“字体…”菜单命令，也可以设置其“字体”、“字号”、“字型”，如图 3-27 所示。

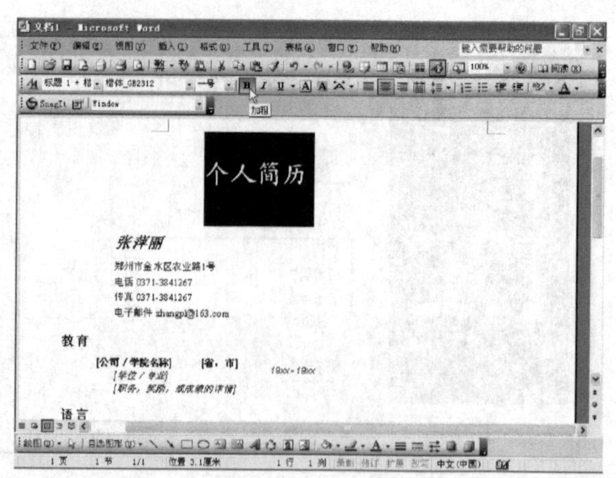

图 3-26 用“格式”工具栏设置文本的格式

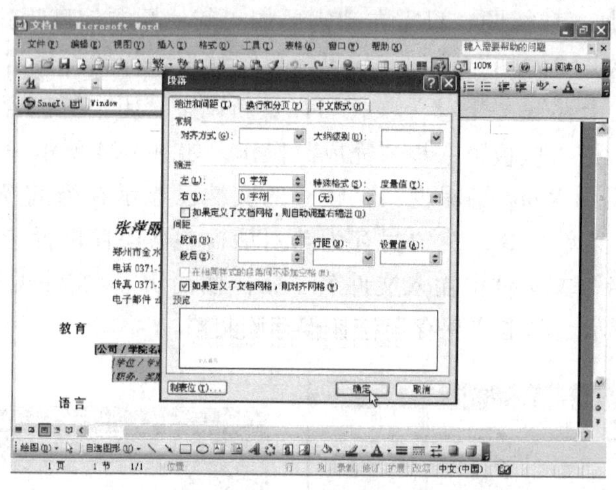

图 3-27 用“字体”对话框设置文本格式

7）选择菜单“编辑”→“全选”命令，选中全部文档，选择“格式”→“段落…”菜单命令，打开“段落”对话框，选择“缩进和间距”选项卡，将缩进栏中的“左”、“右”均设置为 0 字符，如图 3-28 所示（文本的对齐方式也可以在“段落”对话框的“常规”栏中设置）。选中“个人简历”，打开“段落”对话框，选择“缩进和间距”选项卡，将间距栏中的“段后”设置为 20 磅，然后单击“确定”按钮完成段落设置。选中“张萍丽”3 个字，单击格式工具栏中的“斜体”按钮，则取消其已生效的“斜体”设置。选择“张萍丽”及其下面的 4 行，单击格式工具栏中的“居中”按钮，该内容将居中显示，如图 3-29 所示。

8）“教育”与“张萍丽”的格式设置相同。可先选中“张萍丽”，用鼠标单击常用工具栏上的“格式刷”按钮，此时光标指针前多了一个小刷子，拖动鼠标选中“教育”，则其格式也被设置为“宋体、三号、粗体、居中”。同样用格式刷，可将“语言”、“证书”、“兴趣爱好”、“政治面貌”和“奖励”的格式均设置为“宋体、三号、粗体、居中”。

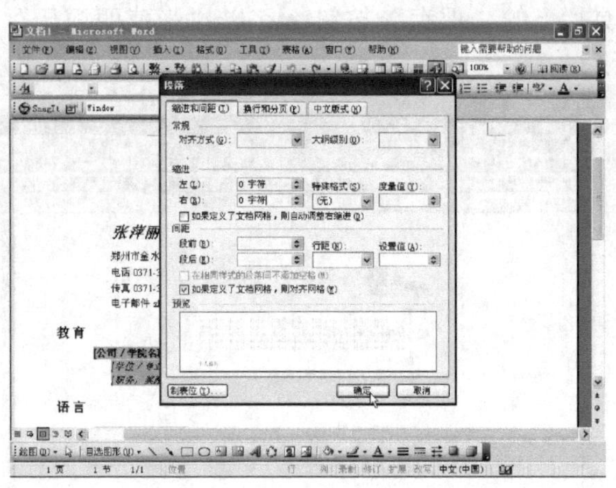

图 3-28　用“段落”对话框设置左、右缩进

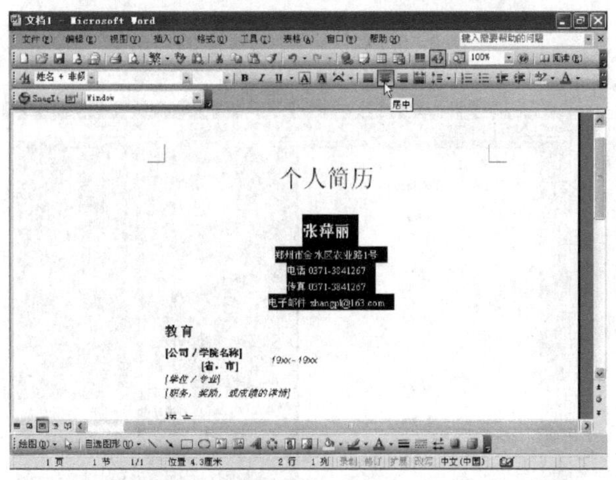

图 3-29　用“居中”按钮设置文本的“居中”对齐

提示：在用“格式刷”按钮复制格式时，如果单击“格式刷”按钮，则只能复制一次此格式，想再次复制此格式，需重新单击该按钮；如果双击“格式刷”按钮，则可以多次复制该格式，直到再次单击“格式刷”按钮或者按［Esc］键退出此操作。

9）选中“语言”栏中的“应聘职位”项目，选择菜单“编辑”→“剪切”命令，然后将光标插入到“教育“前，选择菜单“编辑”→“粘贴”命令，即将“应聘职位”项目粘贴过来，选中“［在此处键入应聘职位］”，然后输入“文秘”，则原来的内容被删除，新插入“文秘”，如图 3-30 所示。

10）按照第 9 步的操作，在“教育”栏中，输入“河南机电学校　河南省郑州市”等相关内容；在“语言”栏中输入“汉语、英语”；在“证书”栏输入获得相关证书；在“兴趣爱好”栏输入“文艺、书法”；在“政治面貌”栏输入“中共党员”；在“奖励”栏输入所获主要奖励。

11）单击常用工具栏上的“保存”按钮，以“张萍丽简历”为文件名保存此文档，最终效果如图 3-31 所示。

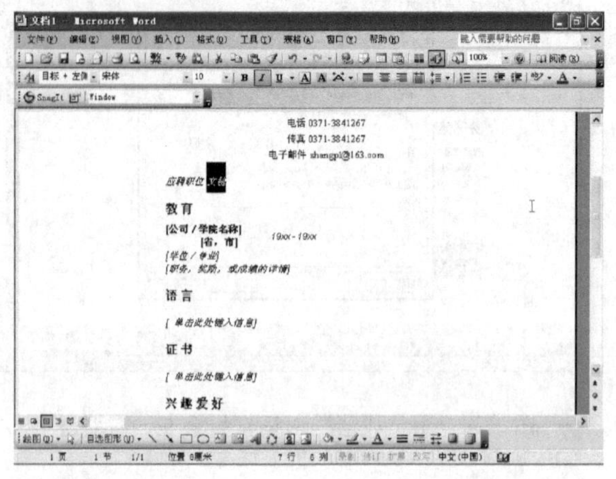

图 3-30　输入“文秘”后的简历

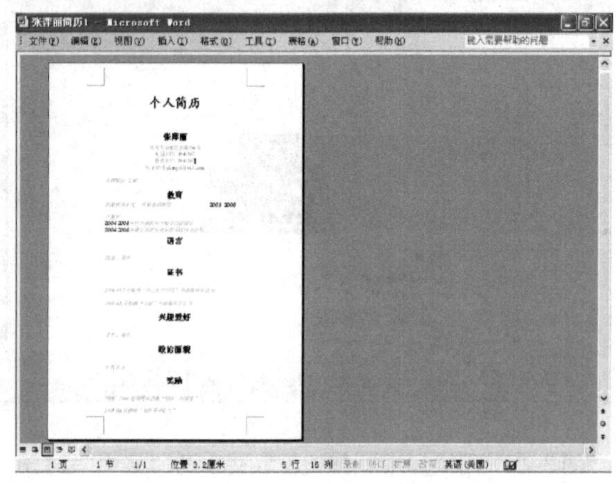

图 3-31　输入所有内容后的简历

3.2.3　思考与练习

1. 选择题

1）设置段间距应执行________菜单命令。

A. “文件” → “保存”　　B. “格式” → “字体…”

C. “格式” → “段落…”　　D. “编辑” → “复制”

2）Word 文档模板默认的扩展名是________。

A. . doc　　B. . dot　　C. . txt　　D. . normal

3）菜单中灰色的命令表示________。

A. 此命令有下级菜单　　B. 此命令正在起作用

C. 选择此命令将打开一个对话框　　D. 此命令当前不能用

2. 操作题

参照本任务，用“简历向导”为自己制作一份个人简历（样式：现代型，类型：专业型）。

3.3 任务 3 设计制作入党申请书

在本任务中要求熟练掌握选择文本的几种方法、撤消与恢复操作、字体格式和段落格式的设置，并进一步巩固文档的打开、保存操作。

入党申请书是为了向党组织反映自己的真实情况，表达自己自愿入党的愿望和决心而写的一种文书。入党申请书一般包括以下内容：对党的认识和入党动机，自己在政治、思想、工作、作风等方面的表现和主要优、缺点以及今后的努力方向。

3.3.1 实例效果

入党申请书的效果如图 3-32 所示。

入 党 申 请 书

敬爱的党组织：

我志愿加入中国共产党，愿意为共产主义事业奋斗终身。我衷心地热爱党，她是中国工人阶级的先锋队，是中国各族人民利益的忠实代表，是中国社会主义事业的领导核心。

党以马列主义、毛泽东思想及邓小平理论为指导思想。党是中国社会主义事业的领导核心。中国的革命实践证明没有中国共产党就没有新中国，没有中国共产党的领导，中国人民就不可能摆脱受奴役的命运，成为国家的主人。

我决心用自己的实际行动接受党对我的考验，我郑重地向党提出申请：我志愿加入中国共产党，拥护党的纲领，遵守党的章程，履行党员义务，执行党的决定，严守党的纪律，保守党的秘密，对党忠诚，积极工作，为共产主义奋斗终身，随时准备为党和人民牺牲一切，永不叛党。

我深知按党的要求，自己的差距还很大，还有许多缺点和不足。希望党组织从严要求，以使我更快进步。我将用党员的标准严格要求自己，自觉地接受党员和群众的帮助与监督，努力克服自己的缺点，弥补不足，争取早日在思想上，进而在组织上入党。请党组织在实践中考验我！

此致

敬礼

申请人：李一明

2005 年 6 月 3 日

图 3-32 “入党申请书”效果图

3.3.2 操作步骤与技巧

假设“入党申请书”文档已存放在D盘的“个人文件夹”中。

1）启动Word 2003，选择“文件”→“打开…”菜单命令，打开“打开”对话框。在“查找范围”下拉列表框中选择要打开的文档所在的文件夹（D盘的“个人文档”文件夹），在该文件夹的列表框中选择“入党申请书”文件，如图3-33所示，单击“打开”按钮打开该文件。

2）打开“入党申请书”文件后的窗口，准备该文档的编辑操作，如图3-34所示。

提示：

在编辑文本的过程中，若执行了错误的操作，可以“撤消”上一次的操作，恢复到修改前的状态。执行“撤消”操作后，还可再进行“恢复”；“撤消”操作和“恢复”操作可反复进行。

1）“撤消”操作：选择“编辑”→“撤消”菜单命令，或单击“常用”工具栏上的“撤消”按钮，或按［Ctrl］+［Z］组合键。

2）“恢复”操作：选择“编辑”→“恢复”菜单命令，或单击“常用”工具栏上的“恢复”按钮，或按［Ctrl］+［Y］组合键。

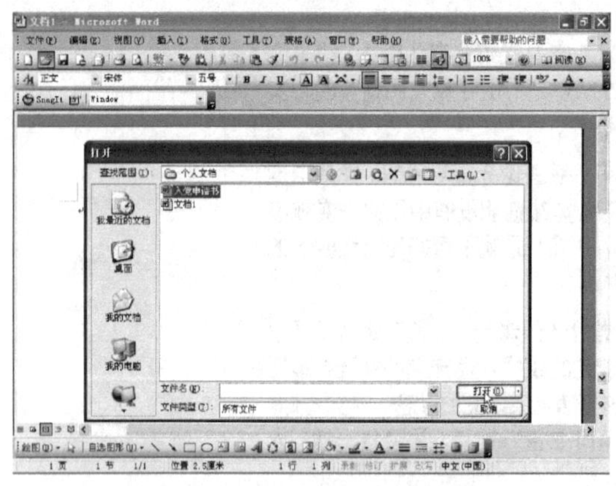

图3-33 “打开”对话框

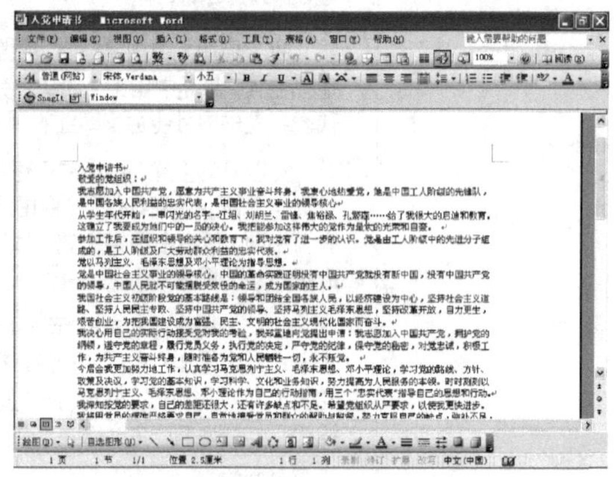

图3-34 打开的“入党申请书”文档

提示：单击“常用”工具栏上的“打开”按钮也可打开“打开”对话框。

3）选中标题“入党申请书”，选择“格式”→“字体…”菜单命令，打开“字体”对话框，在“字体”选项卡中，“中文字体”栏选择字体为“幼圆”，“字形”栏选择字形为“加粗”，“字号”栏选择字号为“二号”，如图3-35所示。用鼠标单击“字符间距”选项卡，设置“间距”为“加宽”，“磅值”为“5磅”，如图3-36所示，单击“确定”按钮完成设置。也可通过“字体”对话框中的“文字效果”选项卡为选定的内容加上一些动态效果。

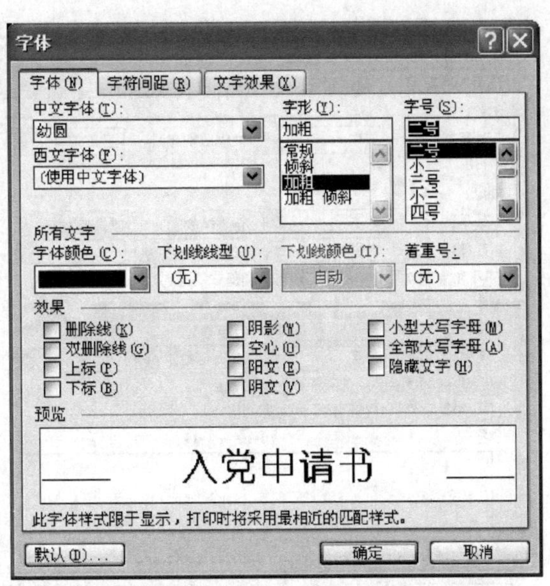

图 3-35　用“字体”对话框设置字体

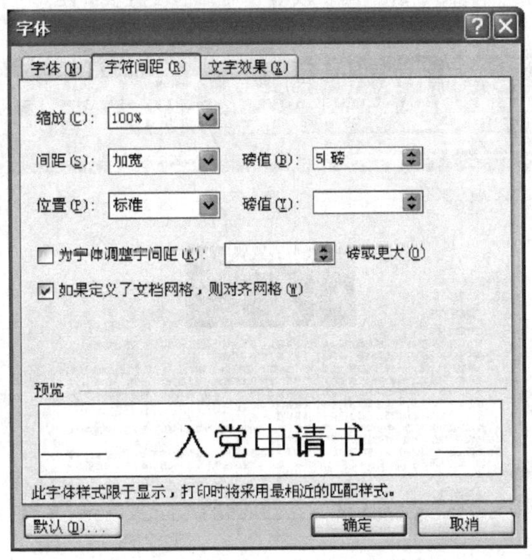

图 3-36　用“字体”对话框设置字符间距

> **提示**：也可通过“格式”工具栏上的“字体”按钮 宋体 和“字号”按钮 五号 来设置字体和字号。

4）选中标题“入党申请书”，选择“格式”→“段落…”菜单命令，打开“段落”对话框，在“缩进和间距”选项卡中，“常规”栏设置“对齐方式”为“居中”，“间距”栏设置“段前”为“30 磅”、“段后”为“20 磅”，如图 3-37 所示，单击“确定”按钮完成设置，如图 3-38 所示。

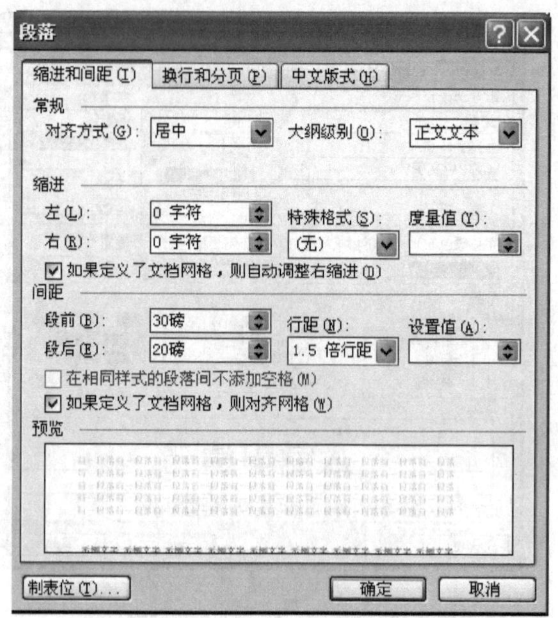

图 3-37　用“段落”对话框设置段间距

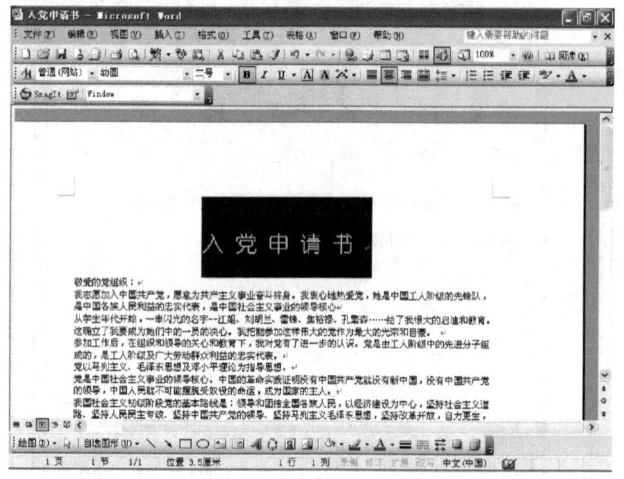

图 3-38　标题格式设置后的文档

5）选中“敬爱的党组织:”，打开“字体”对话框，设置其字体为“黑体”，字号为“小四”，如图 3-39 所示。打开“段落”对话框，设置其“段前”为 0 磅，“段后”为 10 磅，如图 3-40 所示。

6）选择文章第 2 段至正文结束，打开“字体”对话框，设置字体为“宋体”，设置字号为“五号”，如图 3-41 所示，单击“确定”按钮完成设置。打开“段落”对话框，在“缩进和间距”选项卡中，设置“缩进”栏的“特殊格式”为“首行缩进”，“度量值”为“2 个字符”；设置“间距”栏的“段前”为 0 磅，“段后”为 5 磅，如图 3-42 所示。

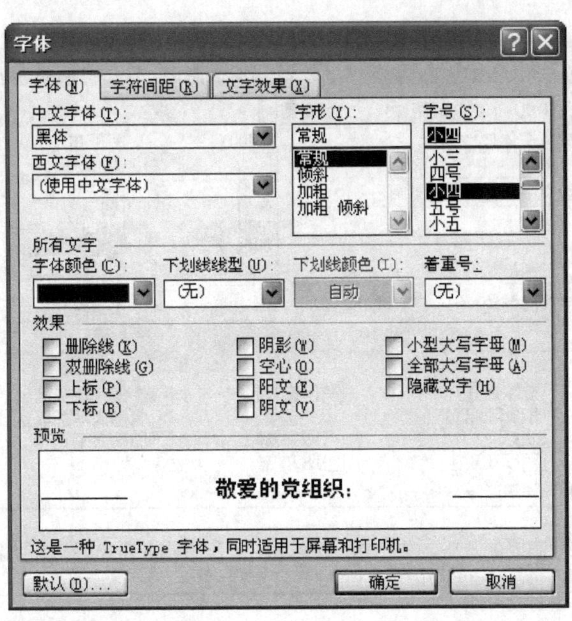

图 3-39　用“字体”对话框设置文本格式

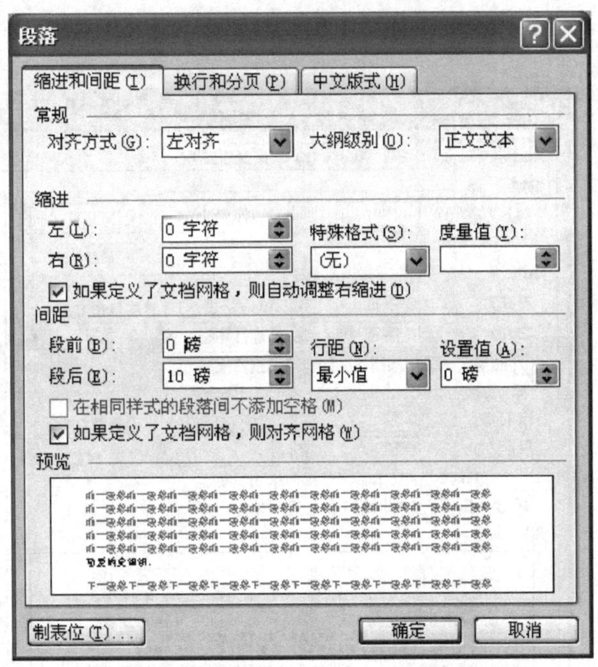

图 3-40　用“段落”对话框设置段间距

7）选中后三段，单击“常用”工具栏的“右对齐”按钮，使后三段右对齐显示，如图 3-43 所示。整个文章排版完毕，最终效果如图 3-44 所示。

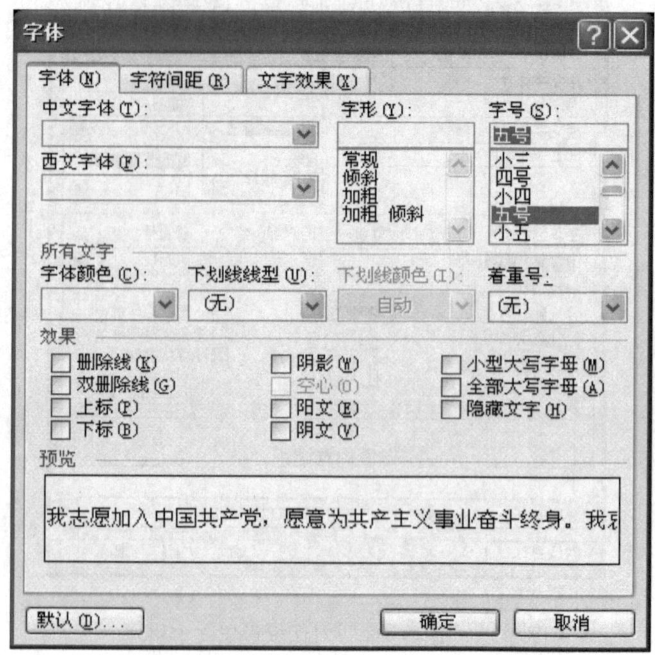

图 3-41 用“字体”对话框设置文本格式

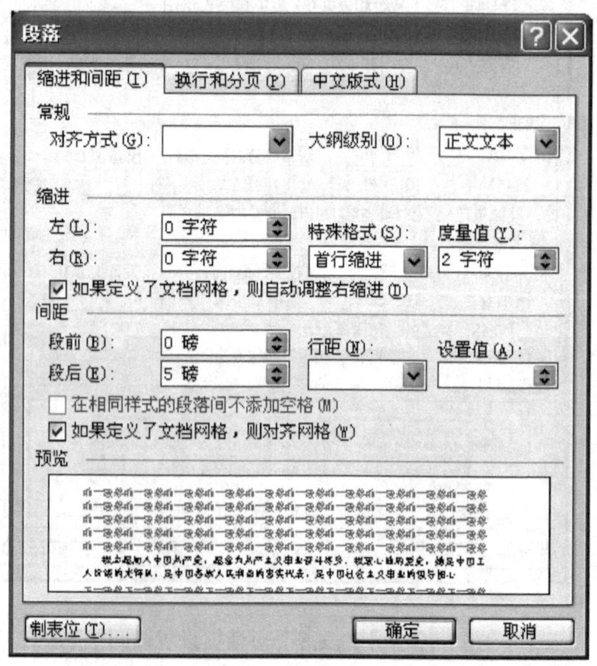

图 3-42 用“段落”对话框设置首行缩进、段间距

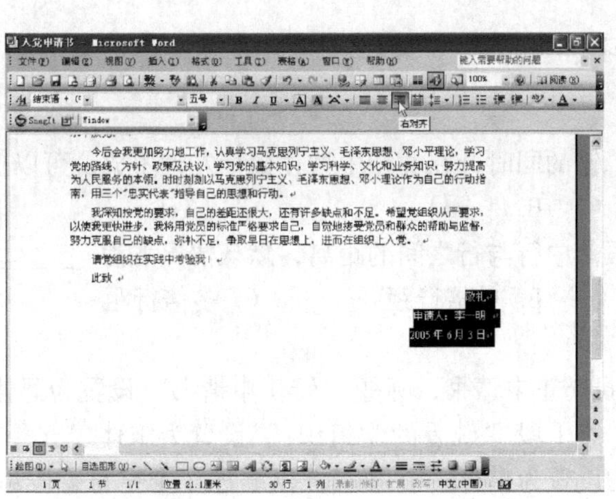

图 3-43　设置后三段“右对齐”

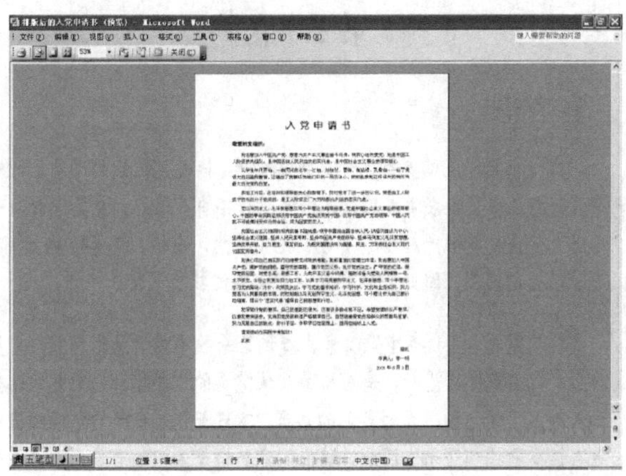

图 3-44　文档的最终效果

提示：选择文本有以下几种方法。

1）选择任意文本：将鼠标光标移到文档中，光标变成“I”形状，在要选择文本的开始位置按住鼠标左键不放，并拖动到要选择文本结束位置释放鼠标。

2）选择一整行文本：将鼠标移到要选择的行左端空白区域处，当鼠标变成↗形状后，单击鼠标即可选择整行。

3）选择连续的多行文本：将鼠标移到要选择的首行左端空白区域处，当鼠标变成↗形状后，按住鼠标左键不放向下拖动即可选择连续的多行文本。

4）选择矩形文本块：按住［Alt］键的同时，在文档中按住鼠标左键不放拖动，可选择矩形文本块。

5）选择整篇文档：选择“编辑”→“全选”菜单命令或按［Ctrl］＋［A］组合键。

3.3.3 思考与练习

1. 选择题

1）按住________键的同时，在文档中按住鼠标左键不放，可以选择矩形文本块。

A. [Ctrl]　　B. [Alt]　　C. [Tab]　　D. [Shift]

2）行间距是指段落中行与行之间的距离，默认情况下为________。

A. 字间距　　B. 单倍行距　　C. 多倍行距　　D. 行间距

2. 操作题

设计制作预备党员转正申请书，标题“转正申请书”设置为黑体、二号、加粗、居中，段前、段后各20磅；第1段“敬爱的党组织：”设置为宋体、五号、左对齐，段前、段后各10磅；其余文本均设置为楷体、五号、首行缩进2个字符、段后10磅；最后两段右对齐。图3-45为作业效果图

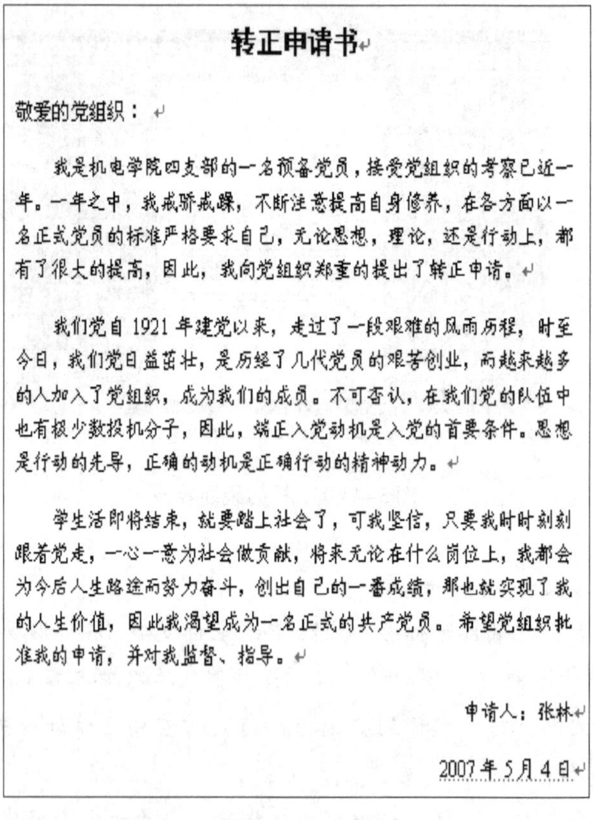

转正申请书

敬爱的党组织：

我是机电学院四支部的一名预备党员，接受党组织的考察已近一年。一年之中，我戒骄戒躁，不断注意提高自身修养，在各方面以一名正式党员的标准严格要求自己，无论思想，理论，还是行动上，都有了很大的提高，因此，我向党组织郑重的提出了转正申请。

我们党自1921年建党以来，走过了一段艰难的风雨历程，时至今日，我们党日益茁壮，是历经了几代党员的艰苦创业，而越来越多的人加入了党组织，成为我们的成员。不可否认，在我们党的队伍中也有极少数投机分子，因此，端正入党动机是入党的首要条件。思想是行动的先导，正确的动机是正确行动的精神动力。

学生活即将结束，就要踏上社会了，可我坚信，只要我时时刻刻跟着党走，一心一意为社会做贡献，将来无论在什么岗位上，我都会为今后人生路途而努力奋斗，创出自己的一番成绩，那也就实现了我的人生价值，因此我渴望成为一名正式的共产党员。希望党组织批准我的申请，并对我监督、指导。

申请人：张林

2007年5月4日

图3-45　作业效果图

3.4 任务4　设计制作合同书

在本任务中要求掌握页面设置，在Word中输入文本及下划线，文本的复制、移动及删除操作，进一步熟练字体和段落的格式设置操作。

一份完整的条款式合同，一般包含以下几个基本要素：合同名称、合同编号、双方当事人名称、合同的开头部分、合同条款、附则和签署部分。下面以工程施工合同为例详细讲述普通合同的制作方法。

3.4.1 实例效果

工程施工合同书效果如图 3-46 所示。

工程施工合同

合同编号：____________

甲　　方：____________　　　　乙　　方：____________

根据《中华人民共和国合同法》，甲方委托乙方安装实施____________工程，实施合同具体条款如下：

一、**工程名称**：____________

二、**工程地点**：____________

三、**工程内容**：

1、提供工程相关设备

2、线路铺设、设备安装。

3、调试、测试和开通。

4、工程验收。

四、**合同价款**

1、根据合同供应材料清单实施。

2、设计方案配置及本工程施工费用均由乙方承担。

合计总造价：

五、**付款方式**

按工程进度支付工程款，合同签订后，乙方收到甲方工程总造价的　　%（　　　　元）预付款后，乙方施工人员进驻现场；工程交验合格后一周内支付至　　%（　　　元）；其余___%(_______元)在工程交验合格　　个月内一次性付清。如有违约，甲方延误一天，罚未付违约金的 2%。

六、**工期**　　　年　月　日至　　　年　月　　日共计　　天。

七、**技术服务**

1、本工程免费保修期为一年，从工程完工之日开始算起，并提供终身维修。

2、乙方所安装布线系统及网络系统必须能满足方案要求。

3、乙方负责甲方管理人员培训，并提供技术资料。

八、**保修**

本工程所用设备保修期为一年，在保修期内出现质量问题，由乙方负责维修，费用由乙方负担。保修期满，甲方上门服务只收取成本费。

九、**其它**　本合同一式两份，经双方签字盖章后生效。

甲方：　　　　　　　（公章）　乙方：　　　　　　　（公章）
代表：　　　　　　　（签字）　代表：　　　　　　　（签字）
　　年　　月　　日　　　　　　　　　　年　　月　　日

图 3-46　“工程施工合同书”效果图

3.4.2 操作步骤与技巧

1）新建一个空白文档，选择“文件”→“页面设置…”菜单命令，打开“页面设置”对话框。在“页边距”选项卡中，将“页边距”栏的“上边距”设置为 2.8 厘米，“下边距”设置为 3 厘米，“左边距”设置为 3.2 厘米，“右边距”设置为 2.7 厘米，“装订线”设置为 1.4 厘米，“装订线位置”设置为“上”，如图 3-47 所示；选择“纸张”选项卡，将“纸张大小”设置为“A4”，系统默认的“宽度”为“21 厘米”，“高度”为“29.7 厘米”，如图 3-48 所示，单击“确定”按钮，整个页面设置操作完成。

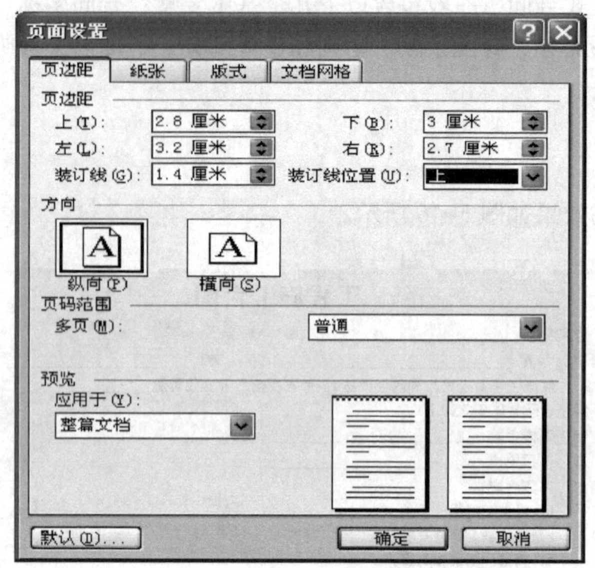

图 3-47 用“页面设置”对话框设置页边距

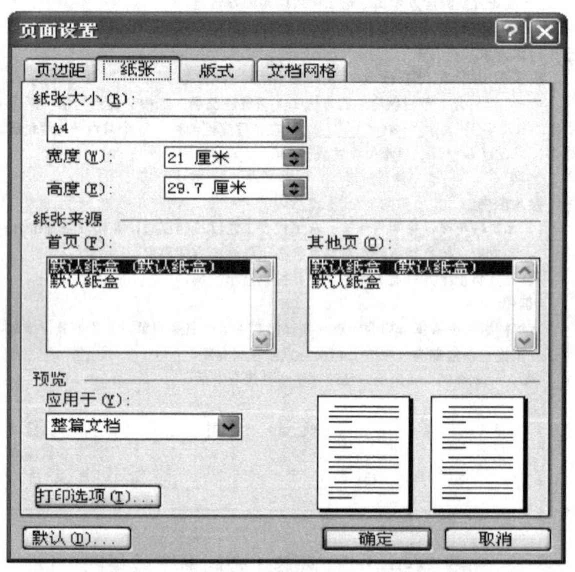

图 3-48 用“页面设置”对话框设置纸张大小

2）单击“常用”工具栏上的“保存”按钮，将当前文档以“工程施工合同”为文件名保存在“我的文档”中。

3）在第一行输入“工程施工合同”并选中，将其设置为“黑体”、“小二”、“加粗”、“居中”，如图 3-49 所示。

4）按回车键换行，输入合同编号和双方当事人的名称甲方、乙方。将合同编号和甲方、乙方设置为“宋体”、“五号”、“加粗”，然后在合同编号和甲方、乙方后面插入需填写内容的下划线。

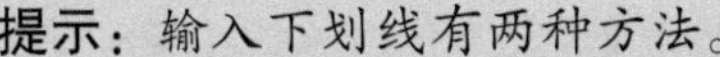

提示：输入下划线有两种方法。

1）在英文输入状态下，使用［Shift］+［-］快捷键，每键入一次，输入了一个字符宽度的下划线。

2）先输入若干个空格并选中，然后用鼠标单击“格式”工具栏中的下划线按钮**U**▾旁边的向下的黑箭头，在弹出的下拉菜单中选择需要的下划线线型，如图 3-50 所示。此时，在该行接着输入文字将都有下划线；如果不再需要下划线，可选中不需要下划线的文本，再次单击“格式”工具栏中的下划线按钮**U**▾，即可去掉已有的下划线。

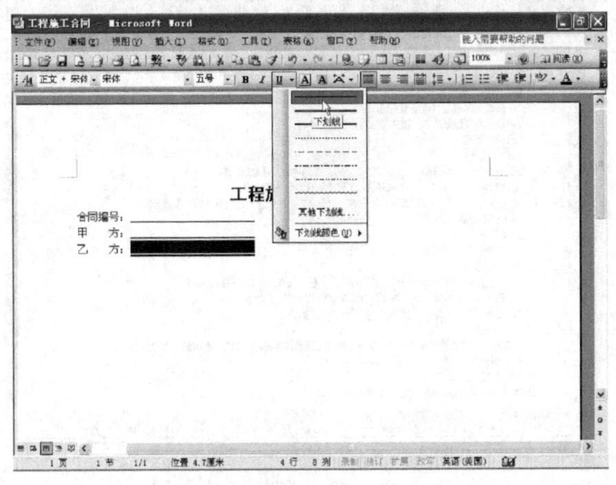

图 3-49　标题格式设置后的文档

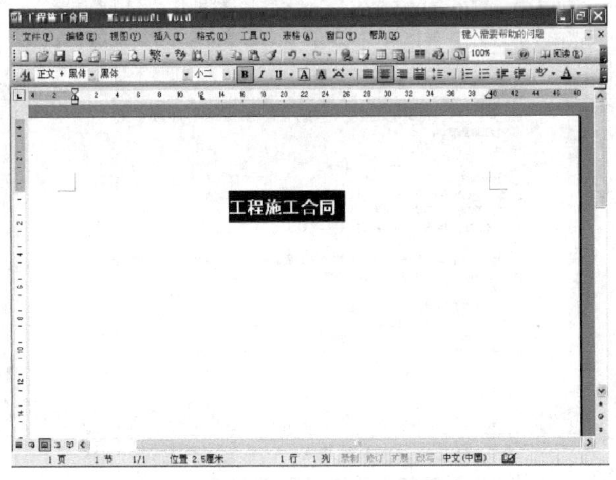

图 3-50　输入下划线

5）输入合同的开头部分和合同的各条款。输入的文字显示在光标所在的位置，同时光标自动后移。当输入的文字到达右边界时，光标自动移到下一行的行首。一段文字输入完成，需按［Enter］回车键换行，光标从当前位置跳到下一行行首，同时在上一段段末出现一个段落标记“↵”。在需要亲笔填写的地方输入下划线，如图 3-51 所示。

提示：文档中的“复制”与“粘贴”操作。

1）在输入合同文档的过程中，可能有部分内容是完全一样或基本一致的。为提高输入的效率，此时可对文本执行复制操作，即先选中需要复制的文本，再选择菜单“编辑”→“复制”菜单命令，然后将光标插入到需要复制到的位置，选择“编辑”→“粘贴”菜单命令，即可将刚才复制的内容粘贴到当前光标处。

2）一次“复制”操作可以进行多次“粘贴”操作。

6）在合同的末尾输入合同的签署部分，如图3-52所示。

图3-51　输入条款后的文档

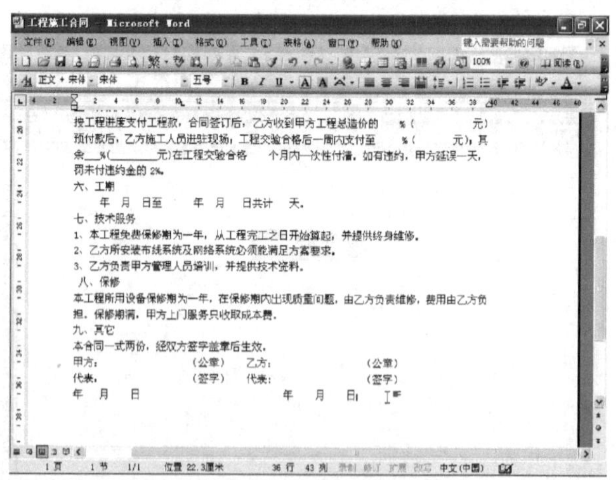

图3-52　输入签署部分后的文档

7）检查输入的合同文档部分，若发现多输入的文字，只需选中要删除的文字，然后按下［Delete］键，或者选择菜单“编辑”→“清除”→“内容”菜单命令，这就是在文档编辑中删除内容的方法。若发现有文本写错了位置，只需选中需要移动的文档，选择“编辑”→“剪切”菜单命令，然后将光标插入到需要移动到的位置，选择“编辑”→“粘贴”菜单命令，即将刚才剪切的内容粘贴到当前光标处。

提示：剪贴板是一个可以暂时存放信息的程序，“剪切”、“复制”、“粘贴”都与剪贴板有关。

1）“剪切”是把所选的内容从原来的位置移动到剪贴板上，“复制”是把所选的内容复制一份存放到剪贴板上，“粘贴”是把剪贴板里的内容复制到文档中光标的当前位置。

2）除选择菜单来执行复制、剪切、粘贴操作外，还可通过单击“常用”工具栏上“复制”按钮、“剪切”按钮、“粘贴”按钮来完成；也可通过使用对应的快捷键[Ctrl] + [C]、[Ctrl] + [X]、[Ctrl] + [V]来完成这些操作；还可先选中文字，然后单击鼠标右键，用快捷菜单执行这些操作。

8）选中正文第四段，打开“段落”对话框，选择“缩进和间距”选项卡，设置“特殊格式”为“首行缩进”，在“度量值”下拉列表中选择“2 字符”，如图 3-53 所示。

9）选中正文第四段，双击“常用”工具栏的“格式刷”按钮，此时光标指针多了一个小刷子，分别拖动鼠标选中除总标题及条款标题外的所有段落，则所选段落的格式均被设置为首行缩进 2 字符，设置后效果如图 3-54 所示。

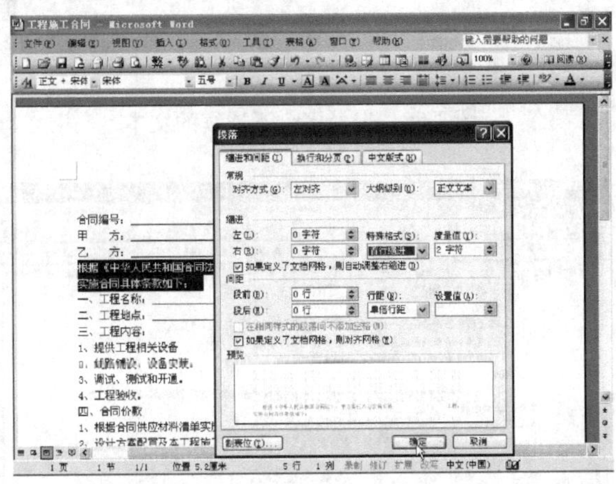

图 3-53　设置段落的“首行缩进”

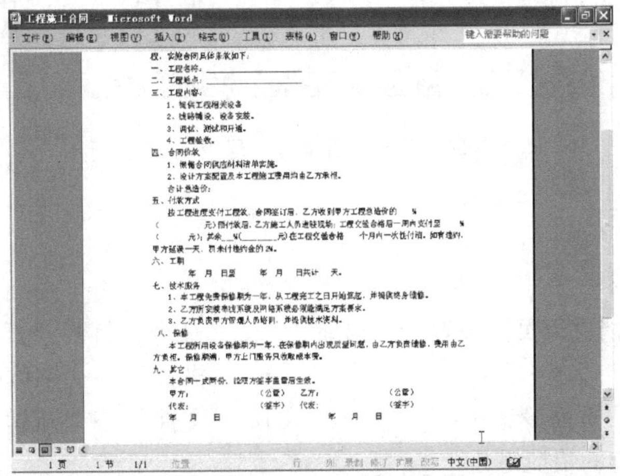

图 3-54　除标题外均设置缩进后的文档

10）按住［Ctrl］键，依次选中“合同编号”、“甲方”、“乙方”、“工程名称”、“工程地点”、“工程内容”、“合同价款”、“合计总造价”、“付款方式”、“工期”、“技术服务”、“保修”、“其他”，将其字形均设置为“加粗”，如图3-55所示。选中后三行签署部分，单击“常用”工具栏的“居中”按钮☰，使其居中显示。可在这几行之间适当加几个空行，即在需要空行的位置按回车键，如图3-56所示。至此，工程施工合同的制作全部完成。

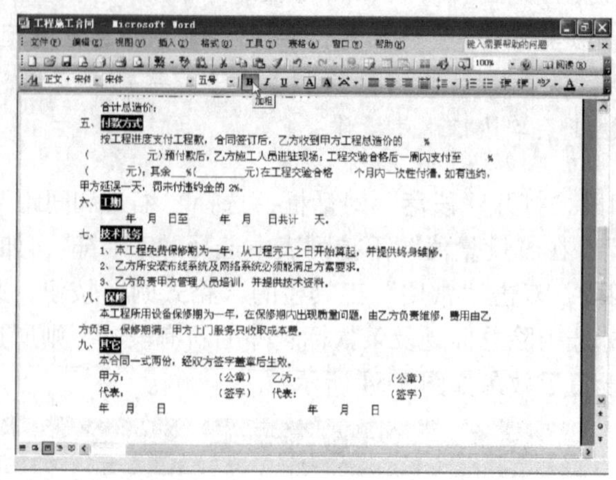

图3-55　选择多个不连续的文本

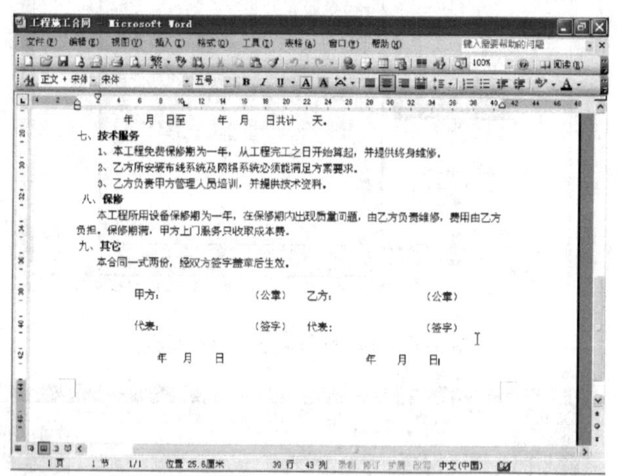

图3-56　设置签署部分“居中”、加空行

3.4.3　思考与练习

1. 选择题

1）要对当前文档进行页面设置，应选择________命令，打开“页面设置”对话框。

A. “格式”→“段落…”　　B. “格式”→“字体…”

C. “文件”→“页面设置…”　　D. “文件”→“新建…”

2）“剪切”对应的快捷键是________。

A. ［Ctrl］+［C］　B. ［Ctrl］+［X］　C. ［Ctrl］+［P］　D. ［Ctrl］+［V］

3）“复制”对应的快捷键是________。

A. [Ctrl] + [C]　B. [Ctrl] + [X]　C. [Ctrl] + [P]　D. [Ctrl] + [V]

4）“粘贴”对应的快捷键是________。

A. [Ctrl] + [C]　B. [Ctrl] + [X]　C. [Ctrl] + [P]　D. [Ctrl] + [V]

5）需在当前文档中同时选择不连续的文档时，拖动鼠标的同时需按住________键。

A. [Ctrl]　B. [Alt]　C. [Enter]　D. [Shift]

2. 操作题

制作一份“货物运输合同”，如图 3-57 所示。页面设置要求：页边距：上 3.3 厘米，下 4.8 厘米，左 3.4 厘米，右 3.2 厘米；纸张大小：A4（21 厘米×29.7 厘米）；字体设置：合同标题“黑体、二号、粗体、居中”；“托运方”、“承运方”、“托运方详细地址”、“收方详细地址”、“第一条”、“第二条”、…、“第十条”设置为“宋体、五号、粗体”，其余文本均“宋体、五号”；除“粗体”行以外的段落均“首行缩进 2 字符”、签署部分“居中”，最后日期右对齐。

货物运输合同

托运方：________　**承运方：**________

托运方详细地址：________　**收方详细地址：**________

国家有关运输规定，经过双方充分协商，特订立本合同，以便双方共同遵守。

第一条 货物名称、规格、数量、价款

货物编号：________品名：________

规格：________单位：________

单价：________数量：________

金额（元）：________

第二条 包装要求 托运方必须按照国家主管机关规定的标准包装；没有统一规定包装标准的，应根据保证货物运输安全的原则进行包装，否则承运方有权拒绝承运。

第三条 货物起运地点________　货物到达地点___

第四条 货物承运日期________　货物运到期限___

第五条 运输质量及安全要求（省略）

第六条 货物装卸责任和方法（省略）

第七条 收货人领取货物及验收办法（省略）

第八条 运输费用、结算方式（省略）

第九条 各方的权利义务（省略）

第十条 违约责任（省略）

本合同正本一式二份，合同双方各执一份；合同副本一式____份，送________等单位各留一份。

托运方：　承运方：

代表人：　代表人：

地　址：　地　址：

电　话：　电　话：

开户银行：　开户银行：

帐　号：　帐　号：

年　月　日

图 3-57　作业效果图

3.5　任务 5　设计制作英文表扬信

在本任务中要求掌握如何设置边框和底纹，如何设置文字动态效果，如何执行查找替换

操作，如何插入、修改、删除批注，并进一步熟练字体、段落设置等基本操作。

表扬信是对他人的行为表示赞扬的信函。主要包括标题、称谓、事迹经过、表扬的语句、学习的语句。英文表扬信中可能有较不常见的词汇，必要的时候可以通过加批注来增加文章的可阅读性。

3.5.1 实例效果

英文表扬信效果如图 3-58 所示。

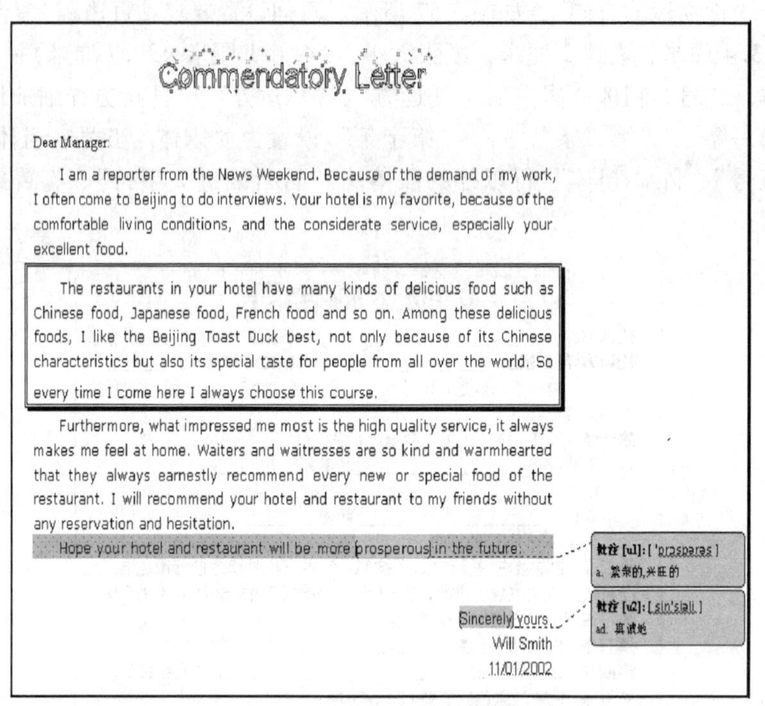

Commendatory Letter

Dear Manager:

I am a reporter from the News Weekend. Because of the demand of my work, I often come to Beijing to do interviews. Your hotel is my favorite, because of the comfortable living conditions, and the considerate service, especially your excellent food.

The restaurants in your hotel have many kinds of delicious food such as Chinese food, Japanese food, French food and so on. Among these delicious foods, I like the Beijing Toast Duck best, not only because of its Chinese characteristics but also its special taste for people from all over the world. So every time I come here I always choose this course.

Furthermore, what impressed me most is the high quality service, it always makes me feel at home. Waiters and waitresses are so kind and warmhearted that they always earnestly recommend every new or special food of the restaurant. I will recommend your hotel and restaurant to my friends without any reservation and hesitation.

Hope your hotel and restaurant will be more prosperous in the future.

Sincerely yours,
Will Smith
11/01/2002

批注 [u1]: ['prɔspərəs]
a. 繁荣的,兴旺的

批注 [u2]: [sin'siəli]
ad. 真诚地

图 3-58 “英文表扬信”效果图

3.5.2 操作步骤与技巧

1）新建一个空白文档，输入表扬信的内容，如图 3-59 所示。

2）选中第一段，选择“格式”→“段落…”菜单命令，打开“段落”对话框，选择“缩进和间距”选项卡，在“间距”栏中设置“段前”30 磅、“段后”20 磅；在“常规”栏的“对齐方式”下拉列表框中选择“居中”，然后单击“确定”按钮，设置后效果如图 3-60 所示。

3）选中第一段，选择菜单“格式”→“字体…”命令，打开“字体”对话框，选择“字体”选项卡，在“西文字体”下拉列表中选择字体为“Arial Black”，在“字号”下拉列表中选择字号为“二号”，在“字体颜色”下拉列表中选择“蓝色”，在“效果”栏中选择“空心”复选框，前面的方框中将出现一个“√”，如图 3-61 所示；选择“文字效果”选项卡，在“动态效果”列表框中选择“礼花绽放”，如图 3-62 所示，单击“确定”按钮完成设置。

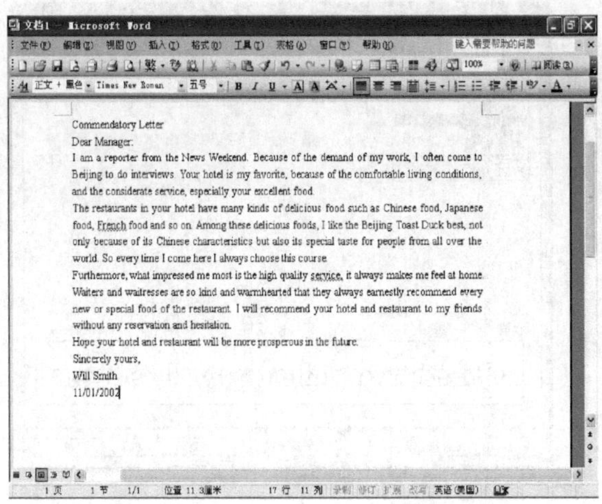

图 3-59 “输入文本”后的文档

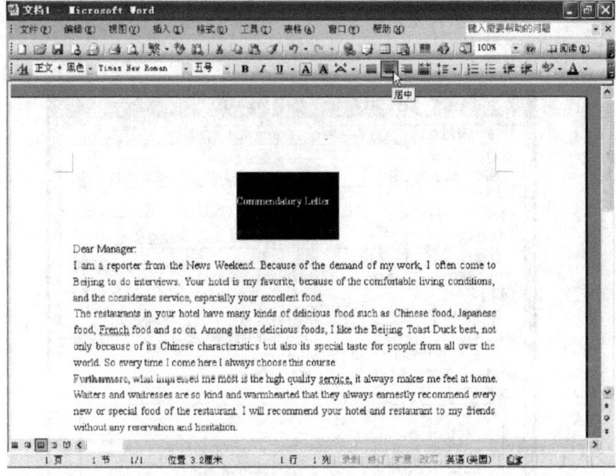

图 3-60 “第一段”段落设置后的文档

图 3-61 “字体”对话框之“字体”选项卡

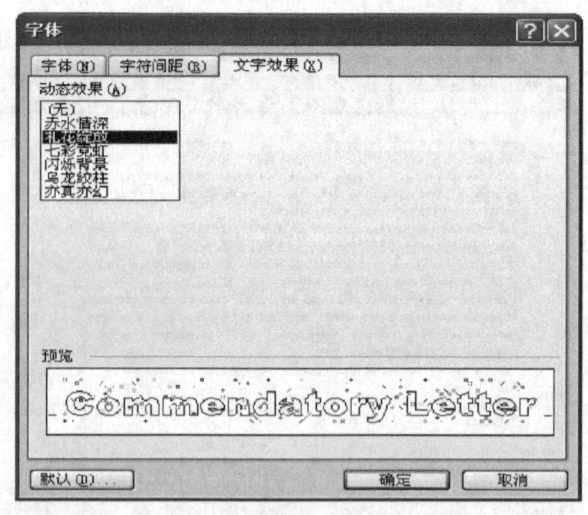

图 3-62　“字体”对话框之“文字效果”选项卡

4）选中第二段，设置“段前”、“段后”各 5 磅，如图 3-63 所示。选择第三、四、五、六段，设置“特殊格式”为“首行缩进”，“度量值”为“2 字符”。设置“字体”为“Verdana”，如图 3-64 所示。

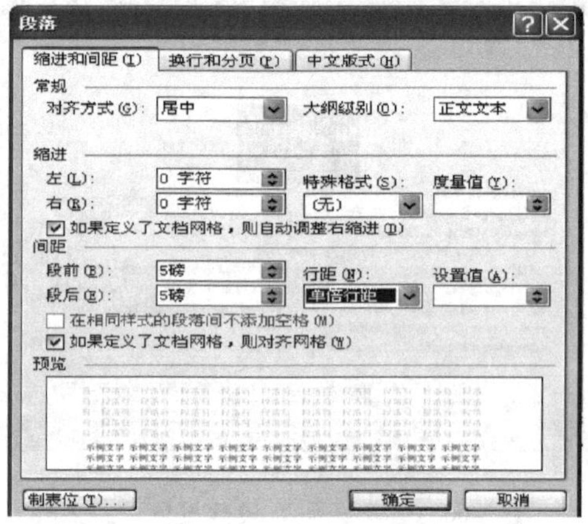

图 3-63　设置“第二段”段落设置

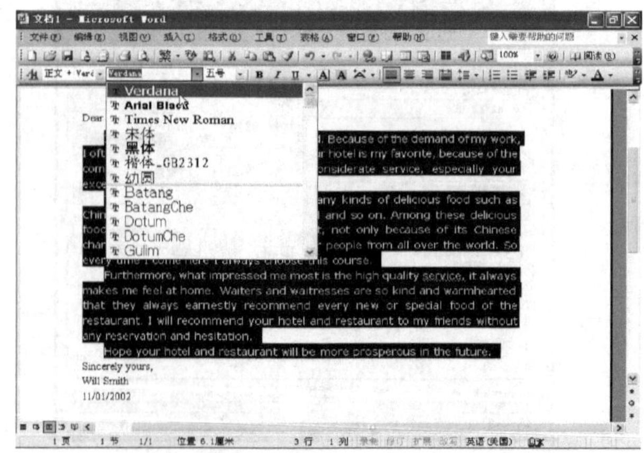

图 3-64　设置“第三、四、五、六段”格式设置

5）选中第七段，设置其段前为 30 磅，设置对齐方式为“右对齐”。选中第八、九段，设置对齐方式为“右对齐”。设置第七、八、九段的字体均为“Arial”，如图 3-65 所示。

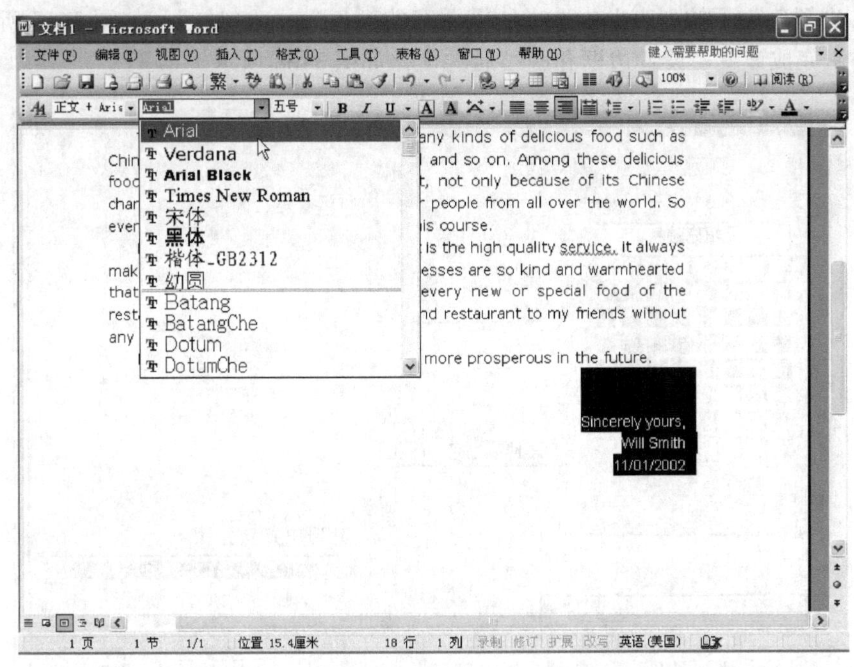

图 3-65 “后三段”格式设置后的文档

6）选中第四段，选择菜单“格式”→“边框和底纹…”命令，打开“边框和底纹”对话框，选择“边框”选项卡，在“设置”栏中选择边框的类型为“阴影”，在“线型”列表框中选择“双线”，在“颜色”下拉列表框中选择边框的颜色为“红色”，在“宽度”下拉列表框中选择边框的宽度为“1½磅”，在“预览”栏中单击各按钮，可以取消或添加某条边框线，如图 3-66 所示。单击“确定”按钮完成设置。

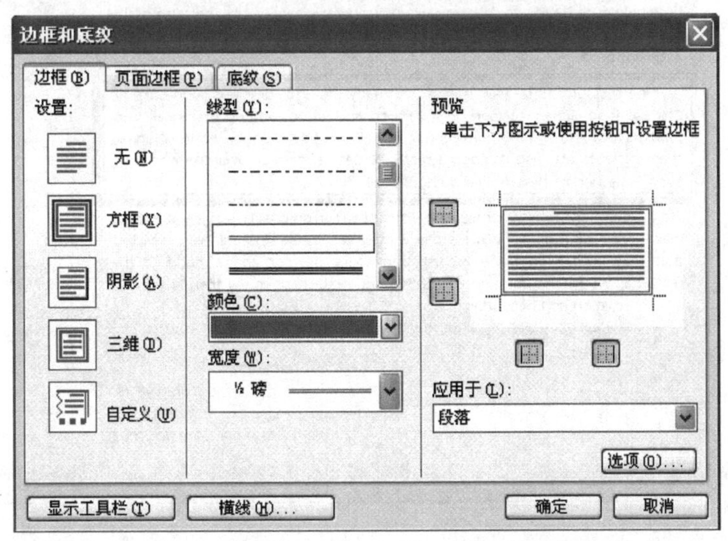

图 3-66 “边框和底纹”对话框之“边框”选项卡

7）选择第6段，打开“边框和底纹”对话框，选择“底纹”选项卡，在“填充”栏中选择底纹的背景颜色为“浅绿”，在“样式”下拉列表框中选择所需图案的样式为“5%”，在“颜色”下拉列表框中选择所需图案的颜色为“玫瑰红”，如图3-67所示，单击“确定”按钮完成设置。设置边框和底纹后的文档如图3-68所示。

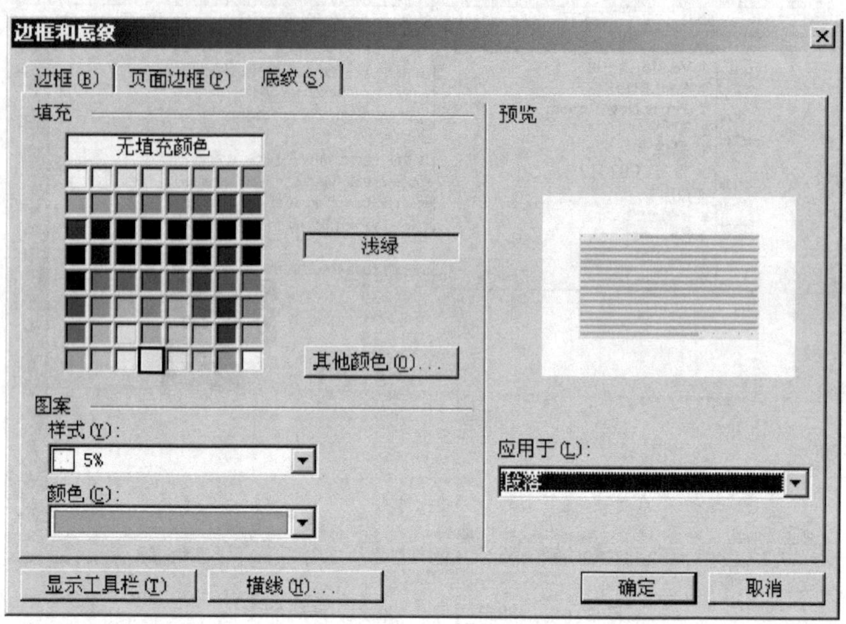

图3-67 “边框和底纹”对话框之“底纹”选项卡

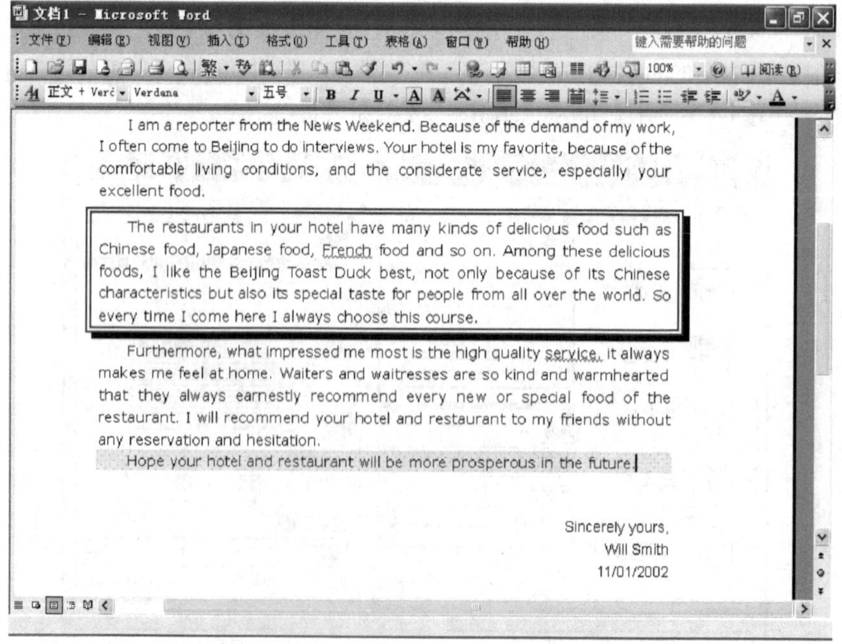

I am a reporter from the News Weekend. Because of the demand of my work, I often come to Beijing to do interviews. Your hotel is my favorite, because of the comfortable living conditions, and the considerate service, especially your excellent food.

The restaurants in your hotel have many kinds of delicious food such as Chinese food, Japanese food, French food and so on. Among these delicious foods, I like the Beijing Toast Duck best, not only because of its Chinese characteristics but also its special taste for people from all over the world. So every time I come here I always choose this course.

Furthermore, what impressed me most is the high quality service, it always makes me feel at home. Waiters and waitresses are so kind and warmhearted that they always earnestly recommend every new or special food of the restaurant. I will recommend your hotel and restaurant to my friends without any reservation and hesitation.

Hope your hotel and restaurant will be more prosperous in the future.

Sincerely yours,
Will Smith
11/01/2002

图3-68 “边框和底纹”设置后的文档

8）单击“常用”工具栏上的“保存”按钮，将当前文档以“表扬信”为文件名保存在“我的文档”中。

提示：在输入的文本中，若同一个错别字出现了多次，当文档较长时，用手工查找或替换很不方便，而且还容易遗漏。使用查找和替换操作，可以方便、快速地完成该项工作。

1）查找文本：选择“编辑”→“查找”菜单命令，打开“查找和替换”对话框。在该对话框的“查找内容”文本框中输入要查找的文本。单击“查找下一处”按钮，Word 将从光标处开始查找，找到该文本后以反白显示。若没找到，Word 则会提示已经完成搜索，未找到搜索项。单击“查找下一处”按钮继续进行查找，查找完成后单击“取消”按钮或按［Esc］键关闭“查找的替换”对话框。

2）替换文本：选择“编辑”→“替换”菜单命令，打开“查找和替换”对话框。在该对话框的“查找内容”文本框中输入要替换的原文本，在“替换为”文本框中输入要替换成的文本内容。单击“查找下一处”按钮，Word 将从光标处开始查找，找到该文本后以反白显示，然后单击“替换”按钮，即可替换找到的文本，同时显示找到的下一处文本。若不想替换，继续单击“查找下一处”按钮，Word 将继续查找下一处。

9）选中第六段中的“prosperous”单词，选择菜单“插入”→“批注”命令，显示出添加批注的编辑框，在其中输入正确的批注内容，如图 3-69 所示。在批注外的地方单击，退出批注编辑状态；当想再次修改批注时，只需在批注编辑框处单击即可再次编辑修改。如果要删除某一批注，只需在批注编辑框处单击鼠标右键，在弹出的快捷菜单中选择“删除批注”命令，即可删除该批注，如图 3-70 所示。

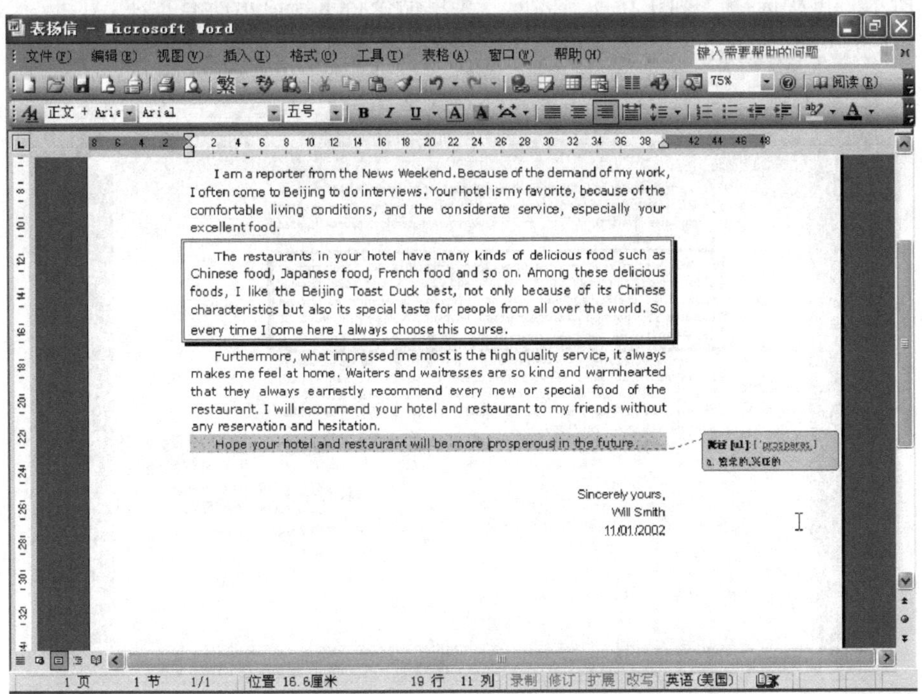

图 3-69 为“prosperous”添加批注

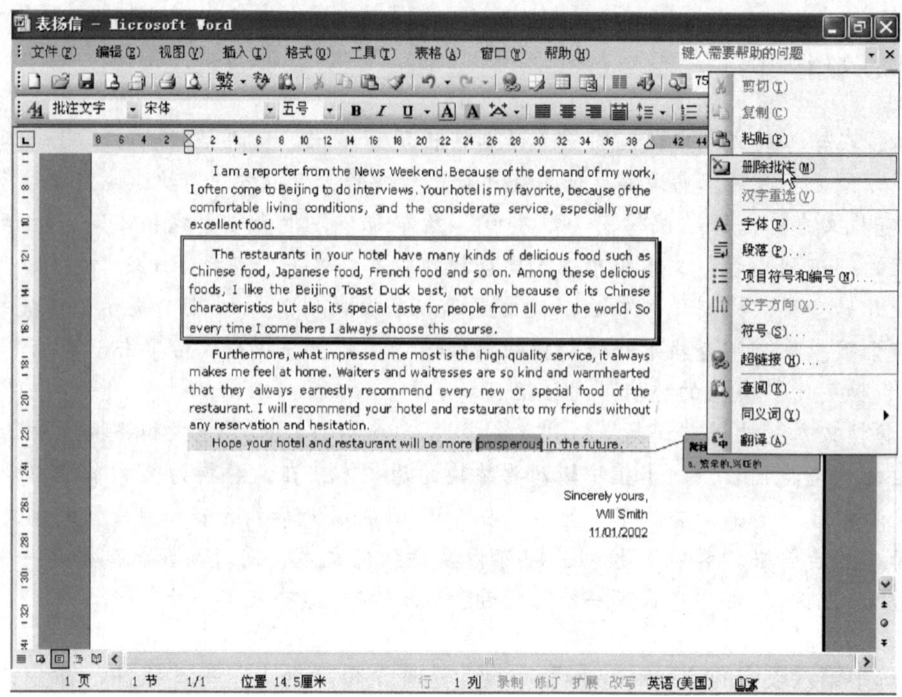

图 3-70 删除“prosperous”的批注

10）同样可为第七段的“Sincerely”添加批注，如图 3-71 所示。如果文档中有多处批注，文档页面将显得混乱，此时可选择“视图”→“标记”菜单命令来隐藏所有批注，如图 3-72 所示。再次选择“视图”→“标记”菜单命令将重新显示所有批注。

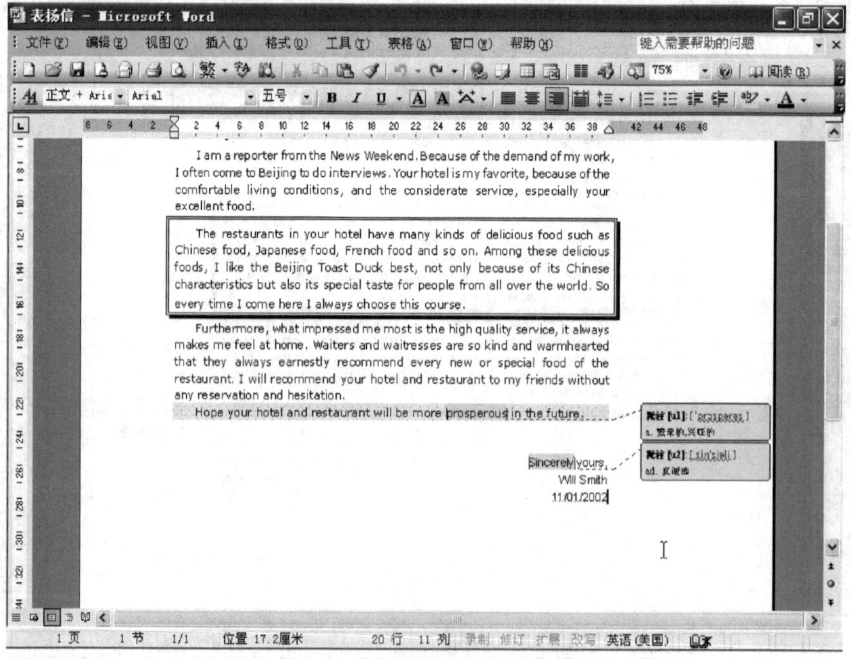

图 3-71 为“Sincerely”添加批注

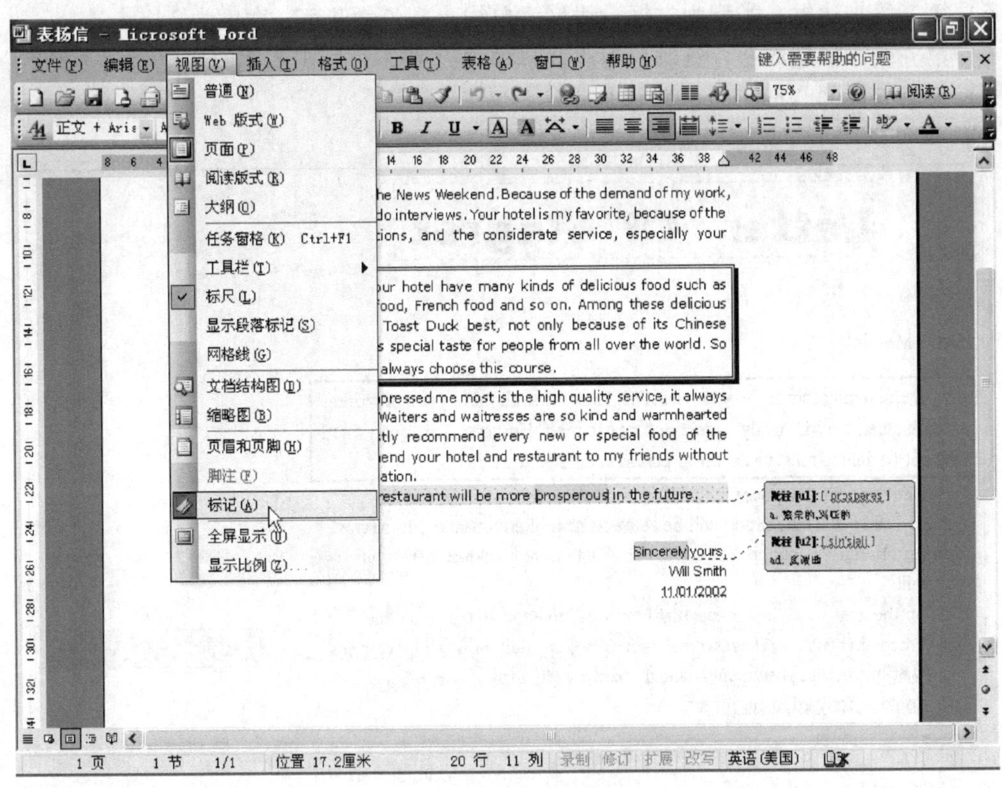

图 3-72 “隐藏批注”菜单命令

3.5.3 思考与练习

1. 选择题

1）若想给文本添加底纹，需执行________菜单命令。

A. “格式” →“边框和底纹…”　　B. “文件” →“页面设置…”

C. “格式” →“段落…”　　D. “格式” →“字体…”

2）若要隐藏当前文档中显示的批注，需执行________菜单命令。

A. “编辑” →“复制”　　B. “编辑” →“粘贴”

C. “编辑” →“全选”　　D. “视图” →“标记”

2. 操作题

输入并按下列要求排版“英文致歉信”，排版后的文档如图 3-73 所示。

1）第一段设置：字体：Arial Black；字号：小一；字体颜色：粉红；效果：阴影；动态效果：乌龙绞柱；段前、段后均为 30 磅；对齐方式：居中。

2）第二段设置：字体：Batang；字号：五号；段后为 10 磅。

3）第三、四、五、六段设置：字体：Times New Roman；字号：五号；首行缩进 2 个字符。

4）第七、八、九段字体：Arial；字号：五号；对齐方式：右对齐；第七段段前为 20 磅。

5）第三段加边框：类型为方框，线型为单线，颜色为蓝色，宽度为2½磅。

6）第五段添加底纹：背景颜色为浅黄，样式为10%，所需图案的颜色为“淡紫”。

7）为第五段的“moustache”添加批注。

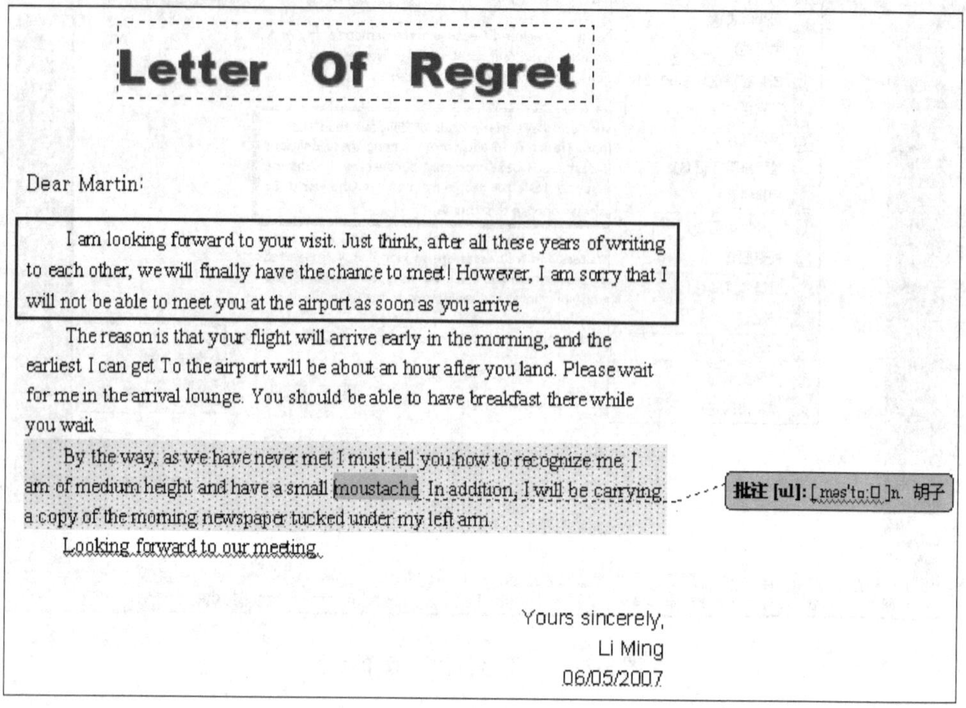

Letter Of Regret

Dear Martin:

I am looking forward to your visit. Just think, after all these years of writing to each other, we will finally have the chance to meet! However, I am sorry that I will not be able to meet you at the airport as soon as you arrive.

The reason is that your flight will arrive early in the morning, and the earliest I can get To the airport will be about an hour after you land. Please wait for me in the arrival lounge. You should be able to have breakfast there while you wait.

By the way, as we have never met I must tell you how to recognize me. I am of medium height and have a small moustache. In addition, I will be carrying a copy of the morning newspaper tucked under my left arm.

批注 [ul]: [məs'tɑ:□]n. 胡子

Looking forward to our meeting.

Yours sincerely,

Li Ming

06/05/2007

图3-73　作业效果图

3.6　任务6　设计制作海报

在本任务中要求掌握在文档中插入图片、分栏及如何使用Word的水印功能，同时进一步巩固输入、编辑文本、格式设置等基本操作。

海报通常用于发布信息。海报一般包括标题、正文、发布者、宣传图片及背景图片等内容。

3.6.1　实例效果

海报的效果如图3-74所示。

3.6.2　操作步骤与技巧

1）新建一个Word文档，输入文本，如图3-75所示。

2）选中第一段“金鑫老师学生钢琴汇报演出”文本，设置字体为“华文彩云”，字号为“二号”，字形为“加粗”。设置段落格式为段前30磅、段后20磅，对齐方式为“居中”，如图3-76所示。

金鑫老师学生钢琴汇报演出

金鑫老师自1992年大学毕业后，一直从使儿童钢琴的教学工作。在整个教学期间，金鑫老师一直利用自己的业余时间努力学习专业知识，提高自己的专业技术水平。金鑫老师2002年成为“省钢琴协会委员”，2000年市钢琴协会颁发“市级优秀钢琴辅导教师”奖。

学员们还踊跃参加每年的钢琴业余考级活动，分别取得了陆级、捌级、玖级的优秀成绩，并先后有数十名学员通过了钢琴十级，参加了市考级优秀选手音乐会。

值新年开始，应她的学生及学生家长的强烈要求，特举办这次汇报演出。金鑫老师为学生举办这次汇报演出的初衷，就是想给孩子们一个锻炼、交流、展示的机会。欢迎广大钢琴爱好前往欣赏。

时间：**2006年2月10日上午9：00时，宏宇大厦11楼丽婴琴房礼堂举行。**

节目单

1.《练习曲》——恩凡、李璨合奏　　2.《渔歌曲》——陈柏州（12岁）

3.《浏阳河》——陈佳琪（12岁）　　4《木偶进行曲》——刘韬、李乐合奏

5.《春之歌》——牟之林（7岁）　　6.《拼搏》——孙玺（4岁半）

7.《儿童联欢会》——杨智（9岁）　　8.《祝春》——李凡（6岁）

9.《机械娃娃》——李一涵（5岁半）　　10.《手摇风琴》——王子纯（8岁）

图3-74　“海报”效果图

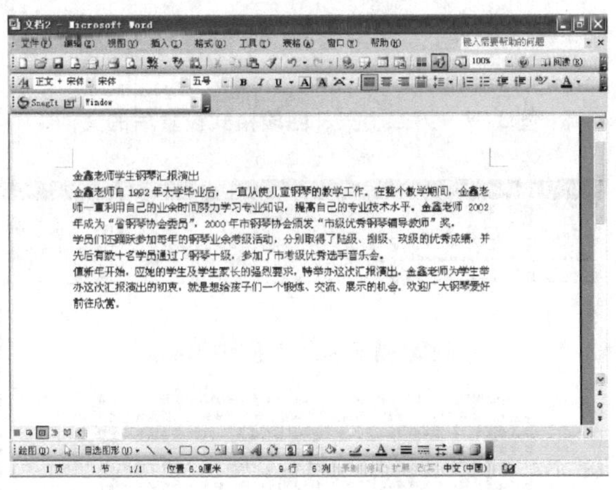

图3-75　输入“海报”的部分文本

3）选中第二、三、四段文字，设置字体为“仿宋_ GB2312”、字号为“小四”、字形为“加粗”；设置段落格式为首行缩进2个字符，如图3-77所示。输入并选中“时间:”段文本，设置段落格式为首行缩进2个字符；选中该段“时间:”后的文本，设置字体为“黑体”，字号为“小四”，字形为“加粗”，如图3-78所示。

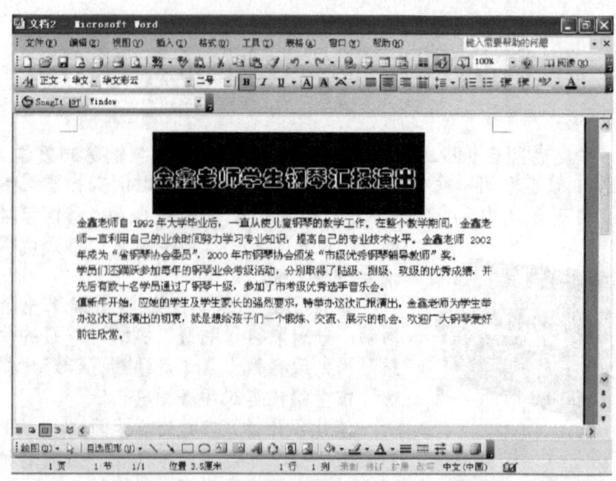

图 3-76　标题格式设置后的文档

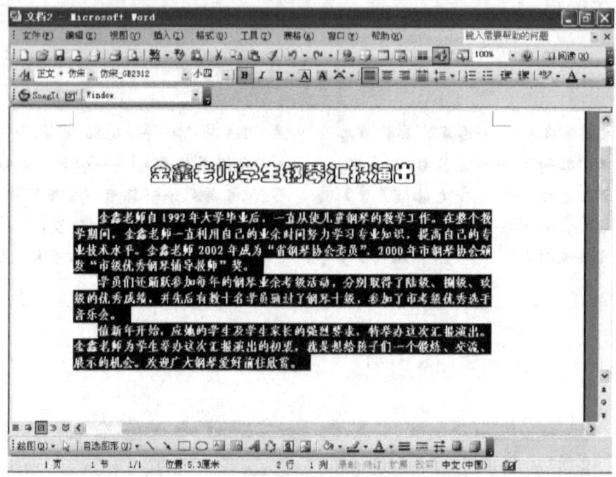

图 3-77　第二、三、四段格式设置后的文档

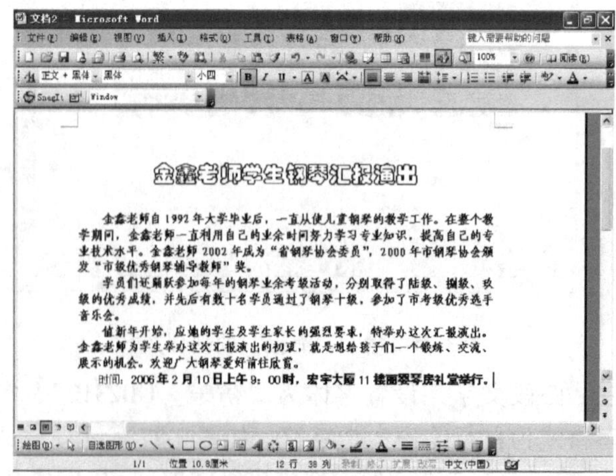

图 3-78　输入“第五段”并设置格式后的文档

4）选择“插入”→“图片”→“来自文件…”菜单命令，打开“插入图片”对话框，在“查找范围”下拉列表框中查找需要插入的图片，单击“插入”按钮即完成图片的插入，如图 3-79 所示。要对图片格式进行设置，先用鼠标单击图片选中图片，然后右击鼠标，在弹出的快捷菜单中选中“设置图片格式…”命令，打开“设置图片格式”对话框，选择“版式”选项卡，在“环绕方式”栏中选择“四周型”，在“水平对齐方式”栏中选择“左对齐”，单击“确定”按钮完成设置，移动图片到合适的地方，如图 3-80 所示。

图 3-79 “插入图片”对话框

图 3-80 “设置图片格式”对话框

5）输入“节目单”，设置其字体为“方正舒体”，字号为“小二”，字形为“加粗”，在“格式”工具栏的“字符缩放”按钮下拉列表中选择“200%”，对齐方式为“居中”。设置其段前、段后各 10 磅，如图 3-81 所示。输入节目单内容后的文档如图 3-82 所示。

提示： 输入长横线“——”时，只要在中文输入状态下，同时键入［Shift］键和［－］键即可。

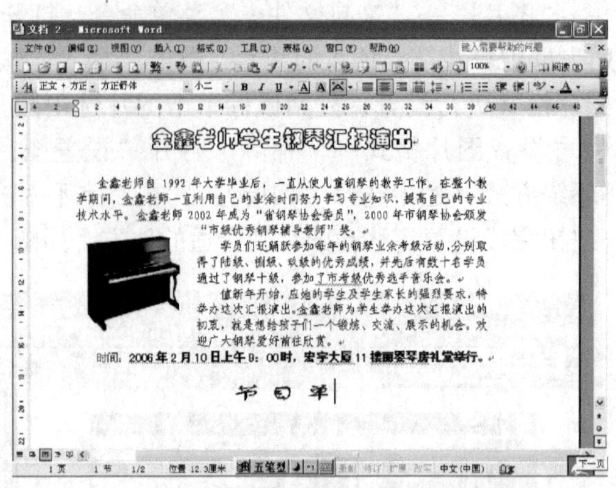

图 3-81　输入并设置“节目单”后的文档

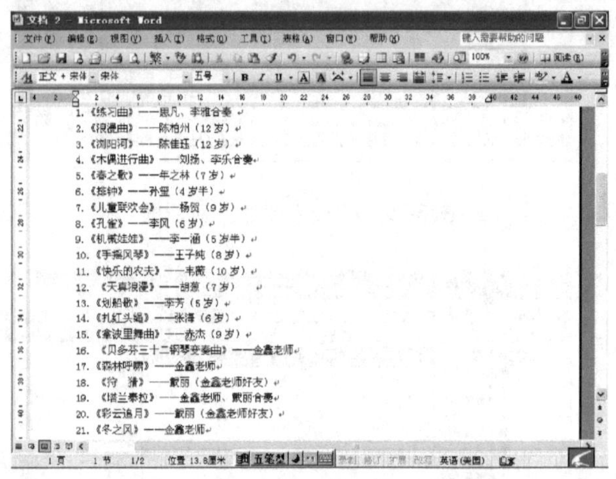

图 3-82　插入节目单内容后的文档

提示：字符缩放也可通过打开“字体”对话框，选择“字符间距”选项卡，在“缩放”下拉列表框中选择“200%”，如图 3-83 所示，然后单击“确定”按钮即可。

6）选中所有节目单内容，设置字体为“华文新魏”，字号为“五号”，字形为“粗体”；在“段落”对话框中设置行间距为“2 倍行距”，设置后效果如图 3-84 所示。

7）选中所有节目单内容，选择“格式”→“分栏…”菜单命令，打开“分栏”对话框，在“预设”栏中选择分栏样式为“两栏”，“栏数”自动为“2”，且默认为两栏宽度相等。若是实际分栏的栏宽不等，需在“分栏”对话框中单击“栏宽相等”前的复选框将“√”去掉，则可以自动设置各栏之间的间距和栏宽。同样可通过单击“分隔线”前的复选框设定显示分隔线，如图 3-85 所示，单击“确定”按钮完成分栏设置，设置分栏后的文档如图 3-86 所示。

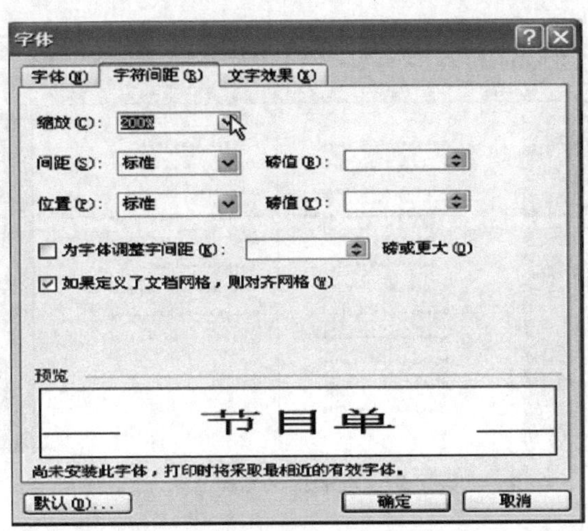

图 3-83　用“字体”对话框设置字体缩放

图 3-84　用“段落”对话框设置行距

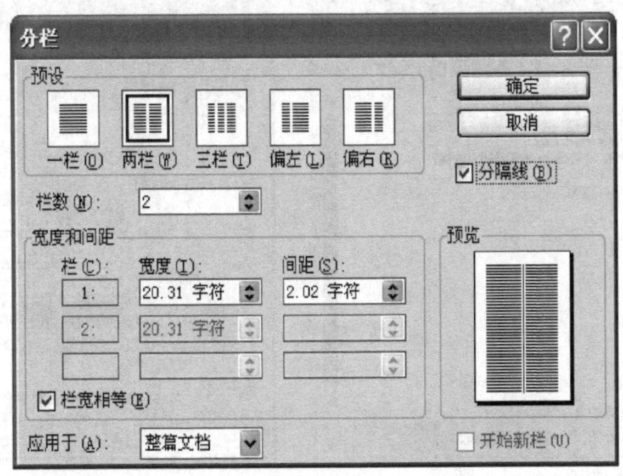

图 3-85　对所选文本“分栏”

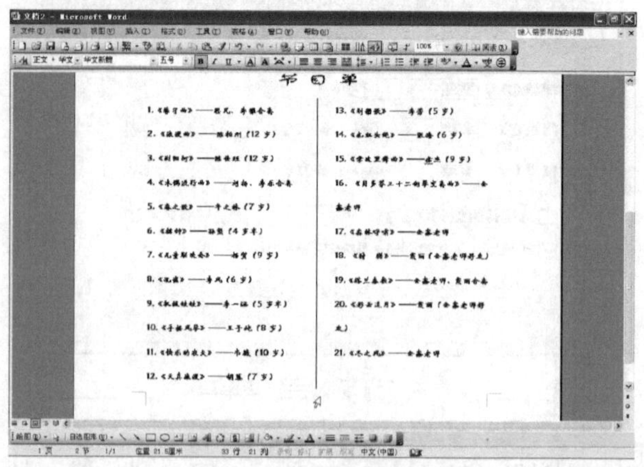

图 3-86　分栏后的文档

提示：分栏操作中的注意事项。

1）单击“常用”工具栏的“分栏”按钮，在弹出的下拉列表中即可选择分栏数。但通过该方式设置分栏时，栏与栏之间的间距只能采用默认值，各栏将被均分，如图 3-87 所示。若需删除分栏格式，只需选中分栏文本，打开“分栏”对话框，在“预设”栏中选择“一栏”，然后单击“确定”按钮即可。

2）在分栏操作中选定文本时，不要选中最后一个回车符号，这是操作技巧。

8）选择“格式”→“背景”→“水印…”菜单命令，打开“水印”对话框，选择“文字水印”单选框，在“文字”后的列表框中输入“钢琴汇报演出”，在“字体”列表框中选择“楷体_ GB2312”，“尺寸”列表框中选择“105”，“颜色”列表框中选择“红色”，“版式”选择“斜式”单选框，选择“半透明”复选框，如图 3-88 所示，单击“确定”按钮完成海报文档的所有设置。

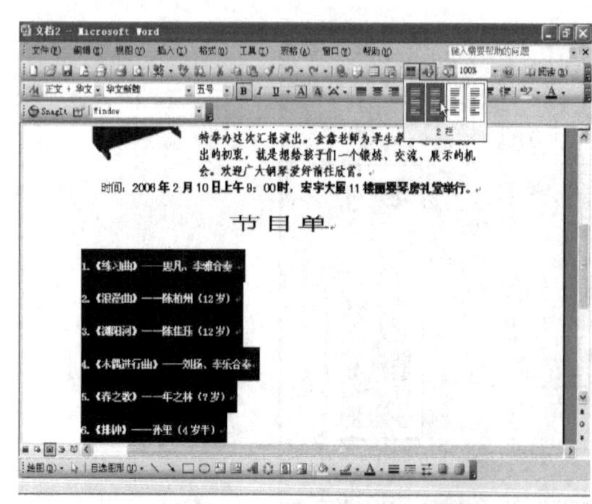

图 3-87　“分栏”按钮及其下拉列表

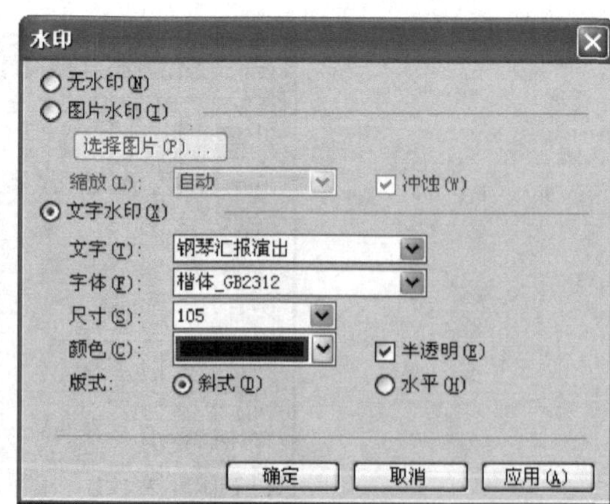

图 3-88　设置“水印”

3.6.3　思考与练习

1. 选择题

1）单击“常用”工具栏上的________按钮，可以对选择文本进行分栏。

A.　　　　B.　　　　C.　　　　D.

2）若要为当前文档设置“水印”，需选择________菜单命令进行设置。

A. “格式”→“分栏…”　　　　B. “格式”→“背景”→“水印…”

C. “格式”→“边框和底纹…”　　　　D. “格式”→“字体…”

2. 操作题

1）标题“我国古书之最”格式设置：字体：隶书，字号：一号，字形：粗体，效果：空心，颜色：蓝色，其余文本设置为字体：华文新魏，字号：小四。

2）将除标题外的文本分为两栏，栏宽相等，用默认值。在图 3-89 所示位置插入图片 EAGLE. JPG（可在电子教学资源包中获取），并设置相应的水印。

我国古书之最

第一部字典是《说文解字》。
第一部词典是《尔雅》。
第一部韵书是《切韵》。
第一部方言词典是《方言》。
第一部字书是《字通》。
第一部诗集是《诗经》。
第一部文选是《昭明文选》。
第一部神话集是《山海经》。
第一部神话小说是《搜神记》。
第一部笔记小说集是《世说新语》。
第一部论语体著作是《论语》。
第一部编年体史书是《春秋》。
第一部纪传体通史书是《史记》。
第一部断代史史书是《汉书》。
第一部历史评论著作是《史通》。
第一部兵书是《孙子》。
第一部古代制度史是《通典》。
第一部农业百科全书是《齐民要求》。
第一部工农业生产技术论著是《天工开物》。
第一部植物学辞典是《全芳备祖》。
第一部药典书是《新修本草》。
第一部药典书籍是《黄帝内经素问》。
第一部地理书是《禹贡》。
第一部茶叶制作书是《茶经》。
第一部建筑学专著是《营造法式》。
第一部珠算介绍书是《盘珠算法》。
第一部最大的断代诗选是《全唐诗》。
第一部绘画理论著作是《古画品录》。
第一部系流的戏曲理论著作是《闲情偶寄》。
第一部戏曲史是《宋元戏曲韵史》。
第一部图书分类总目录是《七略》。

图 3-89　作业效果图

3.7 任务7 设计制作产品说明书

在本任务中要求掌握在 Word 中插入、编辑图片，插入、编辑艺术字，并进行简单的图文混排。

产品说明书是由生产单位编写，向用户介绍产品的特点、用途、操作使用说明、注意事项等的一种说明文，起到宣传产品、扩大销售、便利用户使用的作用。

3.7.1 实例效果

产品说明书效果如图 3-90 所示。

PT系列电热水器说明书

PT系列电热水器的特点：

1.使用方便，随时使用。
2.体积小，安装方便。
3.大电流无触点控制安全，稳定。
4.机器内水温较低，结水垢极少。
5.节能,电使用效率为 95%以上。

PT系列电热水器采用的新技术：

1.即用，随时打开出水龙头，机器即进入工作状态，流出热水。
2.大电流无触点控制技术。机器大电流回路使用无触点控制技术，工作可靠性大大提高。
3.电使用效率特别高，可达到 95%以上。
4.体积小，安装方便。快速电热水器由于不用较大的储水箱，因此整体体积较小，安装占用空间小，安装简单。

怎样清除热水器中水垢：

可以打开热水器的端盖，用毛刷刷洗热水器升温管及热管，并用水清洗干净。安装端盖时注意要严格保持密封。

如何保养热水器：

1.保持热水器的清洁。
2.保持热水器的下面的排水槽排水通畅。
3.稳定安装热水器。

图 3-90 “产品说明书”效果图

3.7.2 操作步骤与技巧

1）启动 Word 2003，新建一个空白文档，单击任务栏上的输入法图标，在弹出的输入法菜单中选择 王码五笔型输入法86版 选项，切换到五笔字型输入法状态，如图 3-91 所示。

2）在该文档中输入“产品说明书”文本，输入“产品说明书”文本后的窗口如图 3-92 所示。

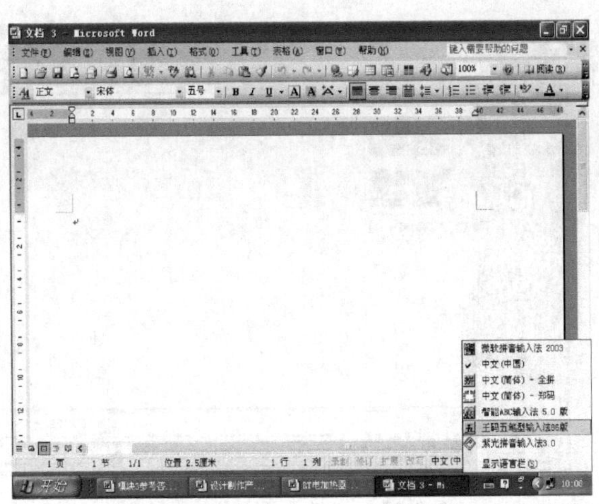

图 3-91　选择“五笔字型输入法”

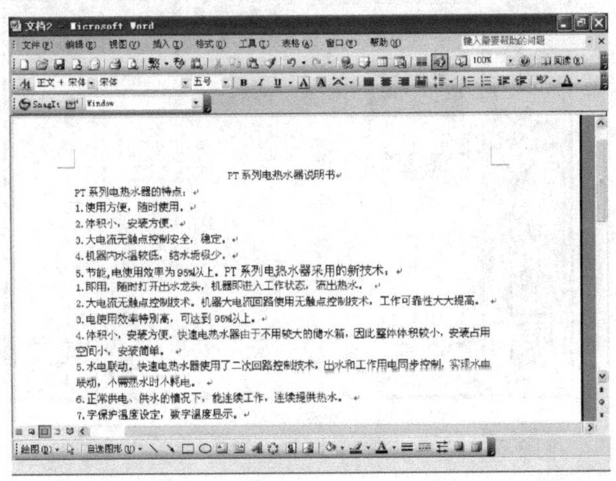

图 3-92　输入“产品说明书”文本后的文档

提示： 输入文本时，可以用［←］、［→］、［↑］、［↓］键移动光标。将光标移动到文档中可以插入文字，也可以用［Delete］键删除光标右侧的一个汉字或字符，或用［BackSpace］键删除光标左侧的一个汉字或字符。

3）选择“插入”→“图片”→“来自文件…”菜单命令，打开“插入图片”对话框，如图 3-93 所示。在“查找范围”下拉列表框中选择图片所在的文件夹（图片包含在电子教学资源包中），在该文件夹的列表框中选择“PT 电热水器”图片文件，如图 3-94 所示，然后单击“插入”按钮即完成该图片的插入操作，但图片与文本的排列很不紧密。

4）在新插入的图片上单击鼠标右键，弹出快捷菜单，选择“设置图片格式…”菜单命令，打开“设置图片格式”对话框。选择“版式”选项卡，再选择“高级（A）”选项中的“文字环绕”选项卡中的“四周型”，在“环绕文字”栏中选择“只在右侧”单选按钮，如图 3-95 所示，然后单击“确定”按钮完成设置。

图 3-93 “插入图片”对话框

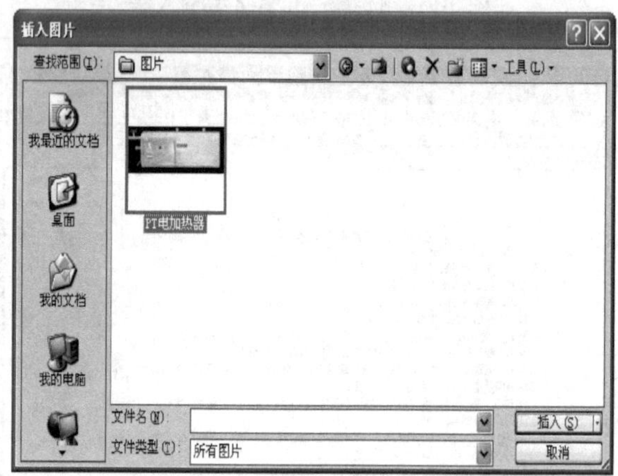

图 3-94 选中所需图片后的“插入图片”对话框

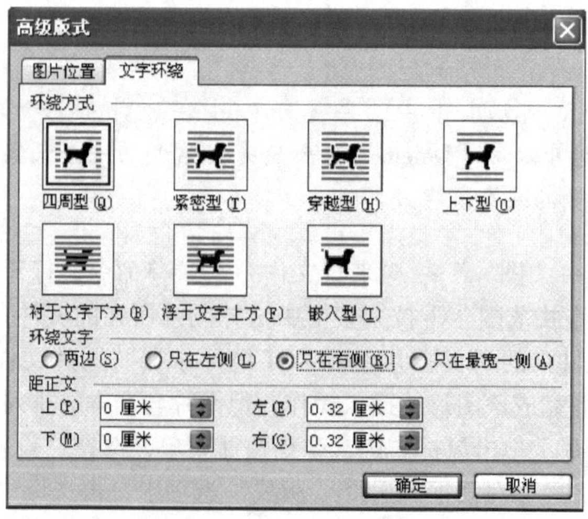

图 3-95 “设置图片格式”对话框设置图片格式

提示：在图片上双击鼠标左键也可打开“设置图片格式”对话框；单击鼠标左键选中图片，在显示的“图片工具栏”中用鼠标单击“文字环绕”按钮，也可进行图片“环绕方式”的设置，如图 3-96 所示。

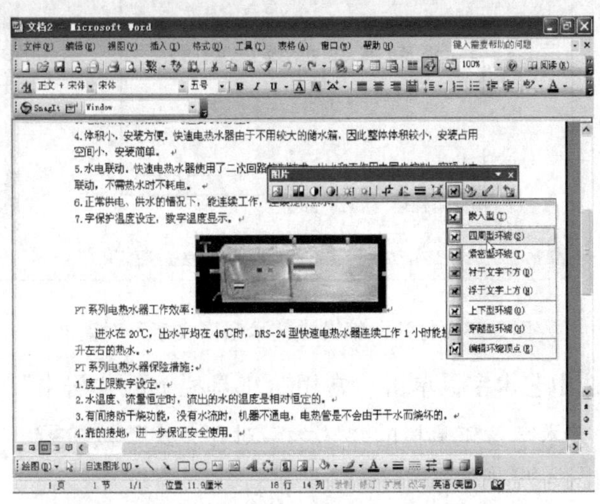

图 3-96　用“图片”工具栏设置图片格式

5）选择该图片，图片四周将出现 8 个句柄，将鼠标指针移到句柄上拖动可将图片调整为合适的尺寸。

提示：可在“设置图片格式”对话框的“大小”选项卡中精确设置图片的大小。

6）选择文本第一段的“PT 系列电热水器说明书”文本，选择“插入”→“图片”→“艺术字…”菜单命令，打开“艺术字库”对话框，选择第 4 行第 3 列艺术字样式，如图 3-97 所示。单击“确定”按钮打开“编辑‘艺术字’文字”对话框，在“字体”下拉列表框中选择“隶书”，在“字号”列表框中选择“32”，可以看到“文字”文本框中内容就是所选内容，如图 3-98 所示，单击“确定”按钮完成艺术字的插入。

图 3-97　打开“艺术字库”对话框

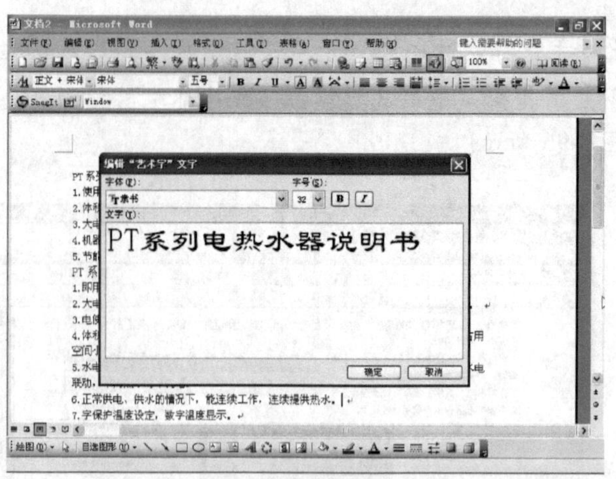

图 3-98　打开“编辑‘艺术字’文字”对话框

7）用鼠标单击选中艺术字，单击“常用”工具栏上的“居中”按钮，将艺术字居中显示；或者单击“艺术字”工具栏的“艺术字对齐方式”按钮，选择“居中”也能将艺术字居中显示，如图 3-99 所示。

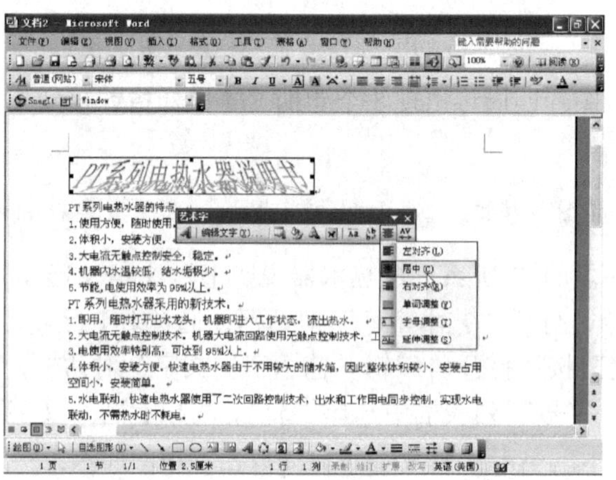

图 3-99　设置“艺术字”居中显示

8）选中第二段文本“PT 系列电热水器的特点:”，然后选择“插入”→“图片”→“艺术字…”菜单命令，打开“艺术字库”对话框；选择第 2 行第 5 列艺术字样式，单击“确定”按钮打开“编辑‘艺术字’文字”对话框；在“字体”下拉列表框中选择“楷体”，在“字号”列表框中选择“20”，“文字”文本框中的内容已是选定的内容，如图 3-100 所示，单击“确定”按钮完成艺术字的插入。

9）选中“PT 系列电热水器的特点:”艺术字，单击“艺术字”工具栏上“艺术字形状”按钮，选中“桥形”，如图 3-101 所示，“艺术字”则以“桥形”显示。

10）用同样的办法，可以将“PT 系列电热器采用的新技术:”、“PT 系列电热水器工作效率:”、“PT 系列电热水器保险措施:”、“怎样清除热水器中水垢:”、“如何保养热水器:”均设置为第 2 行第 5 列艺术字样式、字体为“楷体”、字号为“20”、“桥形”的艺术字。

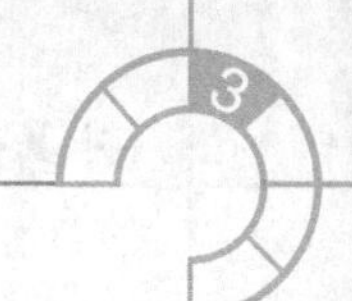

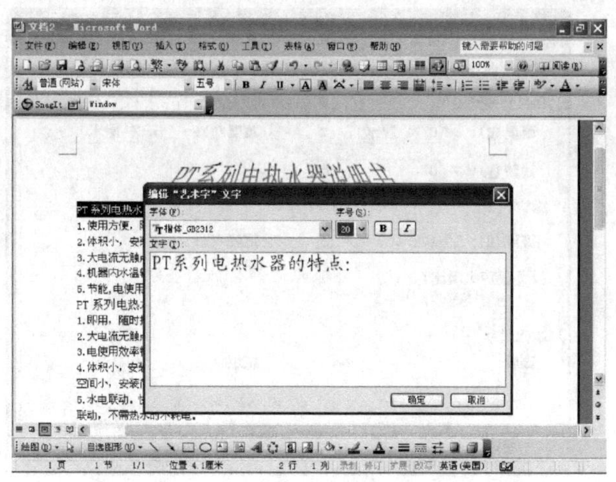

图 3-100　打开“编辑‘艺术字’文字”对话框

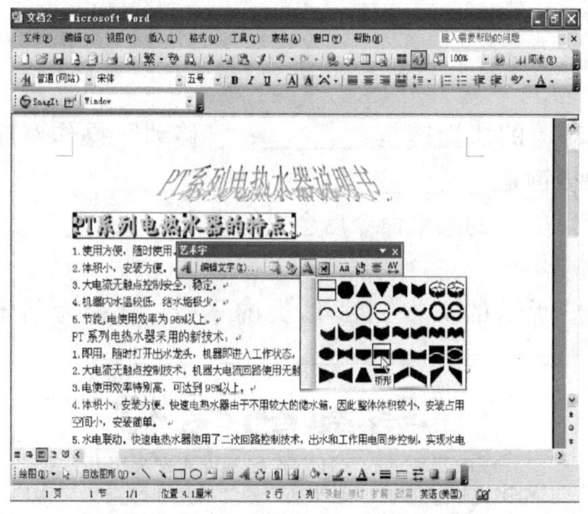

图 3-101　设置“艺术字”形状

提示：

1）单击“艺术字”工具栏上的“插入艺术字”按钮可再次插入新的艺术字，与选择“插入”→“图片”→“艺术字…”菜单命令效果一样。

2）“艺术字”工具栏上的“编辑艺术字”按钮 编辑文字(X)... 和“艺术字库”按钮均用来改变当前艺术字格式、内容或样式，即打开“编辑‘艺术字’文字”对话框和“艺术字库”对话框。

3）单击“艺术字”工具栏上的“设置艺术字格式”按钮可打开“设置艺术字格式”对话框，如图 3-102 所示，与“设置图片格式”对话框内容基本相同。

11）完成所有设置后，以“产品说明书”为文件名保存文档。

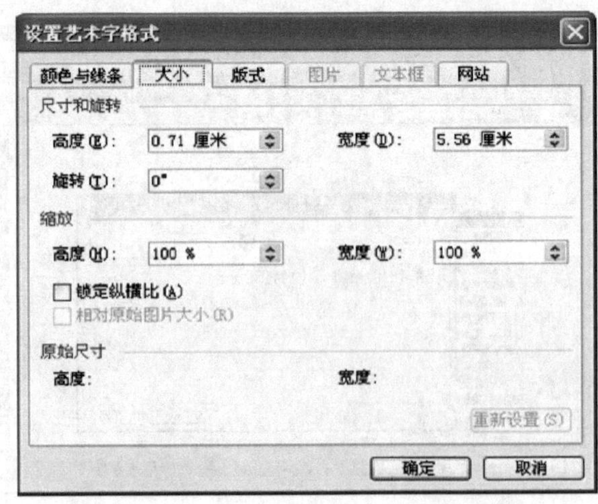

图 3-102　用“艺术字”工具栏设置艺术字格式

3.7.3　思考与练习

1. 填空题

1）“复制”操作对应的快捷键是________；“移动”操作对应的快捷键是________；“粘贴”操作对应的快捷键是________。

2）选择带省略号（…）的菜单命令后会打开一个________。

2. 操作题

1）输入如图3-103所示的文本，将“鸟类的飞行”设置为艺术字。艺术字样式：第1

鸟类的飞行

任何两种鸟的飞行方式都不可能完全相同，变化的形式千差万别，但大多可分为两类。横渡太平洋的船舶一连好几天总会有几只较小的信天翁伴随其左右，它们可以跟着船飞行一个小时而不动一下翅膀，或者只是偶尔抖动一下。沿船舷上升的气流以及与顺着船只航行方向流动的气流产生的足够浮力和前进力，托住信天翁的巨大翅膀使之飞翔。

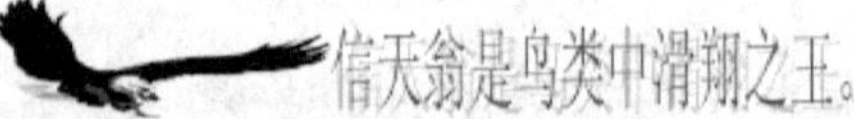

信天翁善于驾驭空气以达到目的，但若遇到逆风则无能为力了。在与其相对的鸟类中，野鸭是佼佼者。野鸭与人类征服天空的发动机有点相似。野鸭及与之相似的鸽子，其躯体的大部分均长着坚如钢铁的肌肉，它们依靠肌肉的巨大力量挥动短小的翅，迎着大风长距离飞行，直到筋疲力竭。它们中较低级的同类，例如鹧鸪，也有相仿的顶风飞翔的冲力，但不能持久。如果海风迫使鹧鸪作长途飞行的话，你可以从地上拣到因耗尽精力而堕落地面的鹧鸪。

图 3-103　作业效果图

行第 5 列，字体：隶书，字号：48（磅），艺术字形状：槽形，对齐方式：居中。插入图片“EAGLE2. WMF”（包含在电子教学资源包中），环绕方式：穿越型，对齐方式：居中。

2）将第三段“信天翁是鸟类中滑翔之王。”设置为艺术字。艺术字样式：第 3 行第 5 列，字体：黑体，字号：20（磅）。

3.8　任务 8　设计制作工作总结

在本任务中要求熟练掌握插入分页符操作，添加项目符号和编号操作以及在文档中插入剪贴画操作。总结是把某一时期已做过的工作，进行一次全面系统的总检查、总评价，总结经验，查找不足。

3.8.1　实例效果

工作总结的效果如图 3-104 所示。

2006 年度销售工作总结

——希望药业公司销售部

销售总监　吕梁

2006年1月2日

➢ 统一思想，端正态度

➢ 总结教训，推广经验

➢ 明确目标，分解任务

我们销售部承担着公司管理模型和市场模型的建立任务，而公司下一步规划的前提就建立在一支过硬的销售队伍和市场网络上。下面，我将从三个方面谈一点自己的看法，与大家共同交流和探讨。

1. 统一思想，端正态度

◆ 关于态度

态度决定一切。市场竞争日趋激烈，市场机制会愈趋规范，每个公司，每个人都会面临不断的变化，并不断会有新的挑战摆在你面前，你以一种什么样的态度去对待它，你就会得到一种什么样的结果。

◆ 关于目标

2. 总结教训，推广经验

◆ 财务意识有待加强

要学会算帐，加强财务分析，医药代表存在的价值与他所辖区域的销量相关联。

◆ 严格规范，有效管理

要加强目标管理和时间管理，同时经理们要严格要求对自己的管理，要以身作则，才能带好团队。比如，如果经理自己睡懒觉，有怎能要求员工按时上班和勤奋工作？管理是要付出成本的，是成本就一定要出效益。下一步我们正在考虑上 ERP 系统，来简化管理的程序和提高管理的效率和质量。

◆ 人力资源管理

◆ 市场策略

◆ 物流管理

3. 明确目标，分解任务

各省级销售部在进行目标分解的过程中，既不要保守，也不要画饼充饥，要本着实事求是，务实的态度，用经验值和科学相结合的方法，确定每个区域合理的，可实现的目标。

图 3-104　“工作总结”效果图

3.8.2　操作步骤与技巧

1）启动 Word 2003，新建一空白 Word 文档并以“工作总结”为文件名保存到 D 盘的“个人文档”文件夹中。

2）在第 1 行输入“2006 年度销售工作总结”，设置其字体为“黑体”，字号为“一号”，字形为“加粗”，对齐方式为“居中”，段前为 30 磅，段后为 20 磅，如图 3-105 所示。

3）回车换行后，在新的一行输入“——希望药业公司销售部”，设置其字体为“宋体”，字号为“小四”，字形为“加粗”，对齐方式为“居中”，如图3-106所示。

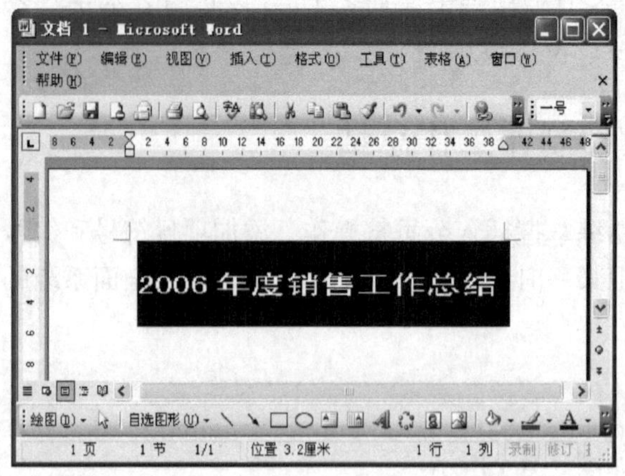

图3-105　输入并设置“标题”格式后的文档

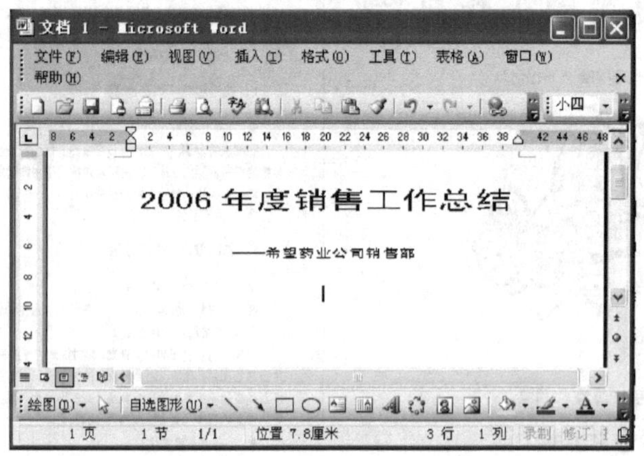

图3-106　输入并设置“副标题”格式后的文档

4）选择“插入”→“图片”→“剪贴画…”菜单命令，打开“剪贴画”任务窗格，选择其中的“管理剪辑…”链接，打开“收藏夹 – Microsoft 剪辑管理器”窗口，同时打开“将剪辑添加到管理器”对话框，如图3-107所示，单击“以后”按钮将关闭该对话框。单击“收藏夹 – Microsoft 剪辑管理器”左窗格中的“Office 收藏集”旁边的“+”（折叠按钮），“Office 收藏集”被展开且“+”（折叠按钮）变为“-”（展开按钮）；选择其中的“特殊场合”文件夹，在右窗格中列出其中的图片，选择右下角的图片并单击旁边的下箭头，在其下拉菜单中选择“复制”菜单命令，如图3-108所示，然后关闭该窗口。在文档窗口中执行“粘贴”操作，该剪贴画即被插入到当前文档中。

5）双击该图片打开其“设置图片格式”对话框，选择不同的选项卡来设置图片的颜色、线条、版式及精确调整其大小等，也可通过选中该图片后拖动其边框来手动调整其大小。单击“剪帖画”任务窗格右上角的“关闭”按钮关闭“剪帖画”任务窗格。

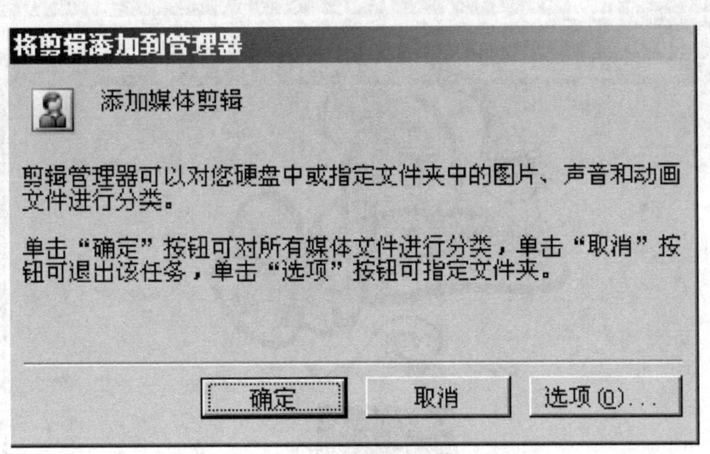

图 3-107　“将剪辑添加到管理器”对话框

图 3-108　复制右下角的图片

6）回车换行，在新的行输入“销售总监吕梁”和“2006 年 1 月 2 日”，设置其字体为“宋体”，字号为“四号”，字形为“加粗”，对齐方式为“居中”，如图 3-109 所示。

7）连续 3 次回车换行插入两行空行，然后输入工作总结的 3 个主题，设置其字体为“黑体”，字号为“小三”，对齐方式为“居中”。选中 3 个主题，选择“格式”→“项目符号和编号…”菜单命令，打开“项目符号和编号”对话框，在“项目符号”选项卡中选择需要的项目符号“➢”，如图 3-110 所示，单击“确定”按钮完成项目符号的插入。插入项目符号后的文档如图 3-111 所示。

图 3-109　输入总结人、日期并设置格式

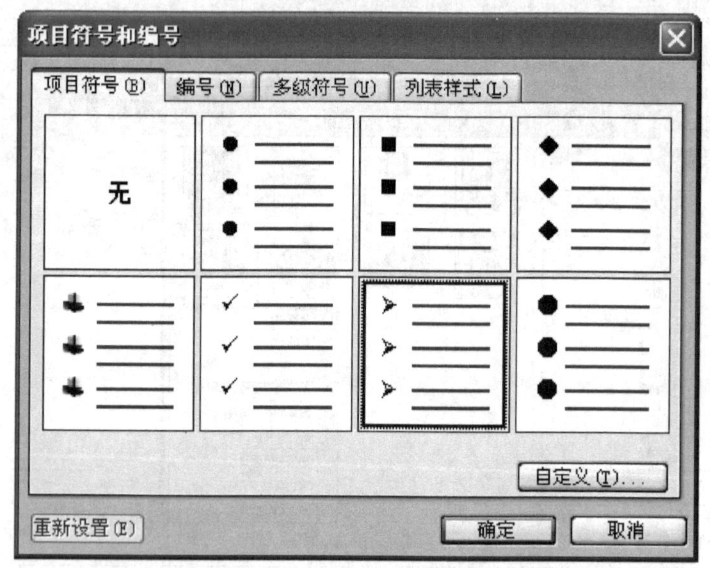

图 3-110　打开“项目符号和编号”对话框

提示：项目符号操作。

1）插入项目符号时，在“项目符号和编号”对话框的“项目符号”选项卡中备选的7个项目符号，可在如图 3-110 所示的“项目符号”选项卡中任选一种。也可单击“自定义”按钮，打开“自定义项目符号列表”对话框，如图 3-112 所示，单击“字符”按钮，在打开的“符号”对话框中选择所需的字符作为项目符号。

2）若要取消已有的项目符号，先选择要取消项目符号的段落，然后单击格式工具栏中的项目符号按钮 即可。

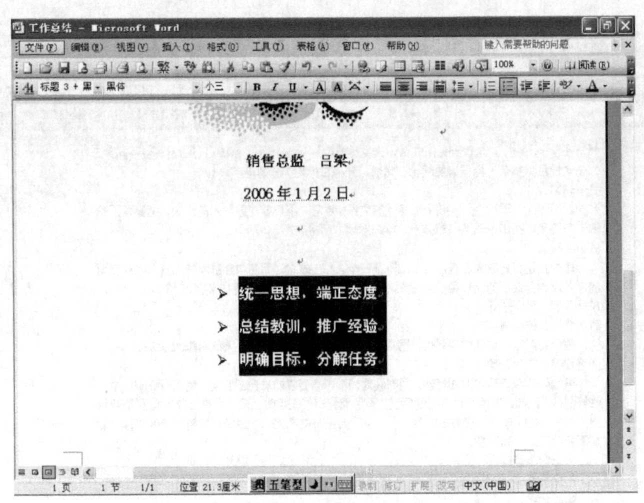

图 3-111　为“主题”添加项目符号

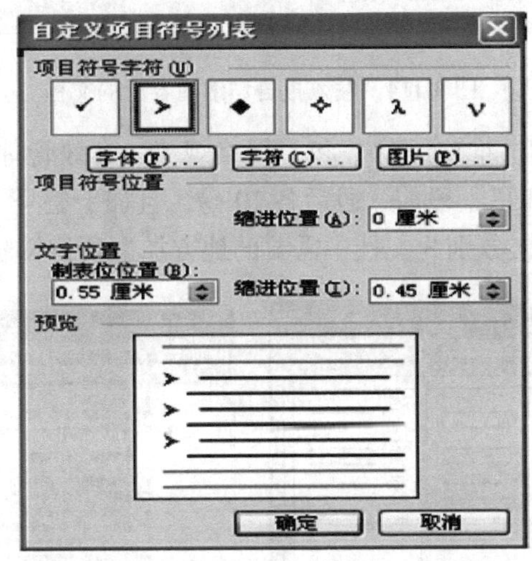

图 3-112　“自定义项目符号列表”对话框

8）将光标移动到文档最后，选择“插入”→“分隔符…”菜单命令，打开“分隔符”对话框，在“分隔符类型”栏中选择“分页符”单选项，如图 3-113 所示，单击“确定”按钮完成分页设置。

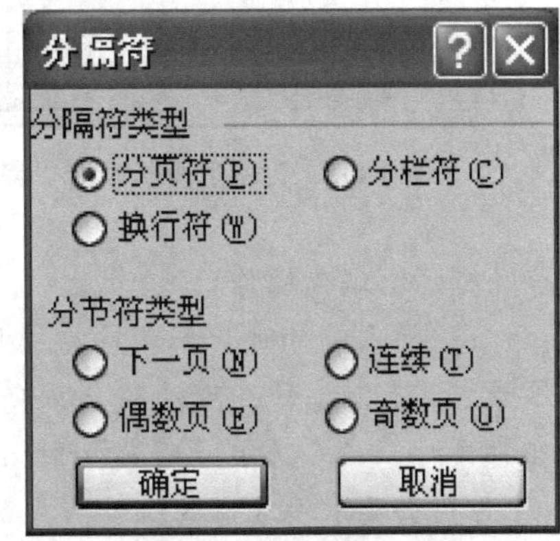

图 3-113　打开“分隔符”对话框

9）输入报告的详细内容，设置其字体为“宋体”，字号为“五号”，对齐方式为“左对齐”。设置段落格式为“首行缩进 2 个字符”，如图 3-114 所示。

10）按照总结的实际需要，选择第 2 页的“统一思想，端正态度”，设置字体为“黑体”，字号为“小四”，段前、段后各 10 磅；打开“项目符号和编号”对话框，在“编号”选项卡中选择需要的编号，如图 3-115所示。双击“常用”工具栏的“格式刷”按钮

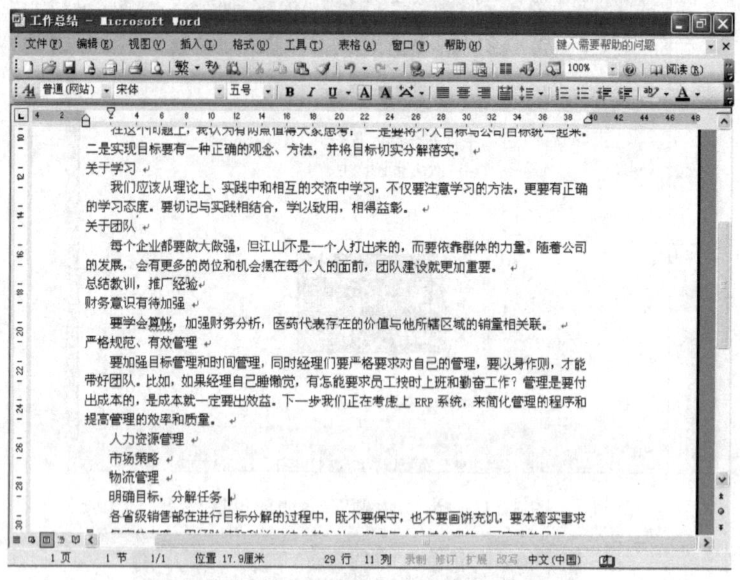

图 3-114　输入报告详细内容后的文档

，分别选择“总结教训，推广经验”和“严格规范、有效管理”两个段落，则这两个段落也被设置为“黑体、小四”，段前、段后各 10 磅，且加上编号“2.”、“3.”。依照上面所述的添加项目符号的方法，分别为文档中需要的地方加上项目符号，如图 3-116 所示。

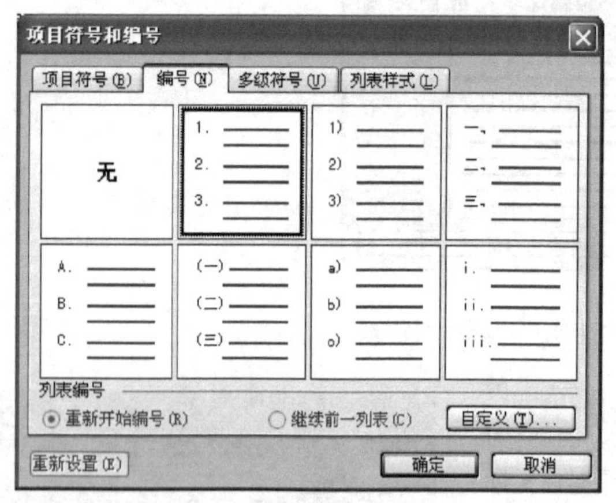

图 3-115　为所选段落添加“编号”

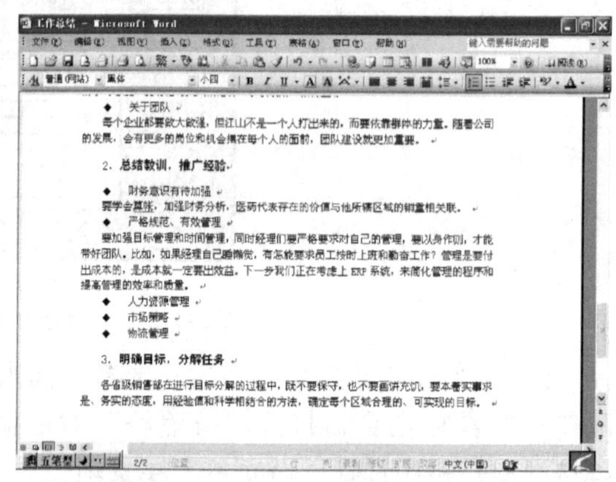

图 3-116　添加“项目符号和编号”后的文档

提示：编号操作。

1）插入编号时，如果对“项目符号和编号”对话框的“编号”选项卡中备选的 7 个编号中没有满意的，可以在“编号”选项卡中任意选择一种编号然后单击“自定义”按钮，在打开的“自定义编号列表”对话框中选择需要的“编号样式”。

2）若要取消已有的编号，先选择要取消编号的段落，然后单击格式工具栏中的编号按钮 即可。

3.8.3　思考与练习

1. 填空题

1）要强制分页，首先将光标移到要分页的位置，然后选择________菜单命令，插入________。

2）要添加项目符号，选择要添加项目符号的文本后，选择________命令，打开________对话框。

2. 操作题

设计一个工作总结，如图 3-117 所示，要求如下。

1）标题“以人为本，改革创新，加快发展”设置字体为“华文彩云”，字号为“小一”，字形为“加粗”，对齐方式为“居中”，段前 50 磅，段后 30 磅。

2）“——大众出版社 2006 年工作总结”设置字体为“宋体”，字号为“小四”，对齐方式为“居中”。

3）插入剪贴画“Office 收藏集”→“科技”→“计算”文件夹中的第 1 个图片，大小设置：锁定纵横比，宽度为 7 厘米。

4）空两行，输入总结人和日期。在日期后插入分页符。第 2 页中看到的段首数字均是“编号”。

以人为本，改革创新，加快发展

——大众出版社 2006 年工作总结

大众出版社社长　李方

2006 年 12 月

（一）　经验与成绩

1．优化选题，提高质量，实施精品战略

1）依托学校学科优势和广东地域优势，按照“重特色，教材优先”原则，提出并启动“学术精品工程”和“创新教材工程”，实施精品战略

✓　自动化工程系列

✓　建筑工程系列

2）始终把提高图书质量、实现最佳社会效益放在首位，严格执行选题审批制度及重大选题申报制度，严格坚持“三审三校一通读”制度，严格执行书号管理制度，坚决禁止出版违法、违规和低级趣味的图书。锐意改革，强化管理，拓展营销

1）严格执行国家《出版管理条例》和教育部《高校出版社管理规定》，按照学校有关规定和《华工大集团管理文件》要求，不断完善社长负责制，加强内部管理和财务管理，令行禁止，树立全程营销的观念，将营销策划活动贯穿于市场调研、作者筛选、选题开发、图书装帧制作、定价、宣传促销和销售服务各个环节。

（二）　问题与不足

1．学校资源优势未能得到充分发挥；

2．图书选题分散，品牌不明显；

3．改革滞后，管理制度有待进一步完善。

图 3-117　作业效果图

模块 4　中文 Word 2003 表格设计与实例

本模块共有 5 个任务，在这 5 个任务中要学习设计制作借款单、市场情况调查表、课程表、学生成绩统计表、产品销售统计表与图表。

学习目标：

1）掌握表格、行、列、单元格的插入与删除操作。

2）掌握表格中单元格的合并与拆分操作。

3）掌握文本与表格间的转换操作。

4）掌握表格边框与底纹的设置，自动套用某一种表格样式的操作。

5）掌握表格中数据的排序与数据的计算方法，Word 中表格图表的制作。

4.1　任务 1　设计制作借款单

在本任务中要求掌握表格、行、列、单元格的插入与选择操作，表格中单元格的合并操作，行、列宽度和高度的调整操作及文本与表格间的转换操作。

4.1.1　实例效果

借款单效果如图 4-1 所示。

借款单

借款部门		借款时间	年　月　日
借款理由			
借款数额	人民币（大写）　　¥：		
部门经理签字：		借款人签字：	
财务主管批示：		出纳签字：	
付款记录：	年　月　日以现金/支票（号码：　　）給付		

图 4-1　“借款单”效果图

4.1.2　操作步骤与技巧

1）启动 Word 2003，新建一个空白文档，输入“借款单”，如图 4-2 所示。

2）选中“借款单”文本，设置其字体为“华文新魏”，字号为“小二”，字形为“加粗”，对齐方式为“居中”，添加“粗线”下划线，设置后的文档如图 4-3 所示。

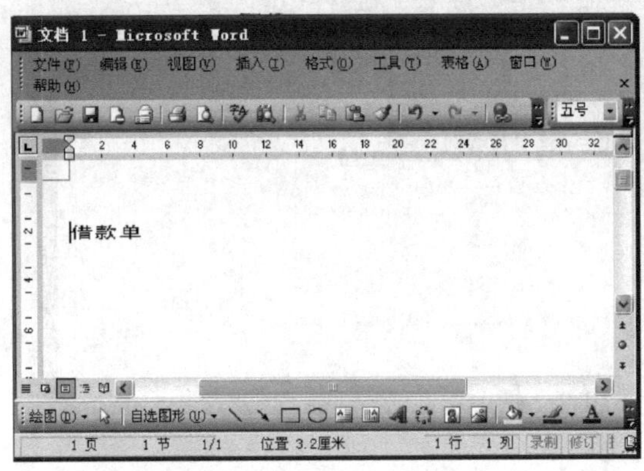

图 4-2　输入“借款单”

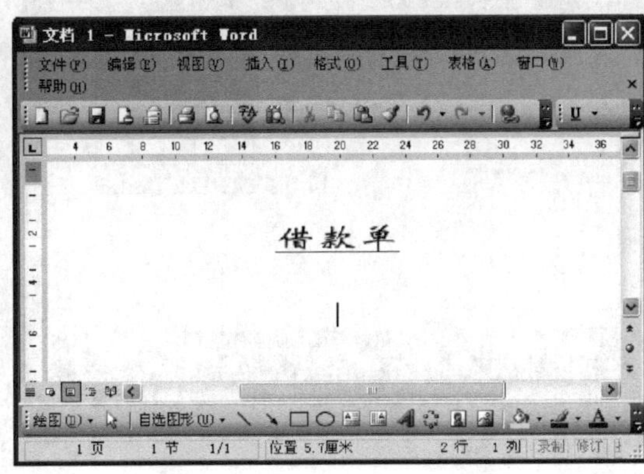

图 4-3　设置“借款单”格式

3）按［Enter］键换行，选择“表格”→“插入”→“表格…”菜单命令，打开“插入表格”对话框，在“表格尺寸”栏中设置“列数”为“4”，“行数”为“6”；在“‘自动调整’操作”栏中选择“根据窗口调整表格”单选框，如图 4-4 所示，单击“确定”按钮完成表格插入，如图 4-5 所示。

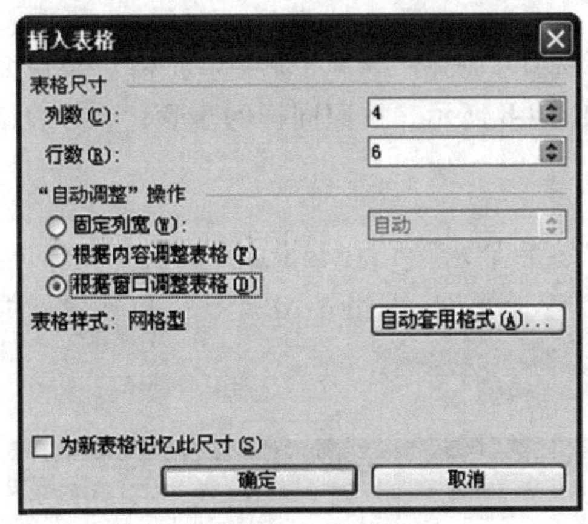

图 4-4　打开“插入表格”对话框

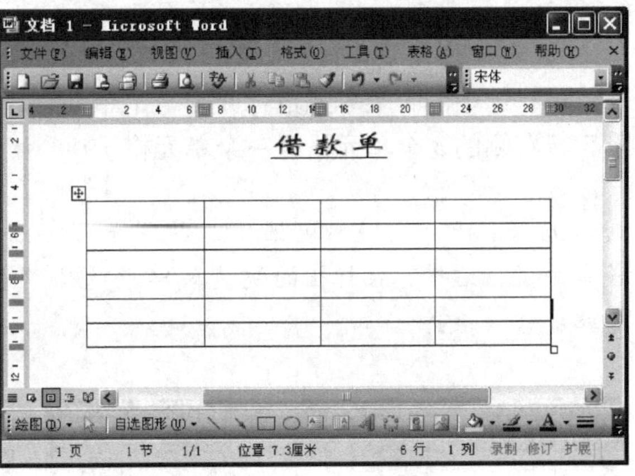

图 4-5　插入表格后的文档

提示：创建表格还有另外两种方法。

1）通过“常用”工具栏上的“插入表格”按钮快速创建表格：首先将光标定位在需要插入表格的位置，然后单击按钮，在弹出的制表选择框中按住鼠标左键不放进行拖动，如图 4-6 所示，当拖动到所需的表格大小后释放鼠标。

2）通过手工绘制的方式来创建表格：单击“表格和边框”工具栏上的“绘制表格”按钮，鼠标光标变成，按下鼠标左键并拖动，可以看到一个表格虚框随之变化，如图 4-7 所示，当拖动到合适大小后，释放鼠标即可绘制出一个表格。

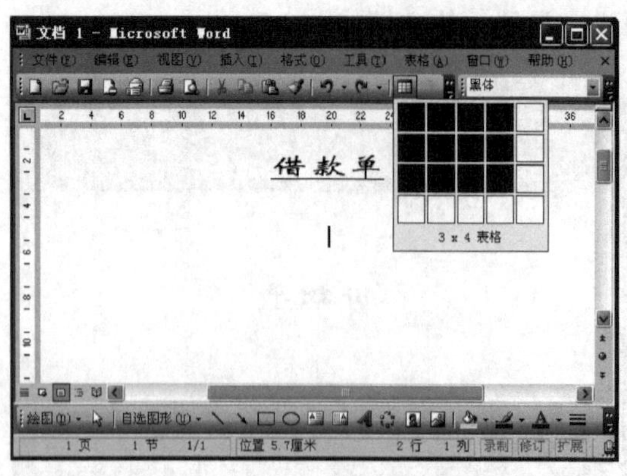

图 4-6　用“插入表格”按钮创建表格

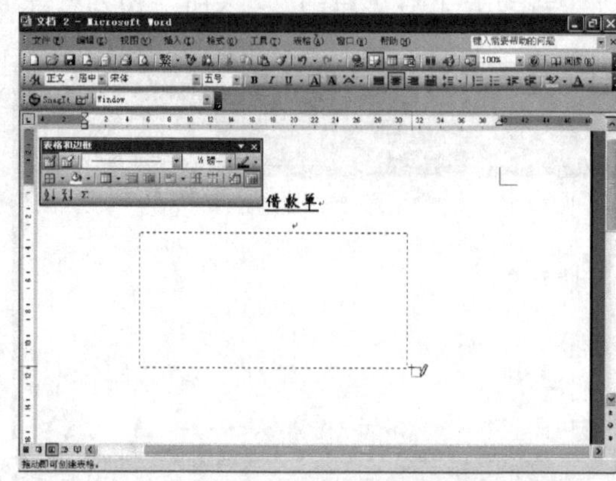

图 4-7　用“绘制表格”按钮绘制表格

提示：打开“表格和边框”工具栏的方法有以下 3 种。

1）选择“视图”→“工具栏”→“表格和边框”菜单命令。

2）选择“表格”→“绘制表格”菜单命令。

3）单击“常用”工具栏上的“表格和边框”按钮。

4）选中表格第 2 行右侧的 3 个单元格，选择选择“表格”→“合并单元格”菜单命令，可将选中的 3 个单元格合并为一个单元格，如图 4-8 所示。按照同样的步骤，合并表格第 5 行右侧的 3 个单元格为一个单元格。

提示：在“表格和边框”工具栏中可单击“合并单元格”按钮，如图 4-9 所示，或单击鼠标右键，在弹出的快捷菜单中选择“合并单元格”，如图 4-10 所示，均可完成单元格的合并操作。

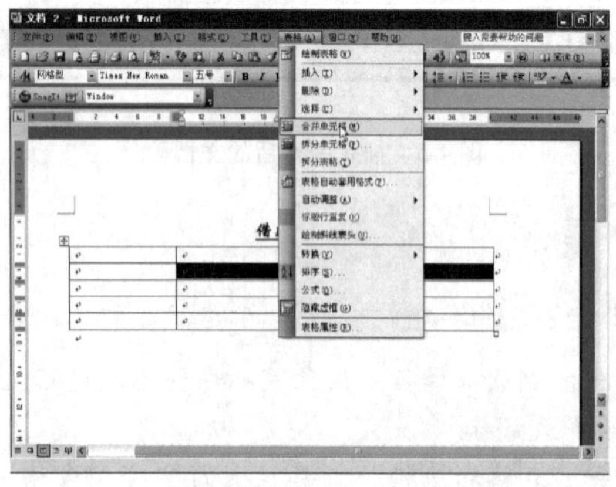

图 4-8　用“表格”菜单中的命令合并单元格

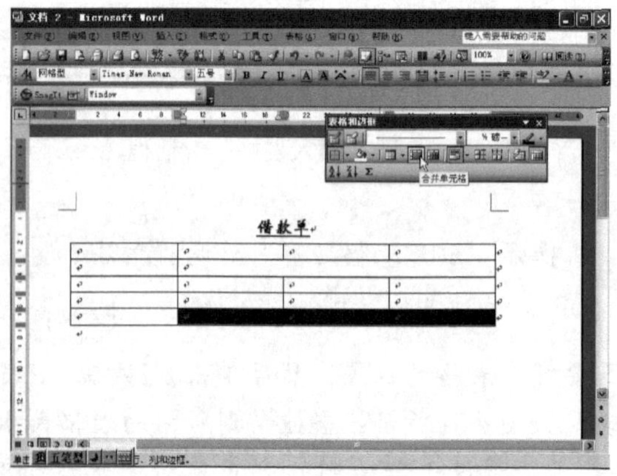

图 4-9　用工具栏上的按钮合并单元格

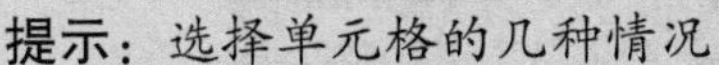

提示：选择单元格的几种情况。

1）选择一个单元格：将鼠标光标移动到单元格左下角，当其变成↗时单击鼠标左键。

2）选择整行单元格：将鼠标光标移动到所要选择行的左侧，当其变成↗时单击鼠标左键。

3）选择整列单元格：将鼠标光标移动到所要选择列的上端，当其变成⬇时单击鼠标左键。

4）选择整个表格：将光标移至表格上，表格左上角出现“表格全选”按钮⊞，单击该按钮即快速将表格全部选中。

5）将光标插入要输入内容的单元格，然后分别输入内容，输入内容后的文档如图 4-11 所示。

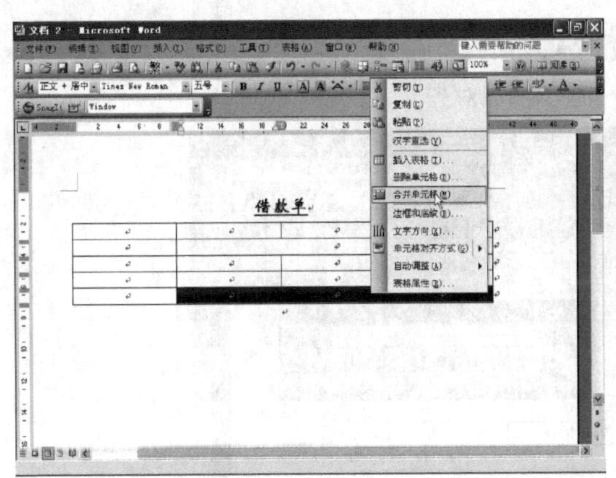

图 4-10　用“快捷菜单”合并单元格

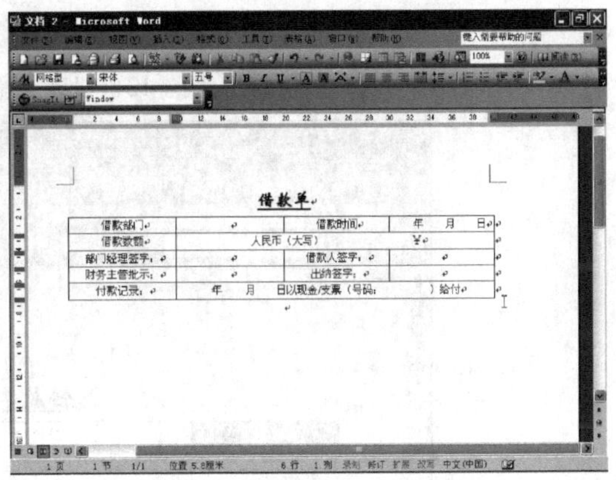

图 4-11　表格中输入内容后的表格

提示：光标在表格中，按［Tab］键可将光标向右移一个单元格，按［↑］、［↓］、［←］、［→］键可使光标向相应方向的单元格移动。在中文输入状态下，按［Shift］+［$］可输入“¥”符号。

6）下面将对表格进行一些编辑操作，使其更美观。单击“表格和边框”工具栏上的“靠上两端对齐”按钮旁边的下拉箭头，在下拉框中选择“中部两端对齐”按钮，如图 4-12 所示。

7）选中“借款部门”单元格，将鼠标移至右边线上，当鼠标变为双箭头时，向左拖动右边线即可缩小该单元格的宽度，如图 4-13 所示，同样用鼠标拖动可以调整行高。也可选择“表格”→“自动调整”中的菜单命令来调整表格的高度和宽度。调整后的表格如图 4-14所示。

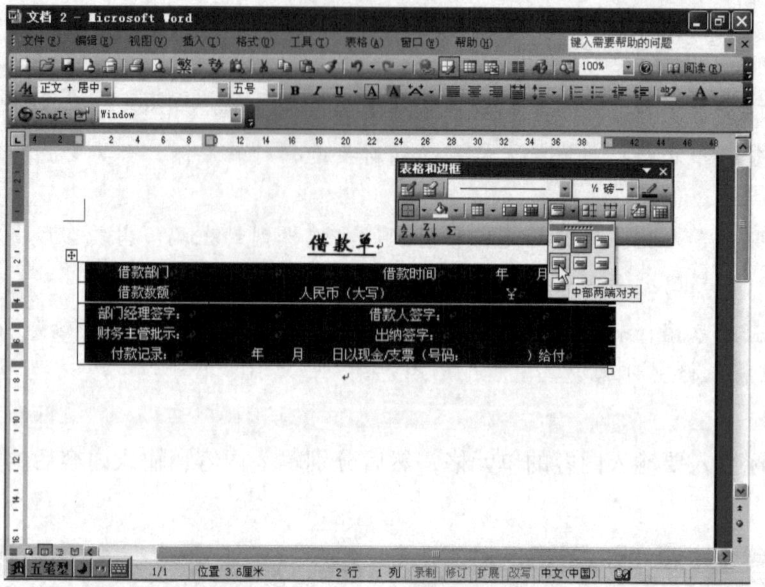

图 4-12　设置表格“中部两端对齐”

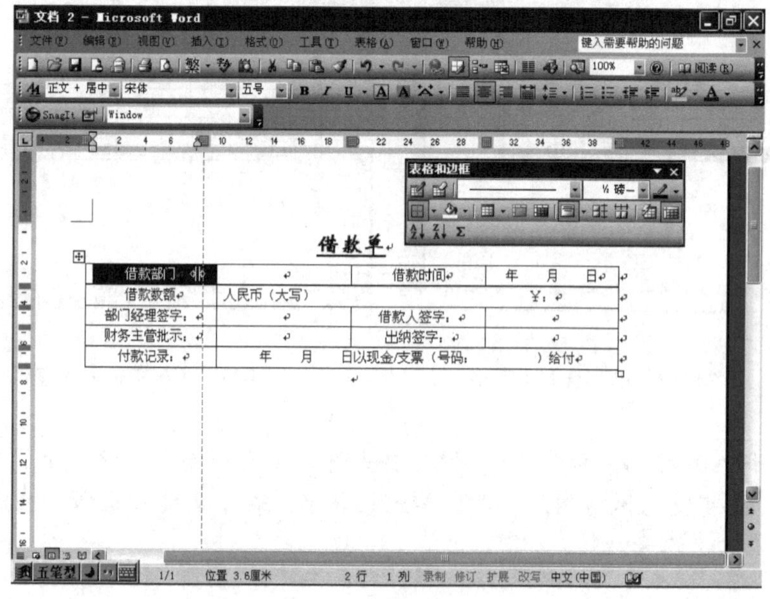

图 4-13　调整选定单元格列宽

提示：“表格”→“自动调整”中的菜单命令的含义如下。

1）根据内容调整表格：根据各单元格的内容调整当前表格的行高和列宽。

2）根据窗口调整表格：根据当前窗口宽度调整当前表格的行高和列宽。

3）固定列宽：根据创建表格时设置的固定列宽对表格进行调整。

4）平均分布各行：使表格中每行的高度都一样。

5）平均分布各列：使表格中每列的宽度都一样。

8）将光标插入第 2 行，然后选择“表格”→“插入”→“行（在上方）”菜单命令，如图 4-15 所示，即在第 2 行前插入一与当前行结构相同的空白行。在新插入行的左侧单元格中输入“借款理由”，如图 4-16 所示。

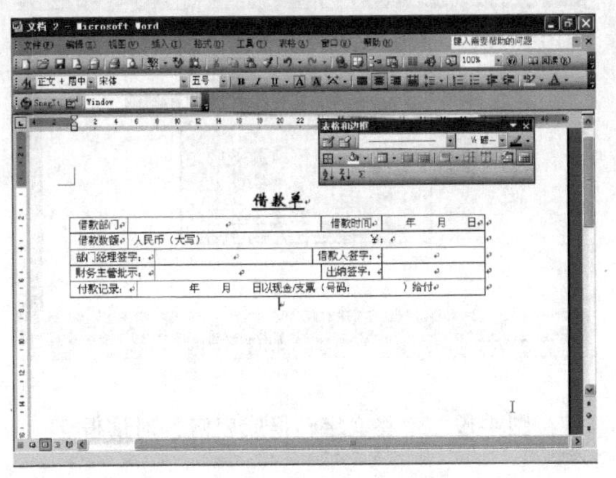

图 4-14　调整所有列宽后的表格

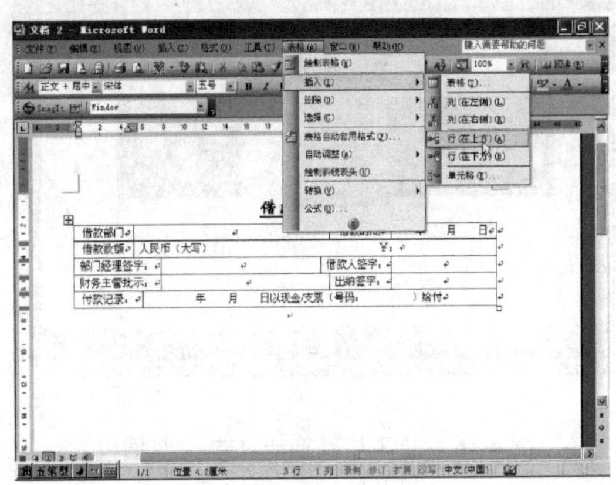

图 4-15　在光标所在行上方插入行

9）将该文档以“借款单”为文件名保存，最终文档如图 4-17 所示。

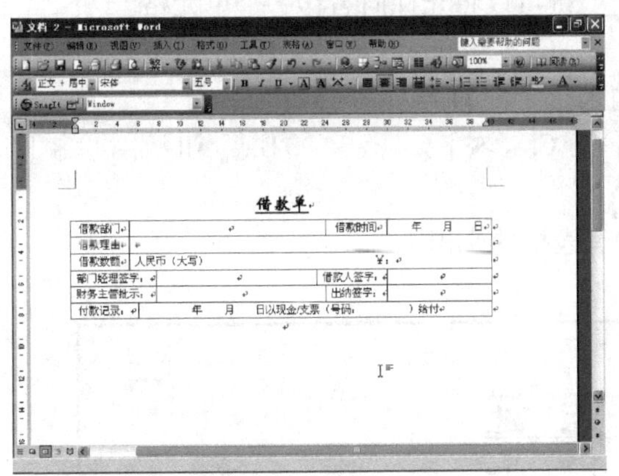

图 4-16　新插入行输入内容后的表格

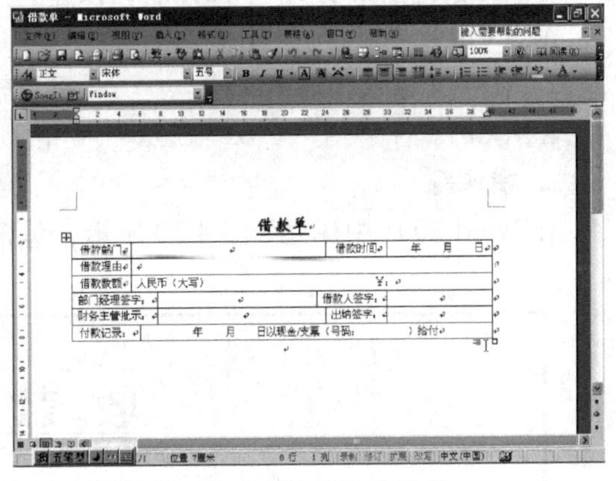

图 4-17　最终文档

提示：在编辑文档的过程中，有时要用到表格与文本的转换，转换步骤如下。

1）将表格转换成文本：需要选中整个表格，然后选择“表格”→“转换”→“表格转换成文本…”菜单命令，打开“表格转换成文本”对话框。在“文字分隔符”栏中选择“制表符”后单击“确定”按钮将表格转换成文本，如图 4-18 所示。

2）将文本转换成表格：需要选中整个表格，然后选择“表格”→“转换”→“文本转换成表格…”菜单命令，打开“将文字转换成表格”对话框，该对话框只比“插入表格”对话框多了“文字分隔位置”栏（选择一种分隔符），设置完成后单击“确定”按钮将文字转换成表格，如图 4-19 所示。

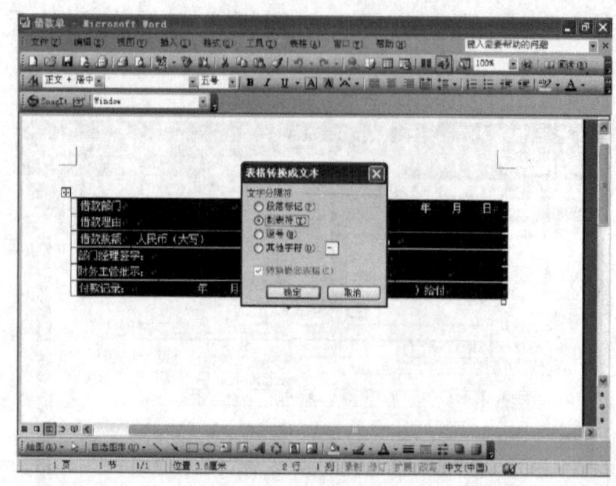

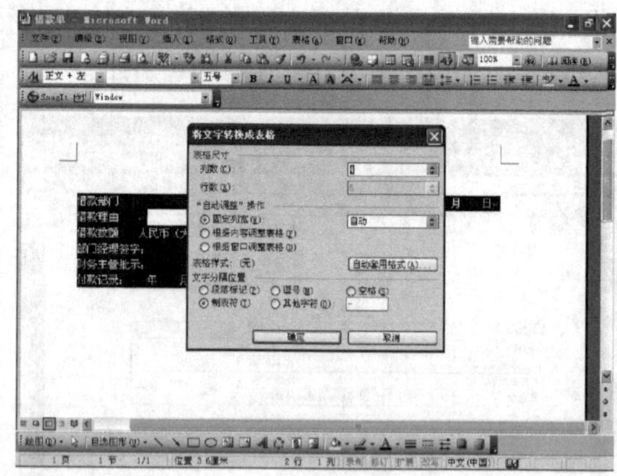

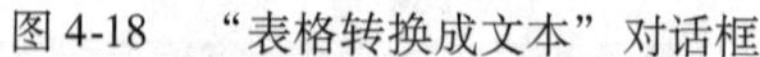

图 4-18 “表格转换成文本”对话框

图 4-19 “将文字转换成表格”对话框

4.1.3 思考与练习

1. 选择题

1）将光标定位到某个单元格后，按________键可以将光标向右移一个单元格。

A. [Ctrl]　　B. [Alt]　　C. [Shift]　　D. [Tab]

2）在中文输入状态下，按________键可输入“¥”符号。

A. [Ctrl] + [$]　　B. [Shift] + [$]　　C. [$]　　D. [Alt] + [$]

2. 操作题

在 Word 2003 中建立如图 4-20 所示，包含有表格的文档。

收 款 凭 证

年　　月　　日　　第　　号

摘要	明细科目	贷方总帐科目	符号	金额									
				千	百	十	万	千	百	十	元	角	分
合计													

图 4-20 作业效果图

1）标题“收款凭证”格式设置：字体为“黑体”，字号为“二号”，字形为“加粗”，对齐方式为“居中”，加单细线下划线。

2）“ 年 月 日 第 号”格式设置：字体为“楷体_GB2312”，字号为“小四”，对齐方式为“右对齐”。其余字体均为“宋体”，除“千百十万千百十元角分”字号为“小五”外，其余均为“五号”。

4.2 任务2 设计制作市场情况调查表

在本任务中要求掌握表格、行、列、单元格的删除操作，表格中单元格的拆分操作及在Word中如何选择不相连的任意部分。

4.2.1 实例效果

“员工培训需求调查表”的效果如图4-21所示。

员工培训需求调查表

部门：__________填表日期：________年____月____日

<table>
<tr><td rowspan="2">培训类别</td><td rowspan="2">培训内容</td><td rowspan="2">是否同意</td><td colspan="3">参加人员</td><td colspan="3">培训方式</td></tr>
<tr><td>自愿参加</td><td>指定人员参加</td><td>部门全体员工参加</td><td>课堂授课</td><td>边实践边演示</td><td>其他</td></tr>
<tr><td rowspan="3">公共教育</td><td>1. 公司基本情况</td><td></td><td></td><td></td><td></td><td></td><td></td><td></td></tr>
<tr><td>2. 公司制度及待遇</td><td></td><td></td><td></td><td></td><td></td><td></td><td></td></tr>
<tr><td>3. 其他</td><td colspan="7"></td></tr>
<tr><td rowspan="9">业务知识</td><td rowspan="2">员工根据自已的岗位特点提出需求</td><td rowspan="2">是否同意</td><td colspan="3">参加人员</td><td colspan="3">培训方式</td></tr>
<tr><td>自愿参加</td><td>指定人员参加</td><td>部门全体员工</td><td>课堂授课</td><td>在实践中演示</td><td>其他</td></tr>
<tr><td>1. 互联网方面</td><td></td><td></td><td></td><td></td><td></td><td></td><td></td></tr>
<tr><td>2. 交际</td><td></td><td></td><td></td><td></td><td></td><td></td><td></td></tr>
<tr><td>3. 写作</td><td></td><td></td><td></td><td></td><td></td><td></td><td></td></tr>
<tr><td>4. 网页制作</td><td></td><td></td><td></td><td></td><td></td><td></td><td></td></tr>
<tr><td>5. 市场调查</td><td></td><td></td><td></td><td></td><td></td><td></td><td></td></tr>
<tr><td>6. 其他</td><td colspan="7"></td></tr>
<tr><td>其它知识</td><td colspan="8"></td></tr>
</table>

图4-21 “员工培训需求调查表”效果图

4.2.2 操作步骤与技巧

1）启动Word 2003，新建一空白文档，输入“员工培训需求调查表”等内容，如图4-22所示。

2）选中“员工培训需求调查表”文本，设置字体为“黑体”，字号为“小一”，字形为

“加粗”，对齐方式为“居中”；选中“部门：________填表日期：________年________月________日”，设置字体为“楷体_GB2312”，字号为“小四”，字形为“加粗”，对齐方式为“居中”，设置后的文档如图4-23所示。

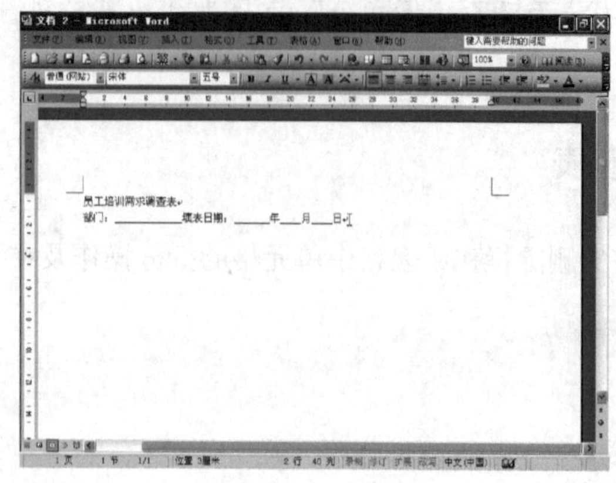

图4-22　输入“员工培训…”等内容

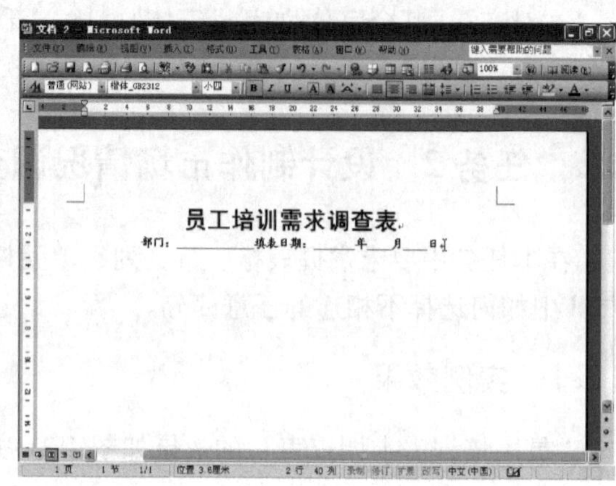

图4-23　“员工培训…”格式设置后的文档

3）按［Enter］键换行，选择“表格”→“插入”→“表格…”菜单命令，打开“插入表格”对话框，设置“列数”为“5”，“行数”为“12”，选择“根据窗口调整表格”单选框，如图4-24所示，单击“确定”按钮完成表格插入，如图4-25所示。

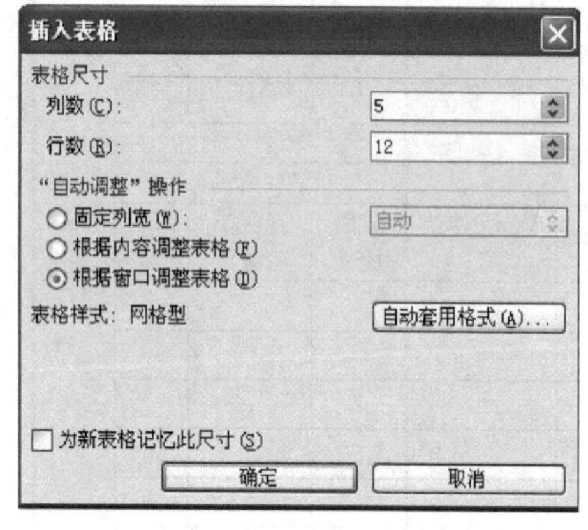

图4-24　“插入表格”对话框

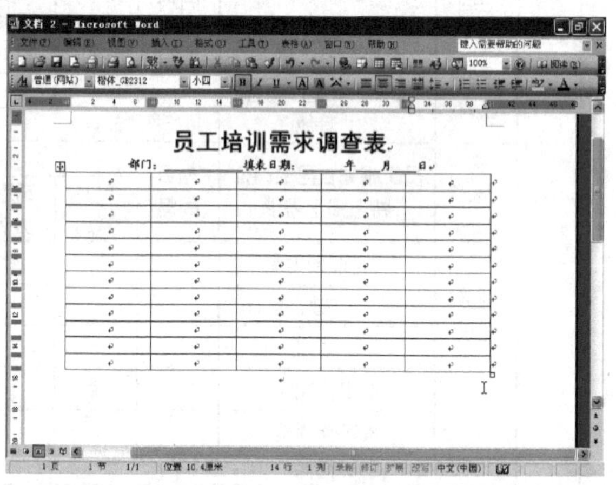

图4-25　插入表格后的文档

4）选中第1行第4个单元格，选择“表格”→“拆分单元格…”菜单命令，打开“拆分单元格”对话框，如图4-26所示，设置“列数”为“1”，“行数”为“2”，保持“拆分前合并单元格”复选框的默认选中状态，如图4-27所示，单击“确定”按钮完成单元格拆分。

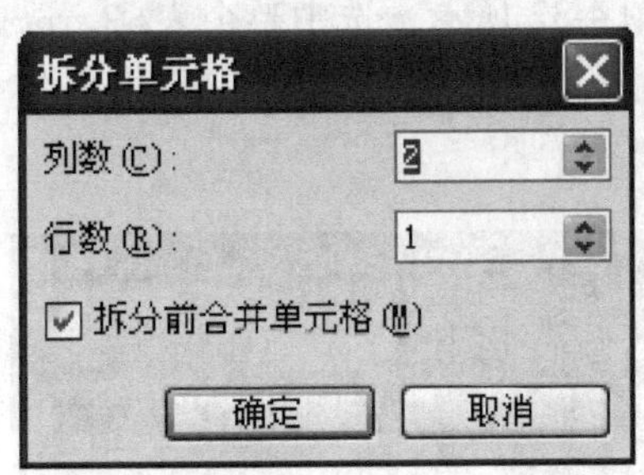

图 4-26 打开“拆分单元格”对话框

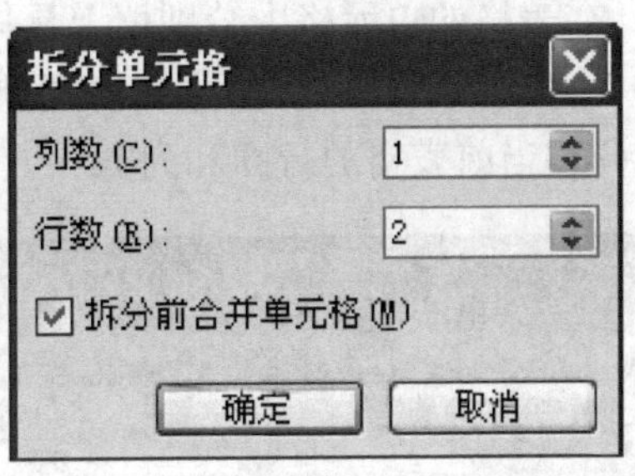

图 4-27 设置行、列后的“拆分单元格”对话框

5）选中如图 4-28 所示的 3 个单元格，再选择“表格”→“拆分单元格…”菜单命令，在“拆分单元格”对话框中，设置“列数”为“3”，“行数”为“3”，单击“确定”按钮完成单元格拆分，拆分后的表格如图 4-29 所示。用同样的方法拆分第 1 行第 5 列的单元格。

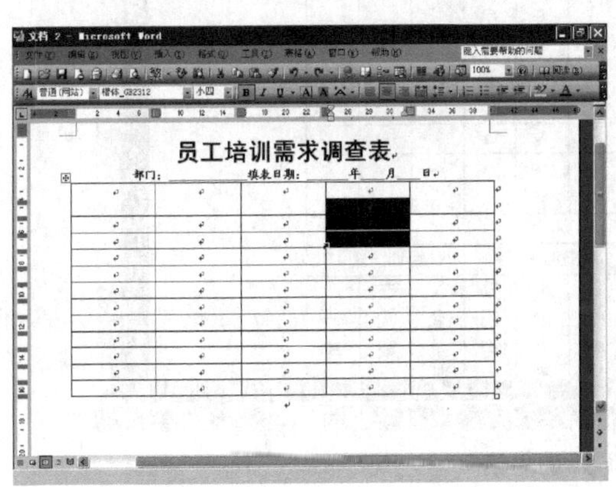

图 4-28 选中第 4 列的 3 个单元格

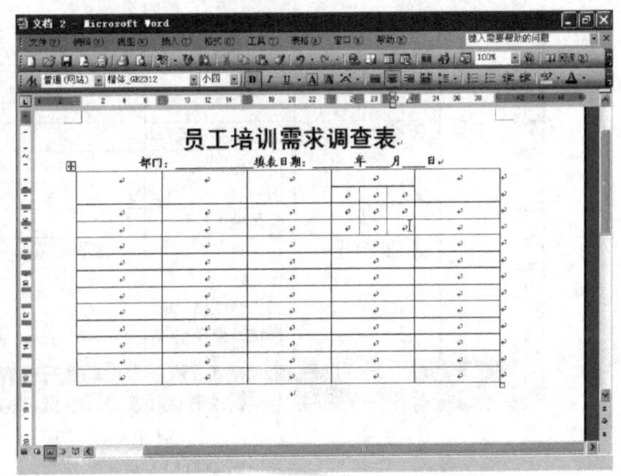

图 4-29 选中单元格拆分后的文档

6）选中如图 4-30 所示的 3 个单元格。选择“表格”→“合并单元格”菜单命令，将其合并成一个单元格。用同样的方法合并或拆分不同的单元格，使表格最终效果如图 4-31 所示。

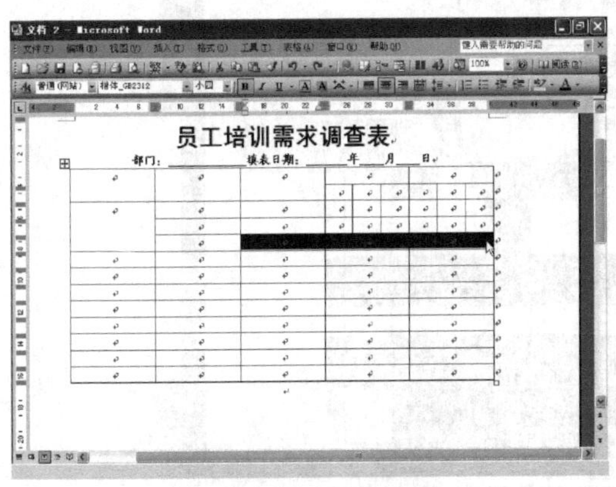

图 4-30 选中图示的 3 个单元格

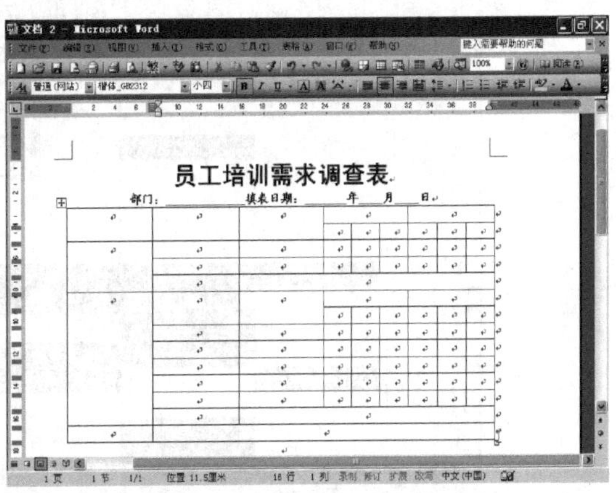

图 4-31 表格框架最终效果

7）在表格的单元格中分别填上具体的内容，如图 4-32 所示。选中整个表格，选择“表格”→“自动调整”→“根据内容调整表格”菜单命令，如图 4-33 所示，将根据各单元格的内容调整当前表格的行高和列宽。

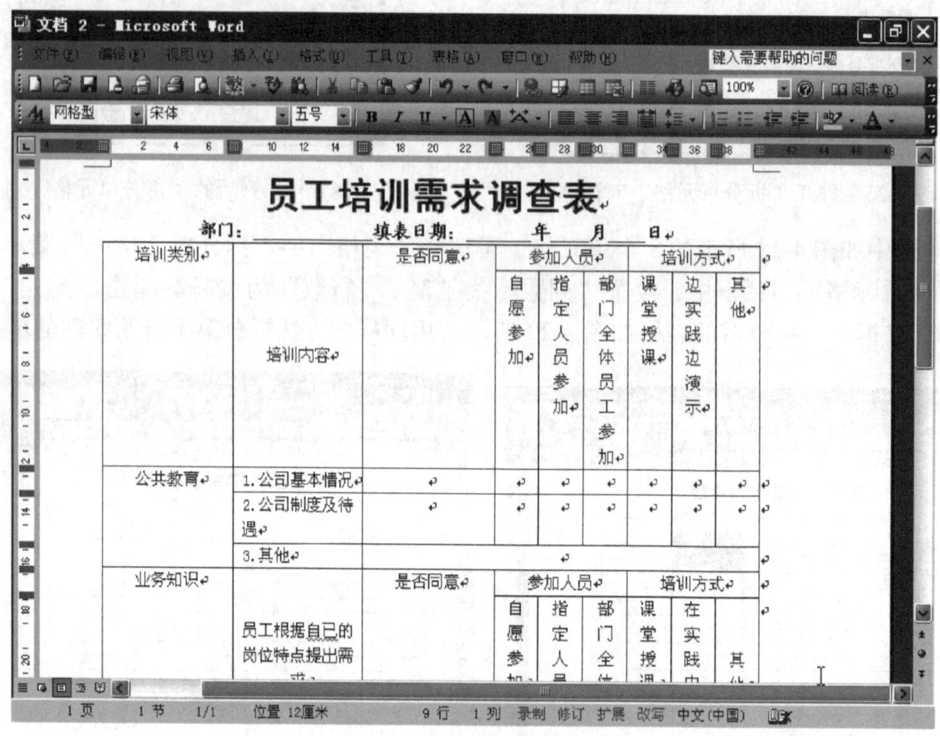

图 4-32　填入内容后的表格

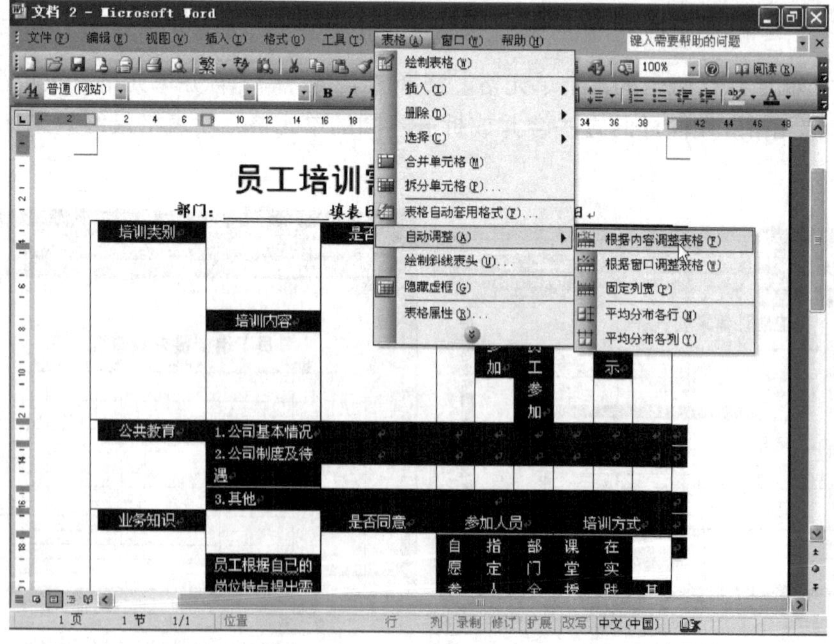

图 4-33　调整表格行高、列宽

8）选中整个表格，在“表格和边框”工具栏中选择“中部居中”对齐方式，如图 4-34 所示，表格中内容将“垂直居中”显示。选择表格中第 2 列的部分单元格，再选择“常用”工具栏上的“两端对齐”，所选表格内容在水平方向左对齐，如图 4-35 所示。

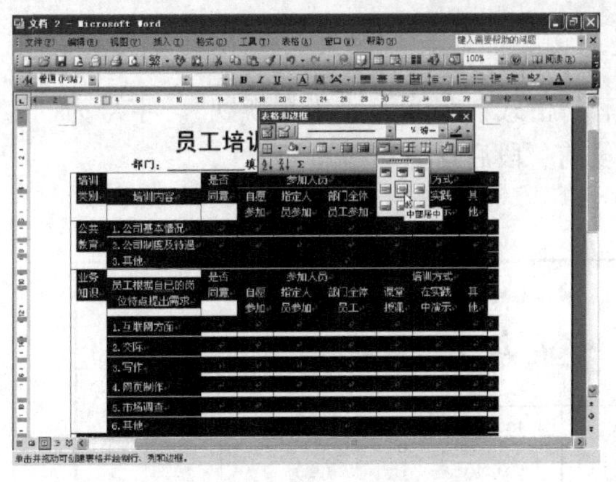

图 4-34　设置表格内容“中部居中”

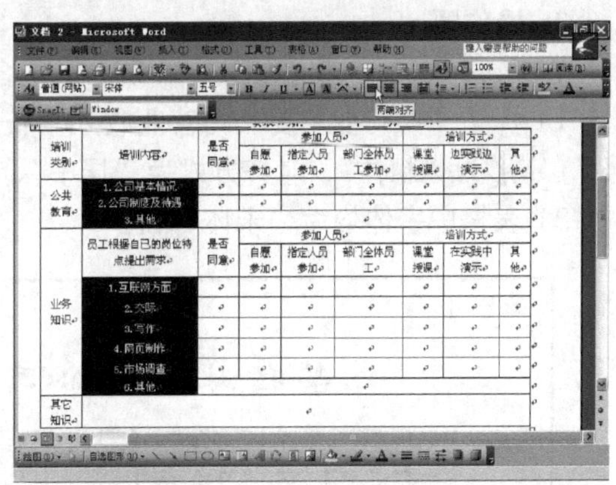

图 4-35　设置所选单元格内容“两端对齐”

提示：

1）分别选中 Word 文档中不相连的任意部分（可以是表格）的方法：首先拖动鼠标选中其中一部分，释放鼠标左键，然后按住键盘上的［Ctrl］键，再拖动鼠标选中其他部分。

2）选中 Word 文档中相连的多行或多列（可以是表格）的方法：首先拖动鼠标选中其中一行或一列，按住鼠标左键，再拖动鼠标至要选的最后一行或者最后一列。

9）将当前文档以“员工培训需求调查表”为文件名保存文档。

提示：若在表格操作的过程中出现失误，例如多插入了行或列等，可执行删除操作。“表格”→“删除”中的菜单命令的含义如下。

1）表格：在选中整个表格的情况下，将删除整个表格。

2）列：在选中某一列或光标置于某一列的情况下，将删除当前列。

3）行：在选中某一行或光标置于某一行的情况下，将删除当前行。

4）单元格：在选中要删除的单元格的情况下，选择“表格”→“删除”→“单元格…”菜单命令，将打开“删除单元格”对话框，根据需要选中对话框中不同的单选按钮，然后单击“确定”按钮。

4.2.3　思考与练习

1. 选择题

1）要删除当前选中的行，需选择________菜单命令。

A. “表格”→“删除”→“列”　　B. “表格”→“删除”→“表格”

C. “表格”→“删除”→“行”　　D. “编辑”→“清除”→“内容”

2）选中 Word 文档中不相连的任意部分，需选中其中一部分后，释放鼠标左键，然后按住键盘上的________键，再拖动鼠标选中其它部分。

A. ［Delete］　B. ［Alt］　C. ［Shift］　D. ［Ctrl］

2. 操作题

在 Word 2003 中建立如图 4-36 所示，包含有表格的文档。

1）标题“某行业主要公司营业收入增长率”格式：字体为“华文新魏”，字号为“二号”，字形为“粗体”，对齐方式为“居中”，段前、段后均为 10 磅。

2）表格中字体均为“宋体、五号”。

某行业主要公司营业收入增长率

名次		公司	营业收入（百万美元）	增长率（%）	市场份额（%）
1995	1994				
1	(1)	INT	13828	37	8.9
3	(3)	TCB	10185	35	6.6
4	(5)	NTL	9422	42	6.1
5	(4)	MTR	9173	27	5.9
其他公司			100,716	39	65.1

图 4-36　作业效果图

4.3　任务 3　设计制作课程表

在本任务中要求掌握绘制斜线表头，设置表格边框和底纹，并进一步巩固插入表格、合并单元格、拆分单元格等操作。

4.3.1　实例效果

课程表的效果如图 4-37 所示。

4.3.2　操作步骤与技巧

1）启动 Word 2003，新建一个空白文档，输入“课程表”等内容，以“课程表”为文件名保存该文档，如图 4-38 所示。

2）选中“课程表”，设置字体为“黑体”，字号为“一号”，字形为“加粗”，对齐方式为“居中”；在“字体”对话框“字符间距”选项卡中，设置其“缩放”为“150%”，“间距”为“加宽”，“磅值”为“10 磅”，如图 4-39 所示，单击“确定”按钮完成设置。

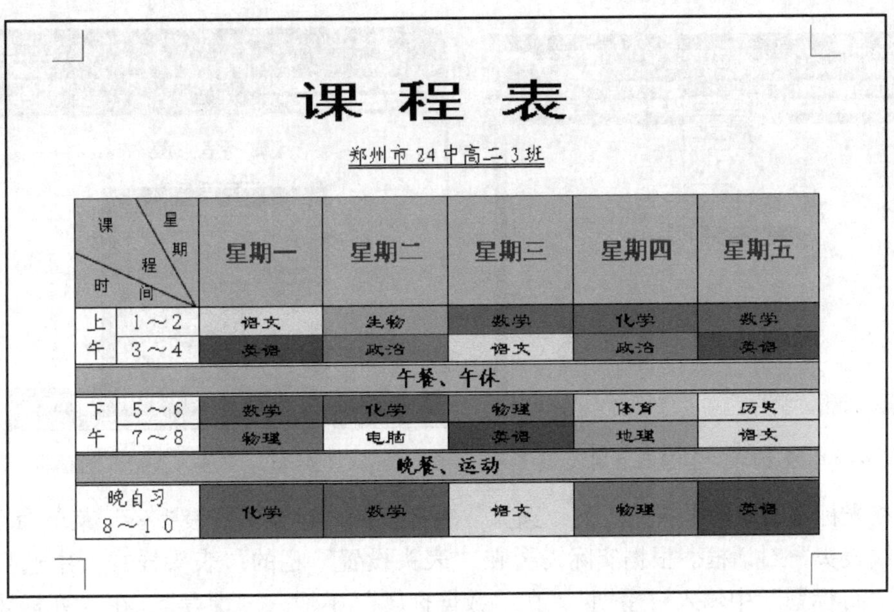

课 程 表

郑州市 24 中高二 3 班

课程 星期 时间		星期一	星期二	星期三	星期四	星期五
上午	1～2	语文	生物	数学	化学	数学
	3～4	英语	政治	语文	政治	英语
午餐、午休						
下午	5～6	数学	化学	物理	体育	历史
	7～8	物理	电脑	英语	地理	语文
晚餐、运动						
晚自习 8～10		化学	数学	语文	物理	英语

图 4-37 “课程表”效果图

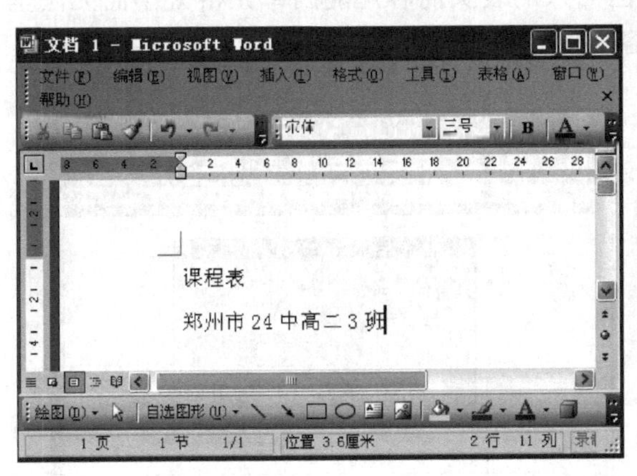

图 4-38 输入“课程表”等内容后的文档

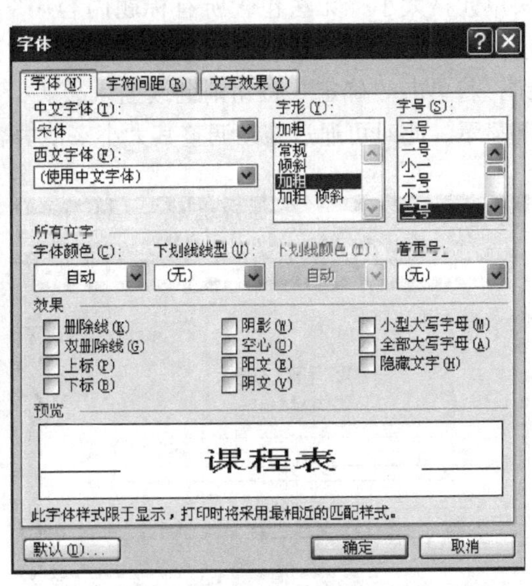

图 4-39 “课程表”文本的格式设置

3）选中“郑州市 24 中高二 3 班”，设置字体为“楷体_ GB2312”，字号为“小四”，对齐方式为“居中”；在“格式”工具栏的“下划线”按钮的下拉列表中选择“双线”，如图 4-40 所示。

4）按［Enter］键换行，选择“表格”→“插入”→“表格…”菜单命令，打开“插入表格”对话框，在“表格尺寸”栏中设置“列数”为“6”，“行数”为“9”；在“‘自动调整’操作”栏中选择“根据窗口调整表格”单选框，如图 4-41 所示，单击“确定”按钮完成表格插入。插入表格后的文档如图 4-42 所示。

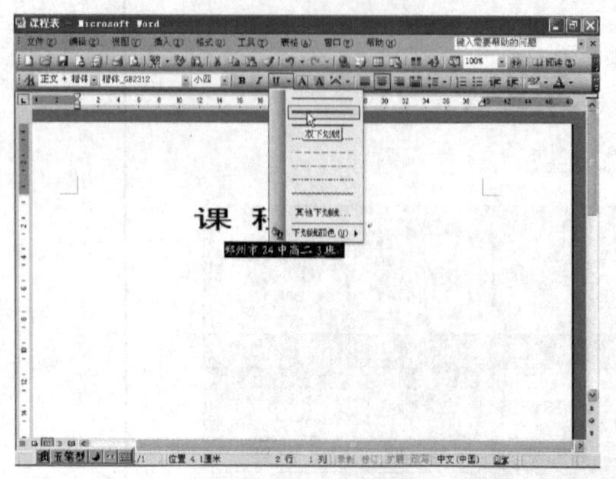

图 4-40　为选择文本添加下划线

图 4-41　“插入表格”对话框

5）将光标定位于第 1 行第 1 列，选择“表格”→“绘制斜线表头…”菜单命令，打开“插入斜线表头”对话框。根据实际需要在“表头设置”栏的“表头样式”中选择“样式二”，在“行标题”中输入“星期”，在“数据标题”中输入“课程”，在“列标题”中输入“时间”，“字体大小”选择“小五”，如图 4-43 所示。单击“确定”按钮弹出“提示表头单元格太小，无法包含所有标题内容…”的一个对话框，如图 4-44 所示。若单击“取消”按钮则返回“插入斜线表头”对话框，重新调整斜线表头的设置后再单击“确定”按钮；若单击“确定”按钮则继续插入表头，但插入的表头内容可能因单元格太小而无法全部显示，此时可通过拖动调整其大小来使内容全部显示。

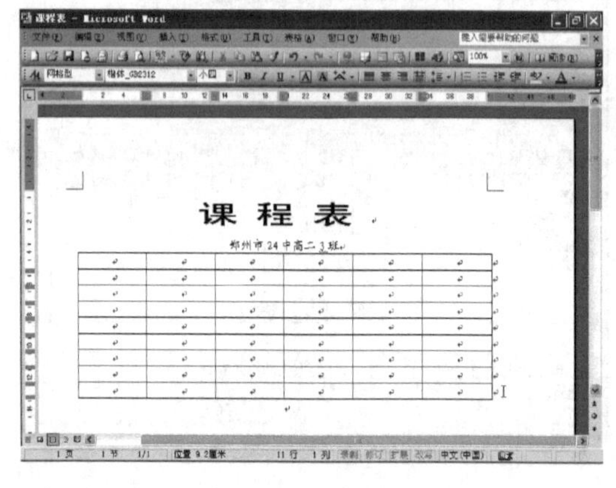

图 4-42　插入表格后的文档

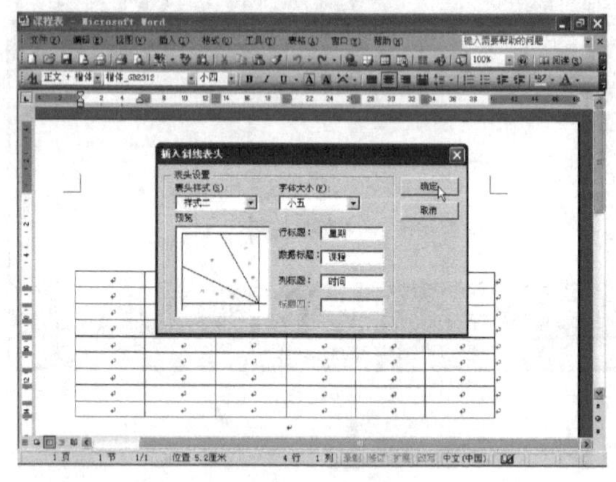

图 4-43　为光标所在单元格“插入斜线表头”

6）合并表格第 4 行和第 7 行所有单元格，合并表格第 1 列中部分单元格，很显然表格最下边多了一行，选中最后一行或倒数第 2 行，选择“表格”→“删除”→“行”菜单命令，将删除多余的一行。此时文档如图 4-45 所示。

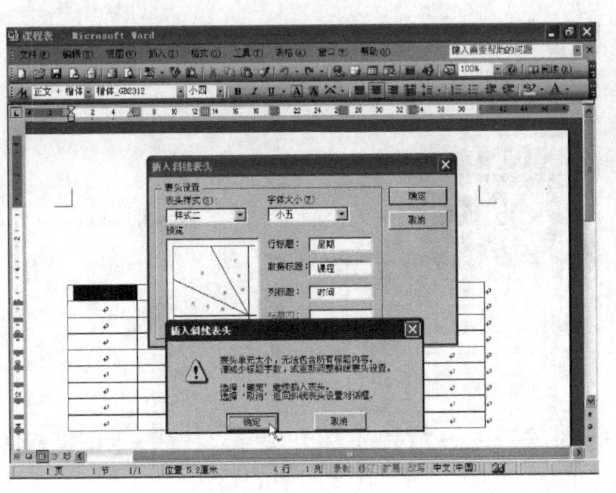

图 4-44　出现的“插入斜线表头”提示对话框

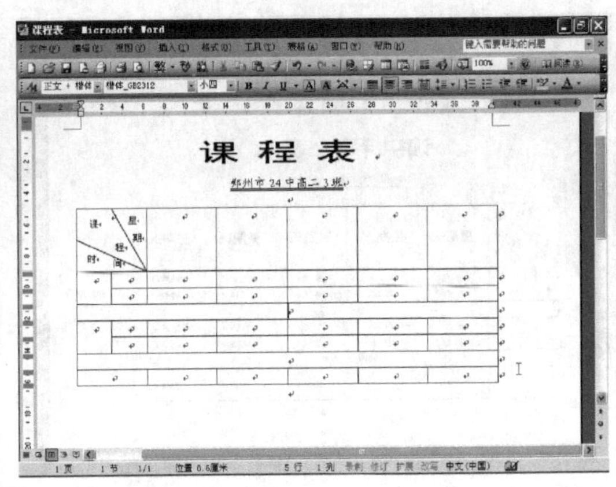

图 4-45　合并拆分部分单元格后的表格

7）向表格中输入如图 4-46 所示表格中的内容。选中整个表格，在“表格和边框”工具栏中，选择“中部居中”对齐方式，如图 4-47 所示。

提示：每门课程第一次输入时要将光标定位在相应的单元格中输入，再次输入同门课程时执行“复制”、“粘贴”操作即可。

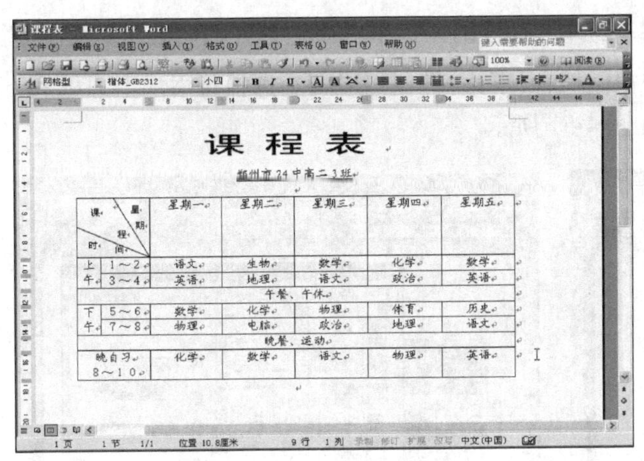

图 4-46　“输入内容”后的表格

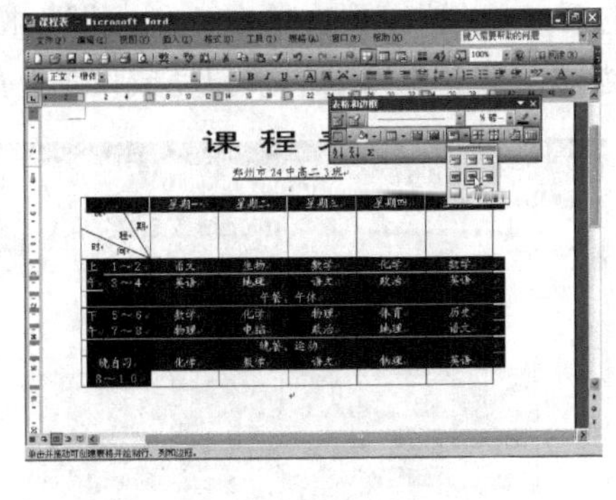

图 4-47　设置表格内容的“中部居中”对齐

提示：去掉下划线的操作方法，输入表格内容时，可以看到表格中输入的内容加了不需要的双下划线。可等内容均输入完后，打开“字体”对话框，在“字体”选项卡的“所有文字”栏的“下划线线型”中选择“无”，单击“确定”按钮，即可去掉下划线。

8）设置表格中第 1 列文字与“午餐、午休”、“晚餐、运动”为“楷体 GB _2312”，所有“星期”为“黑体、四号、加粗”，所有“课程”为“隶书、小四”，如图 4-48 所示。

9）选中表头行、第 4 行和第 7 行，选择“格式”→“边框和底纹…”菜单命令，打开“边框和底纹”对话框，在“底纹”选项卡中选择“填充颜色”为“浅绿”后单击“确定”按钮完成设置，如图 4-49 所示。用同样的方法为不同的课程设置不同颜色的底纹。

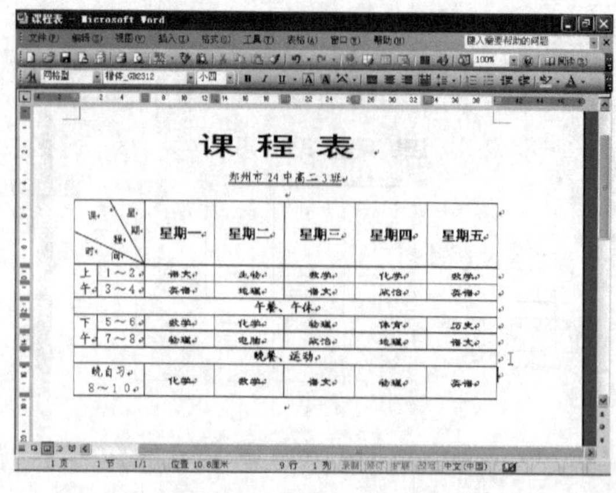

图 4-48 “表格中内容”格式设置后的表格

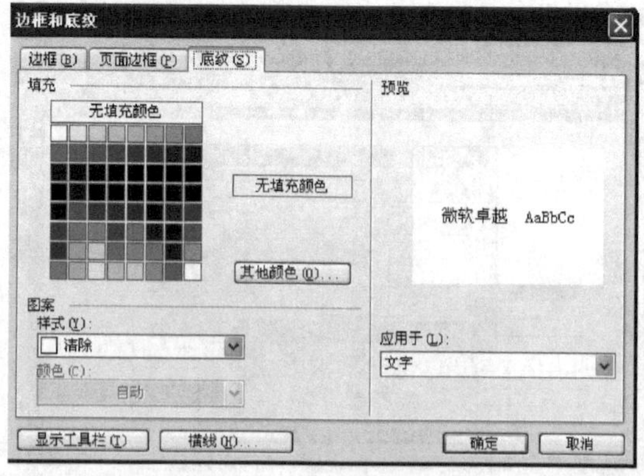

图 4-49 为选中行添加底纹

10）选中“星期一”至“星期五”，单击“格式”工具栏上的“字体颜色”按钮旁边的下拉箭头选择“红色”；选中“上午”、“下午”、“晚自习”文本，设置其颜色为“蓝色”，如图 4-50 所示。

11）选中第 4 行和第 7 行，选择“格式”→“边框和底纹…”菜单命令，打开“边框和底纹”对话框。选择“边框”选项卡，“设置”为默认值“方框”，在“预览”栏中单击“上边框”按钮和“下边框”按钮去掉选择行的上边框和下边框，然后在“线型”栏选择“双线”，再次单击“上边框”按钮和“下边框”按钮为选择行添加上边框和下边框，单击“确定”按钮完成设置，如图 4-51 所示。

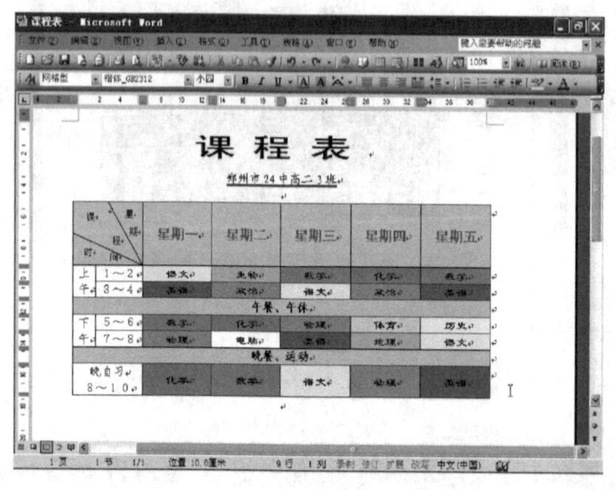

图 4-50 所有底纹设置后的表格

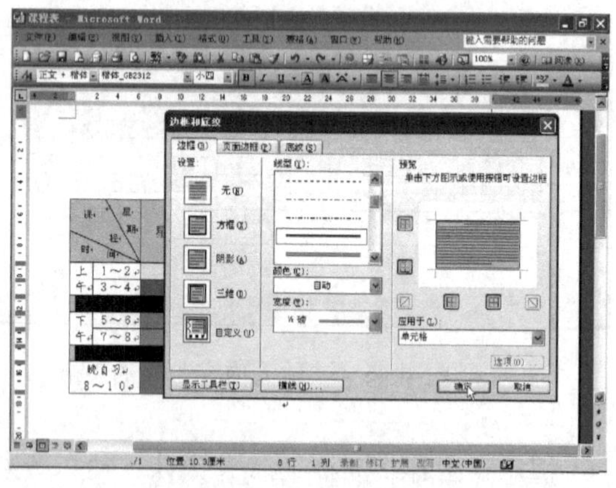

图 4-51 为表格部分行设置边框

提示：通过“字体”选项卡的“所有文字”栏的“字体颜色”也可设置字体颜色。

12）选中整个表格，单击“格式”工具栏中的“居中”按钮使整个表格水平居中对齐。再次单击“保存”按钮，将修改后的文档以原文件名重新保存。

4.3.3 思考与练习

1. 选择题

1）在表格中绘制斜线表头应选择________菜单命令。

A. “表格” → “插入” → “表格…”　　B. “表格” → “绘制斜线表头…”

C. “表格” → “插入” → “行”　　D. “表格” → “插入” → “列”

2）要设置表格的 边框应选择________菜单命令。

A. “格式” → “段落”　　B. “格式” → “边框和底纹…”

C. “格式” → “分栏…”　　D. “表格” → “插入” → “表格…”

2. 操作题

在 Word 2003 中建立如图 4-52 所示，包含有表格的文档。

课　程　表

某中专汽车专业（3+2）05-1 班

星期 节次		星期一	星期二	星期三	星期四	星期五
上午	第 1~2 节	计算机	数学	英语	计算机	英语
	第 3~4 节	英语	法律	数学	体育	数学
下午	第 5~6 节	物理	语文	物理	语文	计算机
	第 7 节		语文		语文	
晚上	第 9~10	语文	数学	英语	计算机	

图 4-52　作业效果图

1）标题“课程表”格式为“黑体、小二、粗体、居中对齐、段后 10 磅”，“字符间距”为“加宽，10 磅”。

2）“某中专汽车专业（3 +2）05 -1 班”格式为“宋体、五号、居中对齐”，下划线为“波浪线”。

3）第 1 个单元格字体为“小五、宋体”；表格中“星期一”至“星期五”均为“隶书、四号”；表格中其余字体均为“宋体、小四”，“上午、下午、晚上”为“粗体”。

4.4 任务 4 设计制作学生成绩统计表

在本任务中要求掌握表格中行与列的互换、自动套用某种表格样式、公式计算、排序操作，并进一步熟练设置边框和底纹等操作。

4.4.1 实例效果

考试成绩统计表效果如图 4-53 所示。

考试成绩统计表

学号	姓名	语文	数学	英语	物理	总分	平均分
05220010	方飞	75	65	58	57	255	63.75
05220023	钟严	52	62	85	65	264	66
05220021	郭平	74	75	65	54	268	67
05220025	李方	54	65	85	74	278	69.5
05220005	李梅	85	56	57	85	283	70.75
05220009	杨柳	58	75	74	86	293	73.25
05220014	杨平	85	74	69	68	296	74
05220013	林项	85	65	52	95	297	74.25
05220008	李群	85	57	95	65	302	75.5
05220001	张丽	97	78	53	85	313	78.25
05220012	温入	78	85	65	85	313	78.25
课程最高分		97	85	95	95	313	78.25

图 4-53 “考试成绩统计表”效果图

4.4.2 操作步骤与技巧

1）启动 Word 2003，新建一个空白文档，输入“考试成绩统计表”，以“成绩表”为文件名保存该文档，如图 4-54 所示。

2）选中“考试成绩统计表”，设置字体为“华文彩云”，字号为“二号”，字形为“加粗”，对齐方式为“居中”；在“字体”对话框“字符间距”选项卡中，设置其“间距”为“加宽”，“磅值”为“3 磅”，单击“确定”按钮完成设置，如图 4-55 所示。

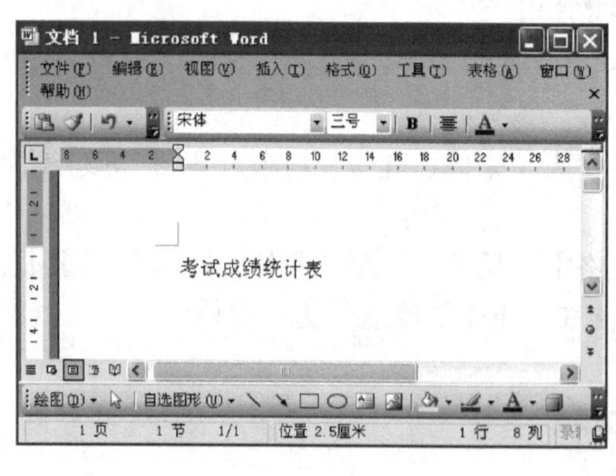

图 4-54 输入标题后的文档

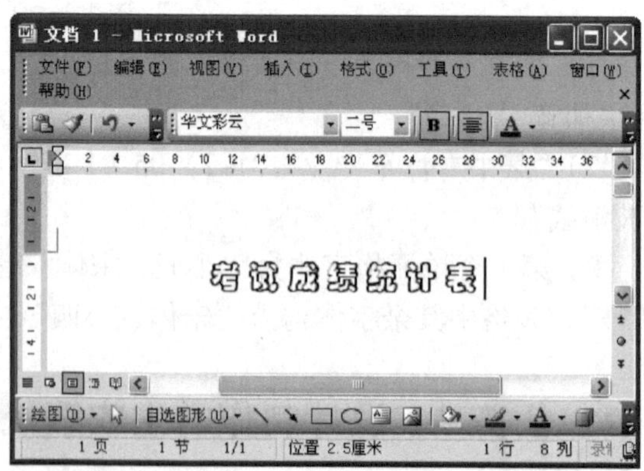

图 4-55 标题格式设置后的文档

3）按［Enter］键换行，选择“表格”→“插入”→“表格…”菜单命令，打开“插入表格”对话框，设置“列数”为“8”，“行数”为“13”；在“‘自动调整’操作”栏中选择“根据窗口调整表格”单选框。单击“自动套用格式…”按钮，打开“表格自动套用格式”对话框，在“表格样式”栏中选择“立体型 1”，当前表格将套用这种样式且显示在预览窗口中，如图 4-56 所示，单击“确定”按钮返回“插入表格”对话框，再单击“确定”按钮完成表格插入。插入表格后的文档，如图 4-57 所示。

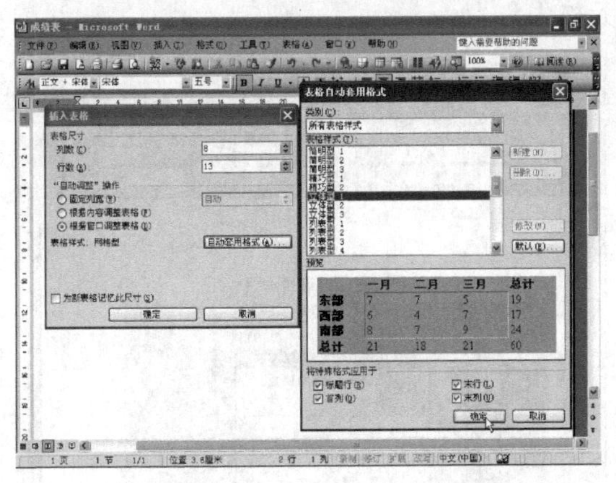

图 4-56 用“自动套用格式”套用某表格样式

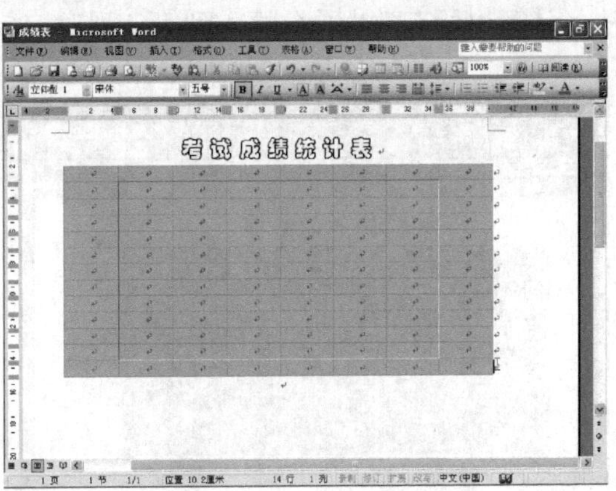

图 4-57 插入表格后的文档

提示：也可选择“表格”→“表格自动套用格式…”菜单命令，打开“表格自动套用格式”对话框。通过单击该对话框“将特殊格式应用于”栏中的复选框，使所选样式对表格中某些部分不起作用。

4）选中第 12 行左侧的两个单元格，将其合并为一个单元格，如图 4-58 所示。

提示：若合并后发现应该合并的是第 13 行左侧的两个单元格，可先用鼠标选中第 13 行，然后将鼠标移到第 13 行上，当发现鼠标变成向左的箭头时，按下鼠标左键拖动到第 12 行位置松开鼠标，第 13 行与第 12 行就交换了位置，如图 4-59 所示，用同样的方法可以实现列的交换。

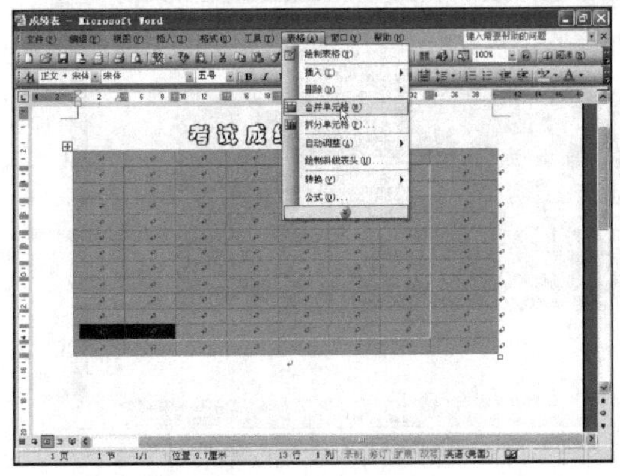

图 4-58 合并单元格

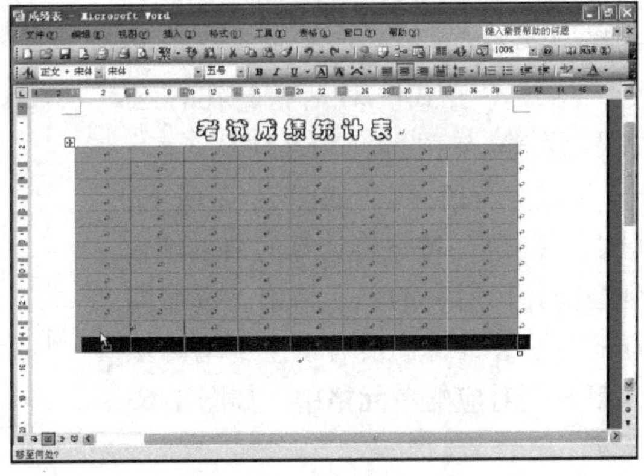

图 4-59 表格中行与行的交换

5）向表格中输入内容，如图 4-60 所示。

6）计算学生总分。将光标定位在第 7 列第 2 行的单元格中，选择“表格”→“公式…”菜单命令，打开“公式”对话框，在“公式”栏输入“ =SUM（LEFT)”，如图 4-61 所示，单击“确定”按钮将计算的结果填入到当前光标所在的单元格中。按照同样的方法，计算出所有学生总分填入到第 7 列对应单元格中。

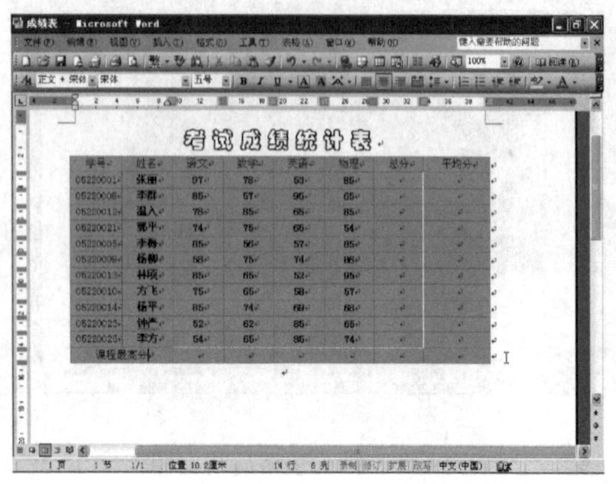

图 4-60 输入内容后的文档

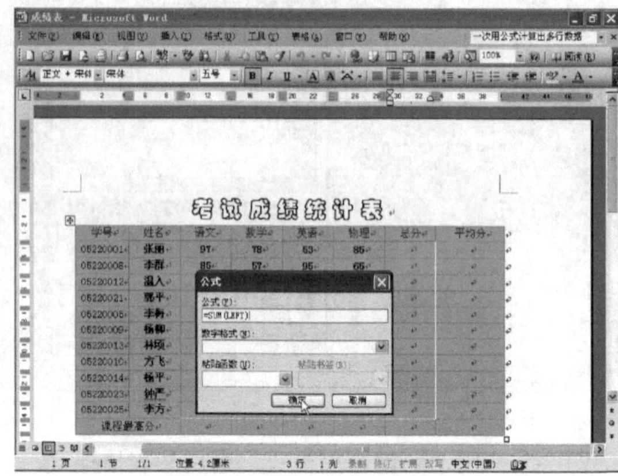

图 4-61 用公式计算第 1 个学生总分

提示：表格中数据的求和计算。

1）若选定的单元格位于一行数值的右端，Word 将建议采用公式“ =SUM（LEFT)”进行计算。如果该公式正确，直接单击“确定”按钮即可。

2）若选定的单元格位于一列数值的底端，Word 将建议采用公式“ =SUM（ABOVE)”进行计算。如果该公式正确，直接单击“确定”按钮即可。

3）要快速地对一行或一列数值求和，需要单击放置求和结果的单元格后，直接单击“表格和边框”工具栏中的“自动求和”按钮Σ。

7）计算学生的平均成绩。将光标定位在第 8 列第 2 行的单元格中，选择“表格”→“公式…”菜单命令，打开“公式”对话框，在“公式”栏输入“ = AVERAGE（c2：f2)”或“ =g2/4”，如图 4-62 所示，单击“确定”按钮将计算的结果填入到当前光标所在的单元格中。按照同样的方法，计算出所有学生平均分填入第 8 列对应的单元格中，如图 4-63 所示。

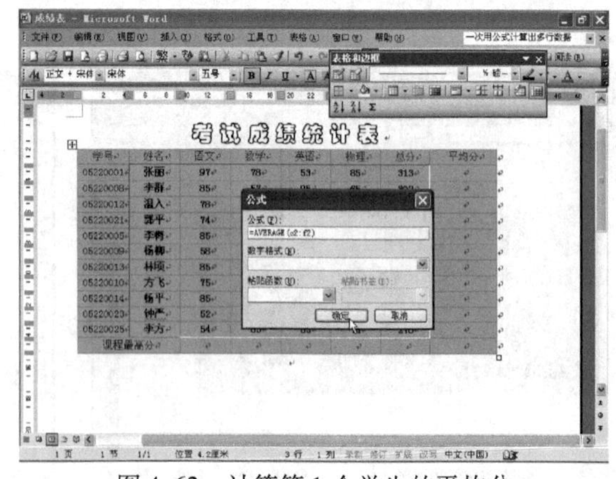

图 4-62 计算第 1 个学生的平均分

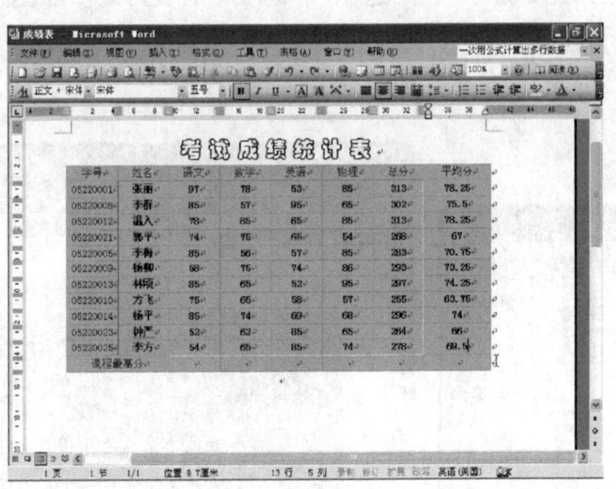

图 4-63 计算出所有学生平均分后的文档

提示：表格中公式的使用。

1）若 Word 建议的公式不是所需要的，将其从“公式”栏中删除，保留等号，在“粘贴函数”栏中，选择所需的函数，在公式的括号中键入单元格引用，在“数字格式”栏中可选择数字的显示格式。若不选数字的显示格式则显示实际结果，是几位小数就显示几位。

2）Word 中自左向右默认表格的列号分别为 A、B、C、…，自上而下默认表格的行号为 1、2、3、…。可用 A1、A2、B1、B2 的形式引用表格单元格。

3）在公式中引用单元格时，若是选定区域为首尾单元格之间，需用冒号分隔 。

8）计算每门课程的最高分。将光标定位在第 13 行对应“语文”列的单元格中，打开“公式”对话框。在“公式”栏中删除“SUM”，在对应位置输入“MAX”，如图 4-64 所示。按照同样的方法，计算出所有课程、总分、平均分的最高分填入第 13 行对应单元格中，如图 4-65 所示。

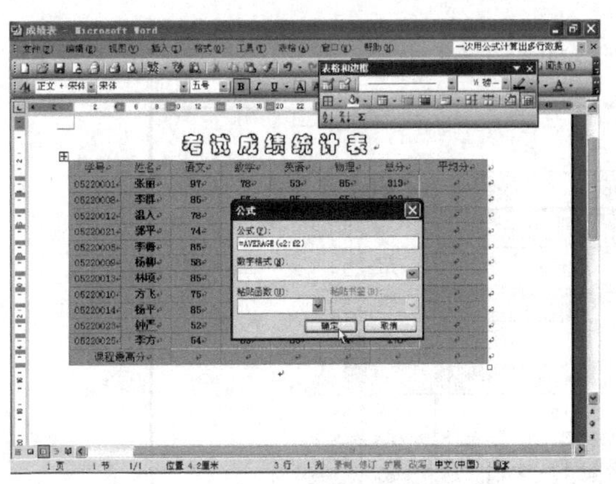

图 4-64 计算“语文”成绩的最高分

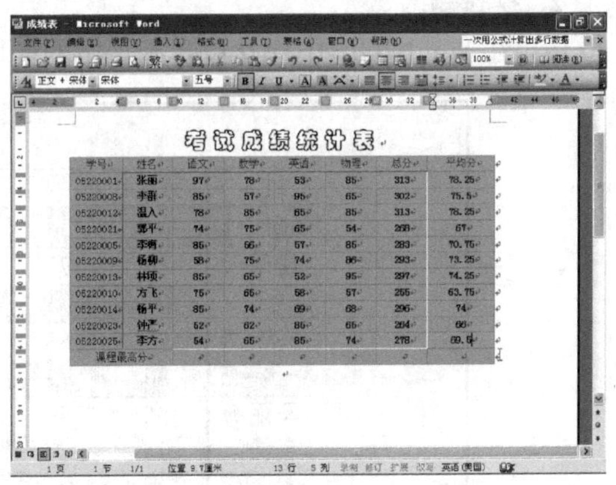

图 4-65 计算出所有课程最高分后的文档

9）选中表格第 1 行至第 12 行所有单元格，选择“表格”→“排序…”菜单命令，打开“排序”对话框，“主要关键字”栏选择“总分”，选择其右侧的“升序”单选项，在“列表”栏中选择“有标题行”单选项，如图 4-66 所示，然后单击“确定”按钮完成排序。排序后的文档如图 4-67 所示。

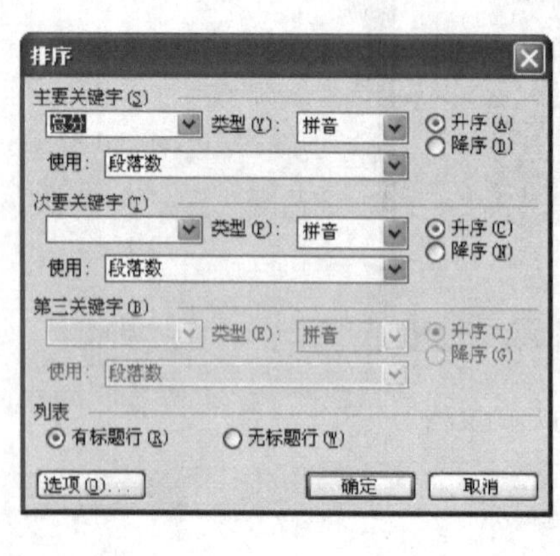

图 4-66　对选定区域排序

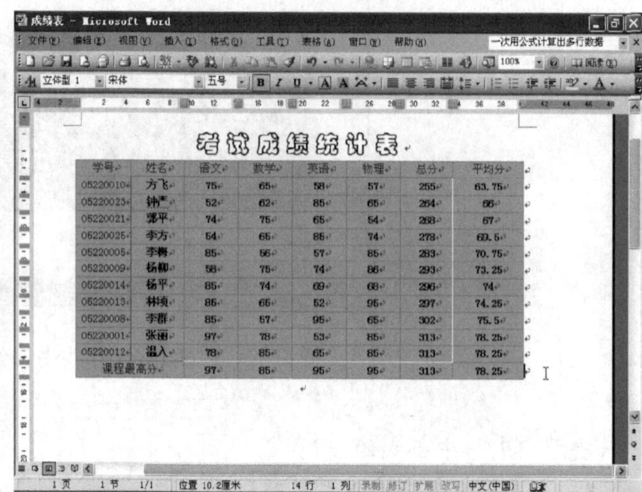

考试成绩统计表

学号	姓名	语文	数学	英语	物理	总分	平均分
05220010	方飞	75	65	58	57	255	63.75
05220023	钟[illegible]	52	62	85	65	264	66
05220021	郭平	74	75	65	54	268	67
05220025	李方	54	65	85	74	278	69.5
05220005	李梅	85	56	57	85	283	70.75
05220009	杨柳	58	75	74	86	293	73.25
05220014	杨平	85	74	69	68	296	74
05220013	林[illegible]	86	65	52	95	297	74.25
05220008	李群	85	57	95	65	302	75.5
05220001	张丽	97	78	53	85	313	78.25
05220012	温入	78	85	65	85	313	78.25
课程最高分		97	85	95	95	313	78.25

图 4-67　对选定区域排序后的最终文档

提示： 若选择数据区域时没有选择标题行（即第 1 行），则在“排序”对话框的“列表”栏中选择“无标题行”单选项。

4.4.3　思考与练习

1. 填空题

1）要对选定表格进行排序，需选择________菜单命令。

2）要用公式进行计算，需选择________菜单命令。“求和”对应的函数为________。

2. 操作题

1）在 Word 2003 中建立包含有表格的文档，如图 4-68 所示。

姓名	成绩 1	成绩 2	成绩 3	成绩 4	**平均成绩**
张成祥	97	94	93	93	94.25
唐来云	80	73	69	87	77.25
张苗	85	71	67	77	47.13
马云燕	91	68	76	82	31.42
王晓燕	86	79	80	93	70.69
马丽萍	55	59	98	76	56.55
高云河	74	77	84	77	47.13
最小值	55	59	67	76	31.42

图 4-68　作业效果图

2）用“自动套用格式”，选择“精巧型 1”。

3）用最小值函数“MIN”，按“平均成绩”进行降序排序。

4）添加表头：“学生成绩表”，“隶书”、“三号”、底纹为“浅表绿”。

4.5 任务 5 设计制作产品销售统计表与图表

在本任务中要求掌握插入表及图表的编辑操作，并进一步巩固表格的基本操作。

4.5.1 实例效果

家电销售统计表及图表的效果如图 4-69 所示。

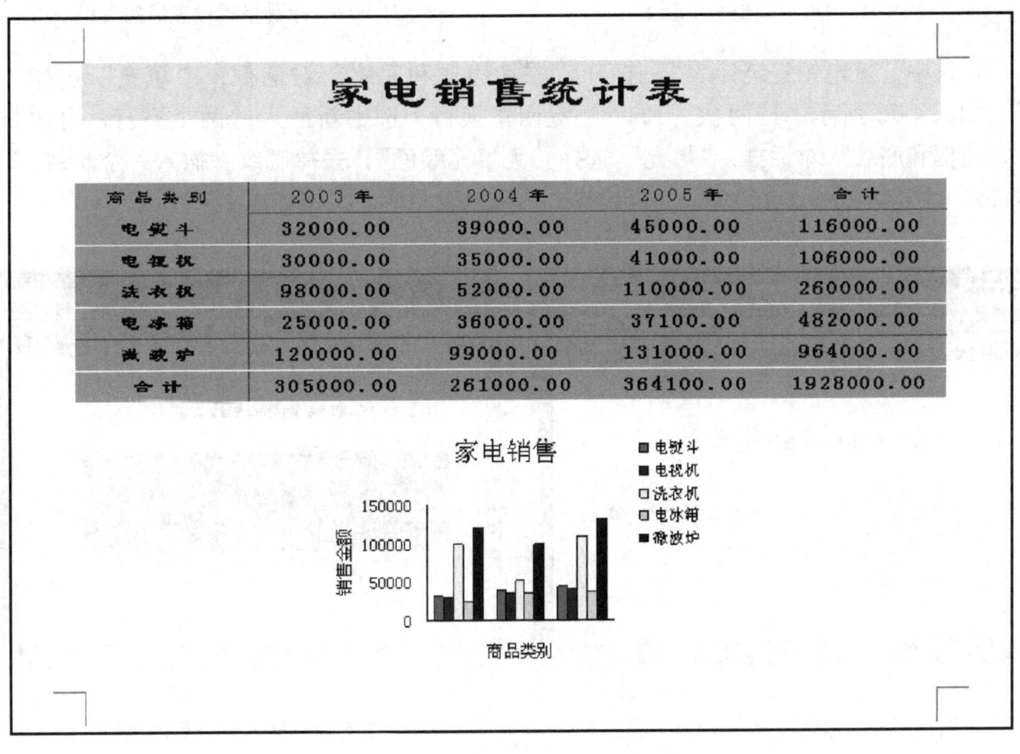

家电销售统计表

商品类别	2003 年	2004 年	2005 年	合计
电熨斗	32000.00	39000.00	45000.00	116000.00
电视机	30000.00	35000.00	41000.00	106000.00
洗衣机	98000.00	52000.00	110000.00	260000.00
电冰箱	25000.00	36000.00	37100.00	482000.00
微波炉	120000.00	99000.00	131000.00	964000.00
合计	305000.00	261000.00	364100.00	1928000.00

图 4-69 “家电销售统计表及图表”效果图

4.5.2 操作步骤与技巧

1）启动 Word 2003，新建一个空白文档。输入“家电销售统计表”，以“产品销售统计表”为文件名保存该文档，如图 4-70 所示。

2）选中“家电销售统计表”，设置字体为“隶书”，字号为“小一”，字形为“加粗”，对齐方式为“居中”；在“字体”对话框“字符间距”选项卡中，设置其“间距”为“加宽”，“磅值”为“2 磅”，单击“确定”按钮完成设置，如图 4-71 所示。

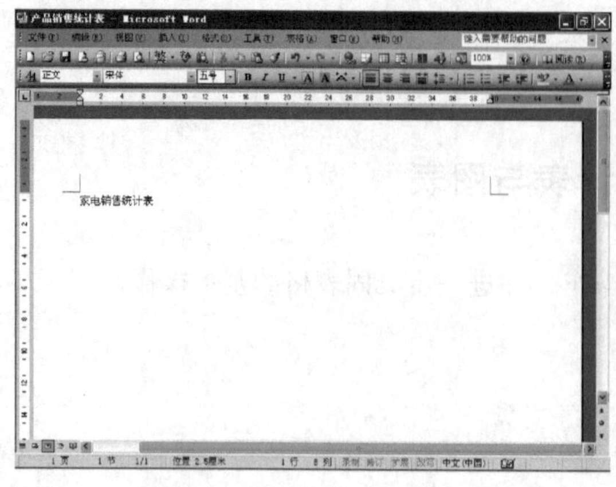

图 4-70 输入标题后的文档

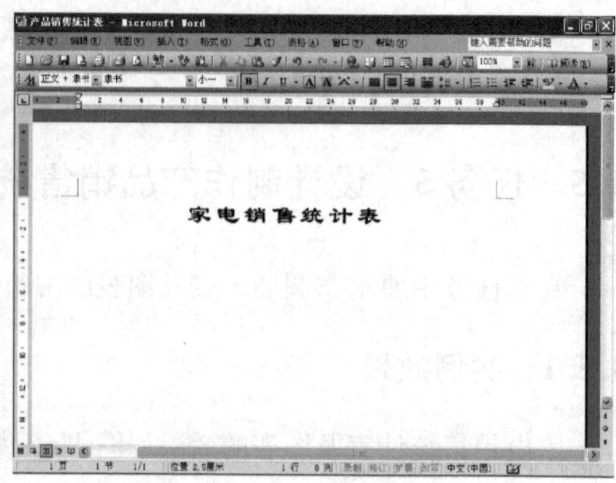

图 4-71 标题格式设置后的文档

3）选中“家电销售统计表”，打开“添加边框和底纹”对话框，“填充”选择“淡黄”，如图 4-72 所示。按两次［Enter］键回车换行，选中新插入的两个空行，再次打开“添加边框和底纹”对话框，“填充”选择“无填充颜色”，去掉底纹。插入一个 5 列、7 行的表格，且自动套用“立体型 2”表格样式，插入表格后的文档如图 4-73 所示。

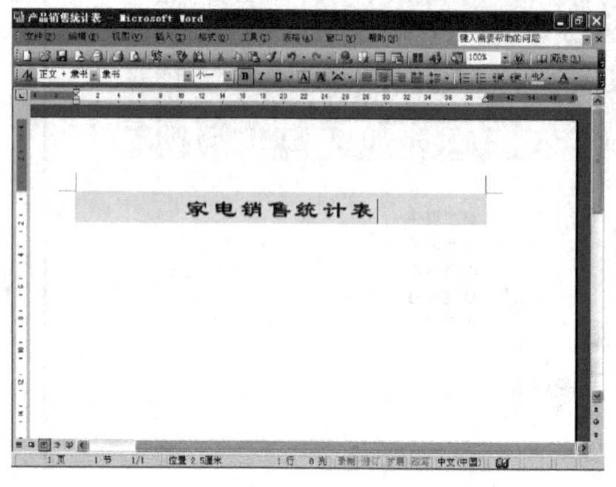

图 4-72 为标题设置底纹后的文档

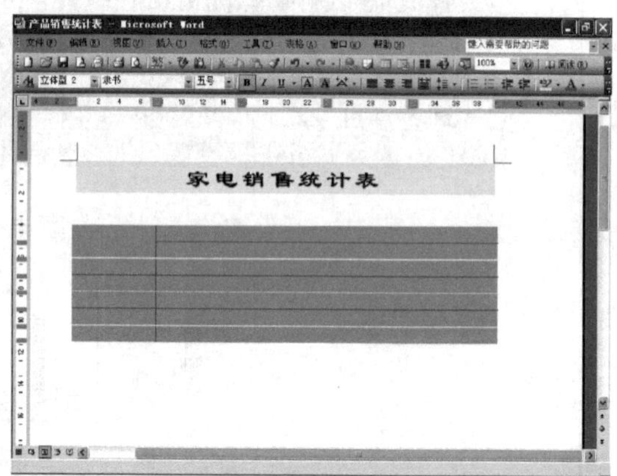

图 4-73 插入表格后的文档

4）向表格中输入内容，如图 4-74 所示。

5）计算年销售量。将光标定位在第 7 行第 2 列的单元格中，选择“表格”→“公式…”菜单命令，打开“公式”对话框，在“公式”栏输入“=SUM（ABOVE）”，在“数字格式”栏中输入“0.00”，即计算的结果保留两位小数，然后单击“确定”按钮，如图 4-75 所示。

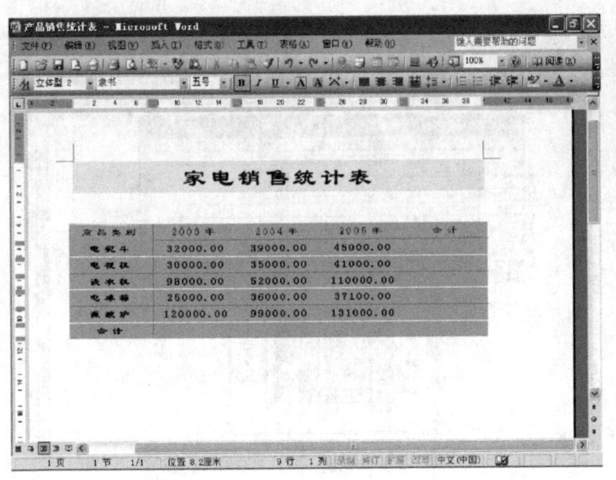

商品类别	2003年	2004年	2005年	合计
电熨斗	32000.00	39000.00	45000.00	
电视机	30000.00	35000.00	41000.00	
洗衣机	98000.00	52000.00	110000.00	
电冰箱	25000.00	36000.00	37100.00	
微波炉	120000.00	99000.00	131000.00	
合计				

图 4-74　为表格输入数据后的文档

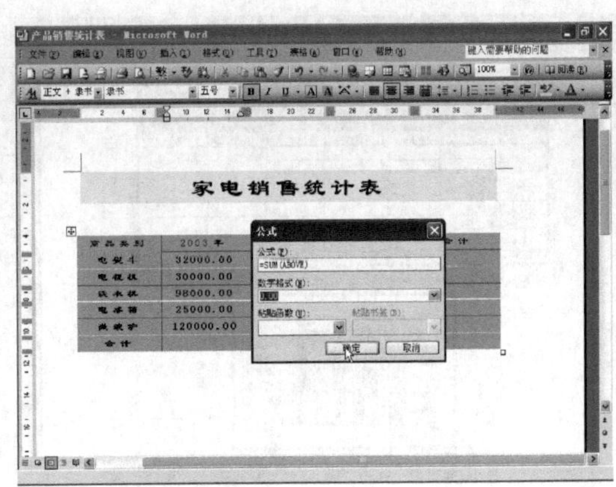

图 4-75　计算 2003 年的销售总额

6）用同样的方法，计算出每年的总销售量分别填入第 7 行对应单元格中。同样计算出每种商品 3 年来的总销售量分别填入第 5 列对应单元格中，需在“公式”栏输入“=SUM(LEFT)”，在“数字格式”栏中输入“0.00”，填入计算数据后的表格如图 4-76 所示。

7）选中第 2 行第 1 列至第 6 行第 4 列的数据部分，选择“插入”→“图片”→“图表”菜单命令，弹出一个“数据表”窗口，并在文档中光标处插入一个图表，如图 4-77 所示。

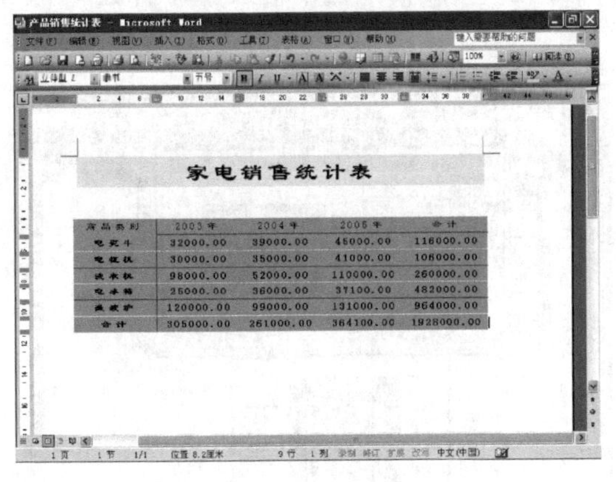

商品类别	2003年	2004年	2005年	合计
电熨斗	32000.00	39000.00	45000.00	116000.00
电视机	30000.00	35000.00	41000.00	106000.00
洗衣机	98000.00	52000.00	110000.00	260000.00
电冰箱	25000.00	36000.00	37100.00	482000.00
微波炉	120000.00	99000.00	131000.00	964000.00
合计	305000.00	261000.00	364100.00	1928000.00

图 4-76　计算出所有“合计”后的文档

图 4-77　插入图表（系统默认图表）

8）系统默认的图表类型为“三维柱形图”，可单击“常用”工具栏上的“图表类型”按钮，在下拉框中选择想要的图表类型“柱形图”，如图 4-78 所示。

9）系统默认按行制图表，单击“常用”工具栏中“按列”按钮来更新图表，如图 4-79 所示。

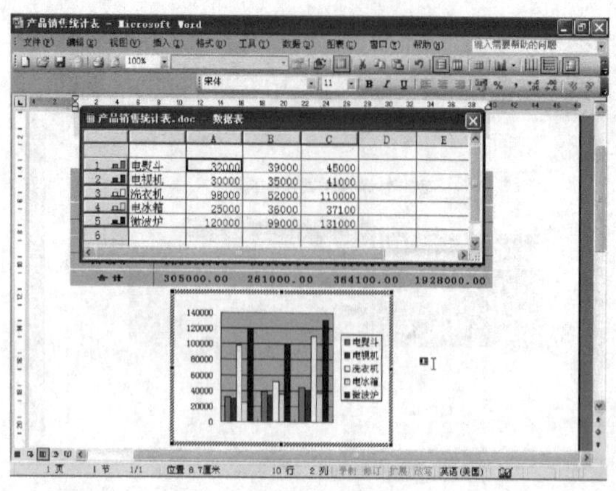

图 4-78　用“图表类型”按钮更改图表类型

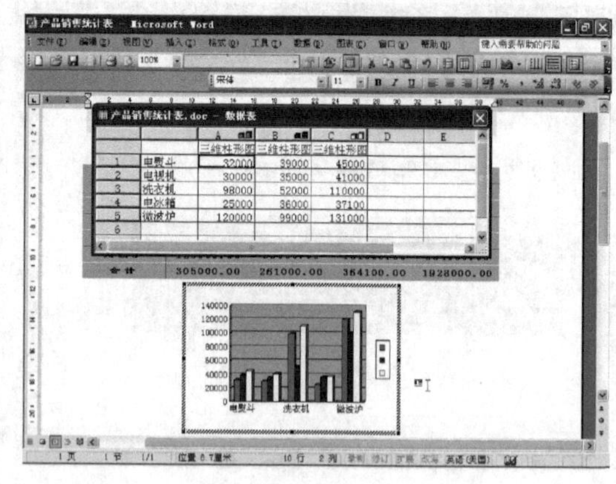

图 4-79　单击“按列”按钮后的更新图表

提示：图表类型选择操作方法也可在当前窗口中选择“图表”→“图表类型…”菜单命令，打开“图表类型”对话框，在“标准类型”选项卡的“图表类型”栏选择不同的图表类型，如图 4-80 所示。

10）在当前窗口中选择“图表”→“图表选项…”菜单命令，打开“图表选项”对话框。选择“标题”选项卡，在“图表标题”栏中输入图表标题“家电销售”，在“分类（X）轴”栏中输入 X 轴标题“商品类别”，在“分类（Y）轴”栏中输入 Y 轴标题“销售金额”，如图 4-81 所示。

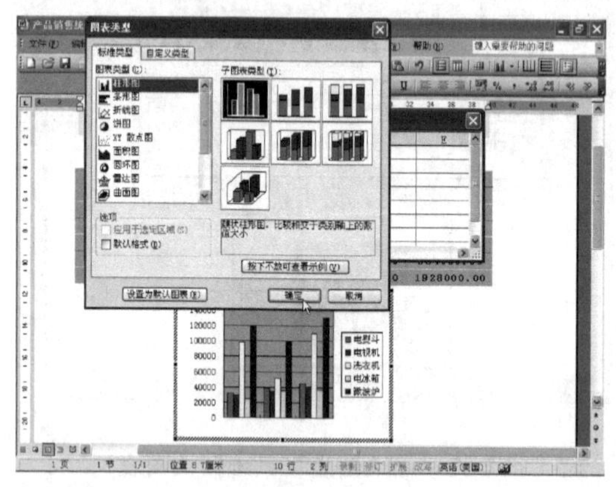

图 4-80　用“图表类型”对话框更改图表类型

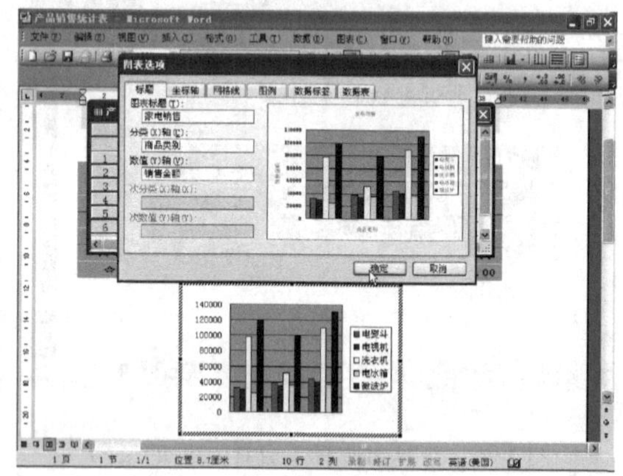

图 4-81　用“图表选项”对话框设置图表标题

11）在“图表选项”对话框中选择“网格线”选项卡，单击“数值（Y）轴”栏中的“主要网格线”复选框，去掉其前面的“✓”，即不显示所有网格线，如图 4-82 所示。

提示：在“图表选项”对话框中，选择其他不同的选项卡，可以实现不同的设置。

1）选择“坐标轴”选项卡，若不想显示某一坐标轴，只需单击该复选框去掉前面的“✓”。

2）选择“图例”选项卡，可选择是否显示图例及图例显示的位置。

3）选择“数据标签”选项卡，在“数据标签包括”栏中选择数据标签是否包括“系列名称”、“类别名称”、“值”，选择分隔符。

4）在“数据表”选项卡中，选择是否“显示数据表”。

12）将鼠标移到图表上，双击图表，使图表处于编辑状态。将鼠标移到图例上，单击右键，在弹出的快捷菜单中选择“设置图例格式…”命令，如图 4-83 所示，打开“图例格式”对话框，在“图案”选项卡中设置“边框”栏为“无”；选择“字体”选项卡，设置“字号”为“8”。可通过拖动来灵活调整图例的位置。

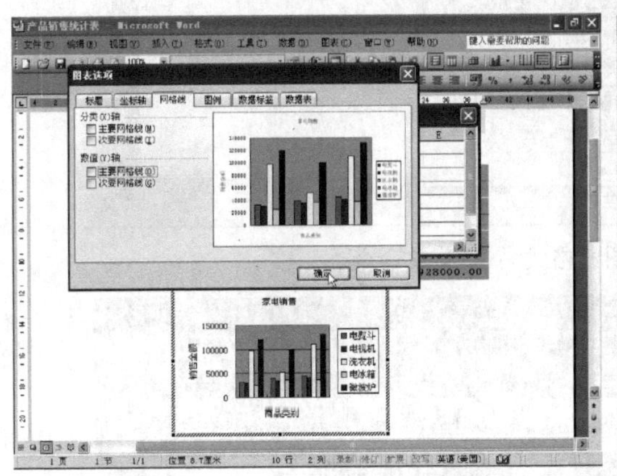

图 4-82 设置图表的网格线

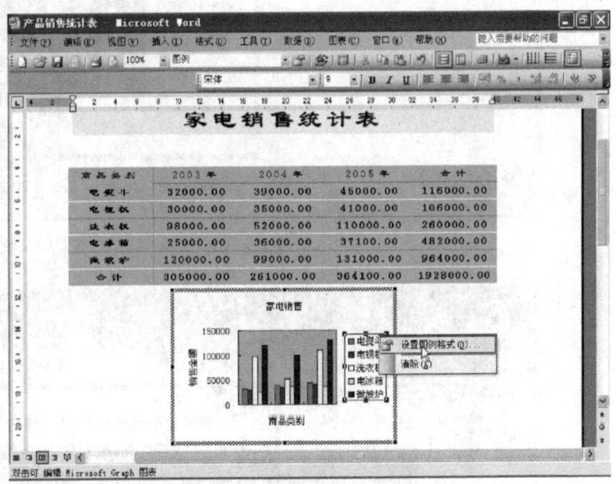

图 4-83 设置图表的图例

13）在图表编辑状态下，在图表绘图区单击鼠标右键，选择“设置绘图区格式…”菜单命令，如图 4-84 所示，打开“图表区格式”对话框，在“边框”栏中选择“无”单选项，在“区域”栏中选择“无”单选项。用类似的方法对图标调整，如图 4-85 所示。

4.5.3 思考与练习

1. 填空题

1）要插入图表，在选定数据区域后，需选择________菜单命令。

2）要使图表不显示图例，需在“图表选项”对话框中选择________选项卡。

2. 操作题

在 Word 2003 中建立如图 4-86 所示的文档，“自动套用格式”选择“列表型 7”。

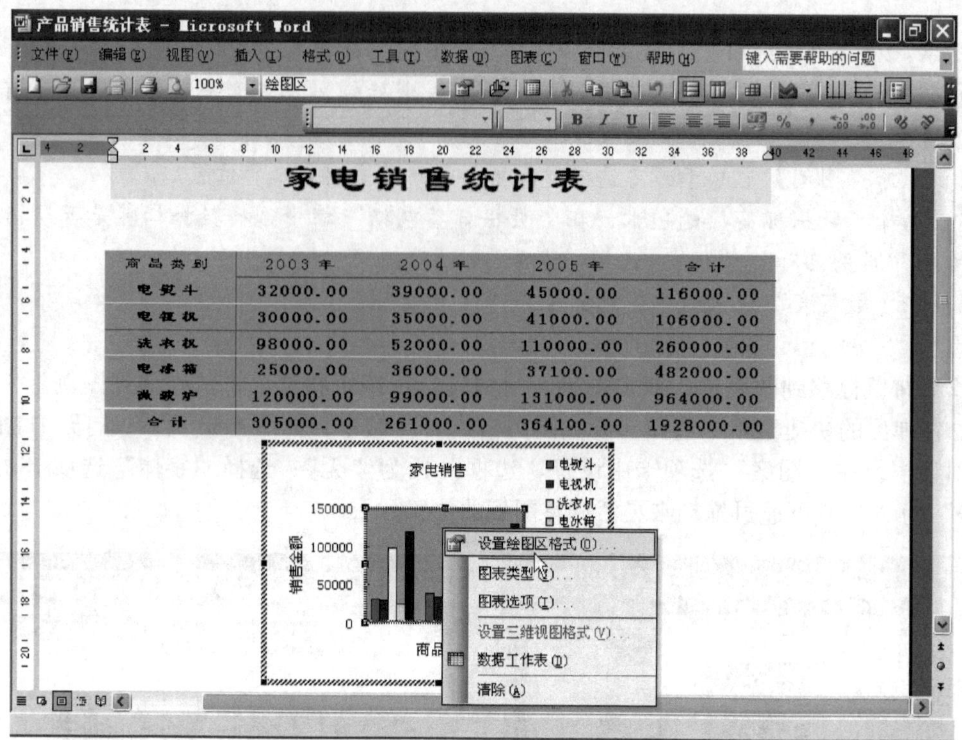

图 4-84 选择“设置绘图区格式 …”菜单命令

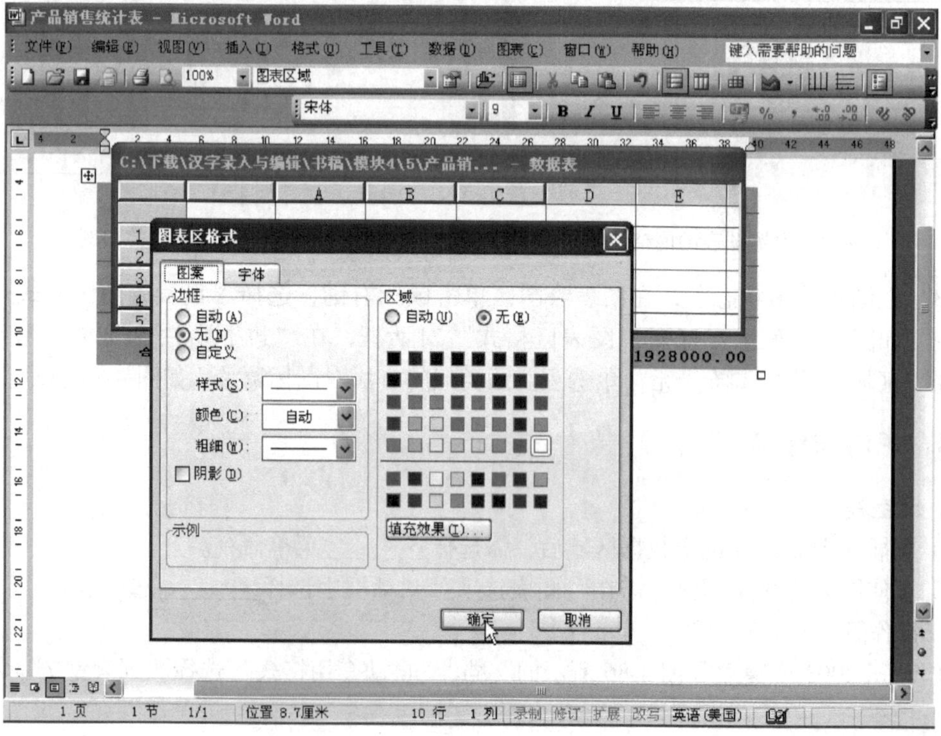

图 4-85 设置图表的绘图区格式

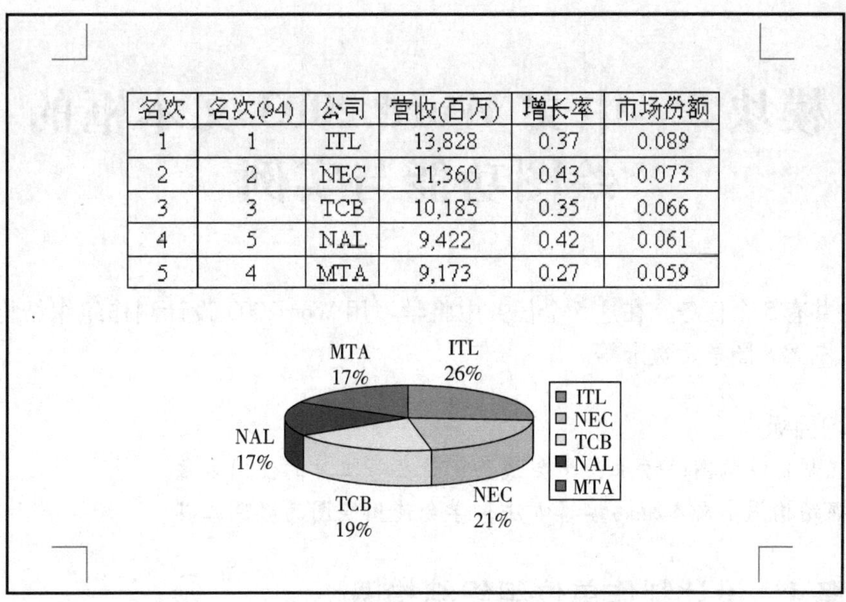

名次	名次(94)	公司	营收(百万)	增长率	市场份额
1	1	ITL	13,828	0.37	0.089
2	2	NEC	11,360	0.43	0.073
3	3	TCB	10,185	0.35	0.066
4	5	NAL	9,422	0.42	0.061
5	4	MTA	9,173	0.27	0.059

图 4-86 作业效果图

模块 5　中文 Word 2003 文本框的绘图功能与实例

本模块共有 5 个任务，在这 5 个任务中将学习用 Word2003 设计制作组织结构图、图书封面、标志图案、图章、贺卡等。

学习目标：

1）掌握制作结构图的方法，学会线条、箭头等工具的使用方法。

2）掌握结构图中文本框的编辑方法，学会使用绘图的颜色工具。

5.1　任务 1　设计制作单位组织结构图

在本任务中介绍了单位组织结构图的制作方法，主要包括组织结构图的创建以及各种选项的设置。

5.1.1　实例效果

图 5-1 为学校组织结构图。

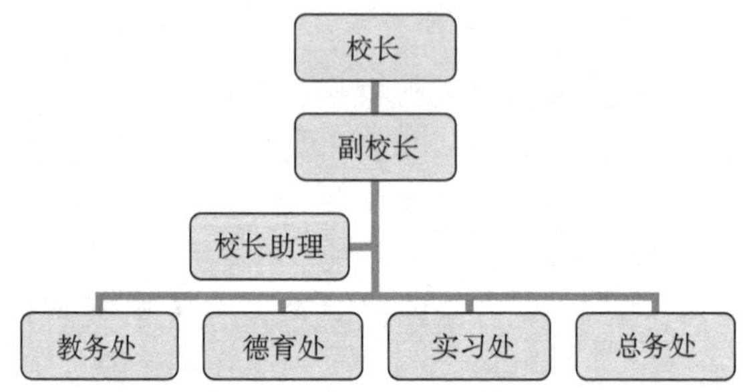

图 5-1　学校组织结构图

5.1.2　操作步骤与技巧

1）新建一个空白文档，以“学校组织结构图”为名保存。

2）单击“插入”按钮，打开“插入”菜单，单击“图示”按钮 图示(G)...，打开“图示库”对话框，如图 5-2 所示。

3）在“图示库”对话框中，单击“组织结构图”图标，单击“确定”按钮，在空白处创建一个组织结构图，如图 5-3 所示。

4）单击创建的组织结构图，系统自动打开“组织结构图”对话框，如图 5- 4 所示。

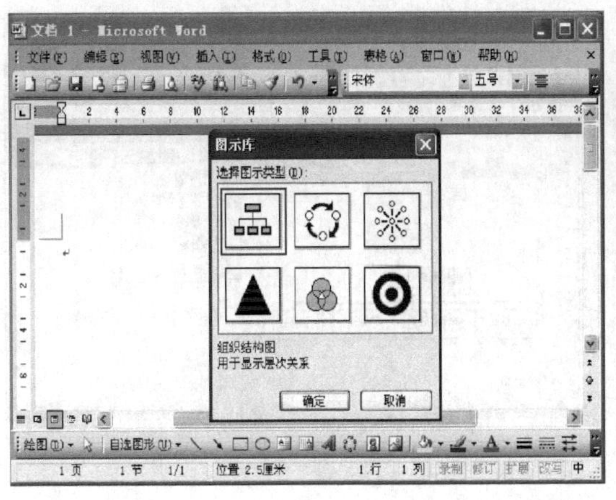

图 5-2 “图示库”对话框

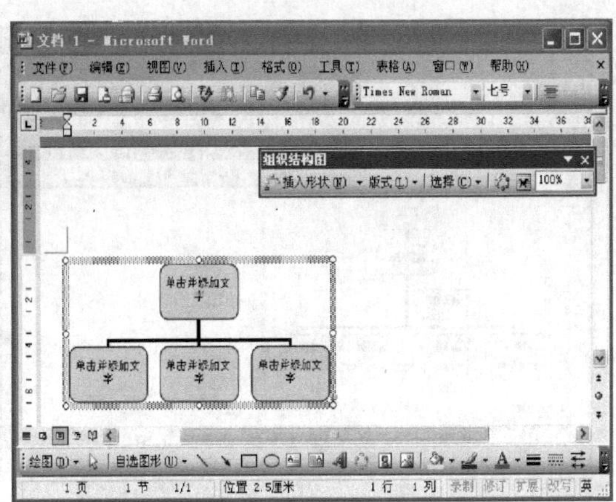

图 5-3 组织结构图

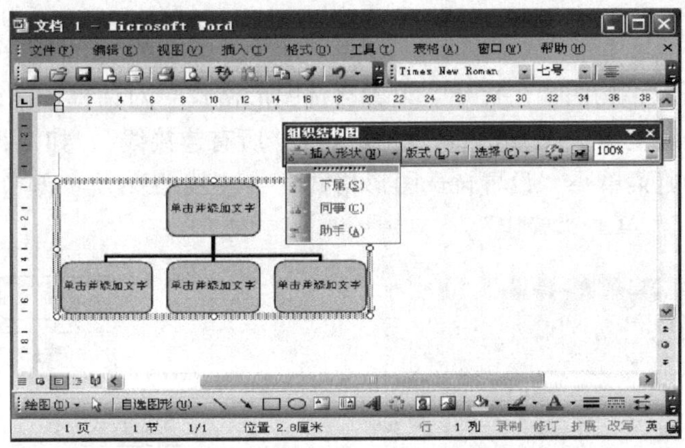

图 5-4 “组织结构图”对话框

5）单击顶级图框，将光标插入其中，在图框中输入“校长”，然后将文字选中将“字号”设置为“小五”，“字形”为“加粗”。

6）单击并选中“校长”下属图框，按［Delete］键，删除选中的图框，只保留一个下属图框。在图框中，输入“副校长”，设置字号为“小五”，字形为“加粗”。

7）单击“副校长”图框，然后单击“组织结构图”工具栏中的“插入形状” 插入形状(N) 右侧的向下箭头，选“助手”为图框添加“助手”，在图框中输“校长助理”，设置字号为“小五”，字形为“加粗”。

8）单击“组织结构图”工具栏中的“插入形状”按钮 插入形状(N) 右侧的向下箭头，选“下属”，继续以上操作，添加另外 3 个“下属”。选“下属”图框，在“下属”图框中依次输入“教务处”、“德育处”、“实习处”、“总务处”，如图 5-5 所示。

9）单击“副校长”图框，在组织结构图中选取“版式”→“标准”，如图 5-6 所示。

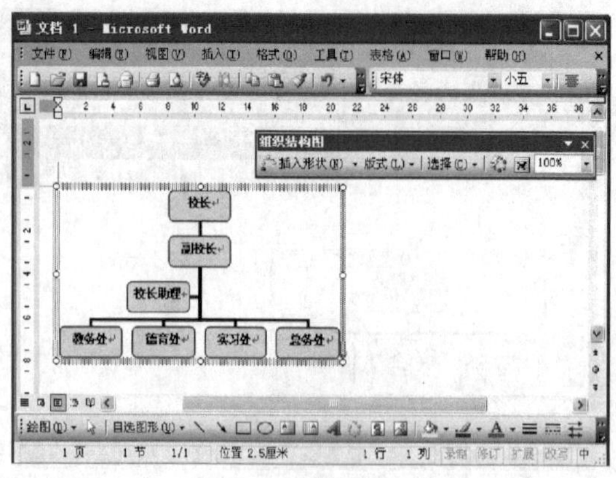

图 5-5　学校组织结构图

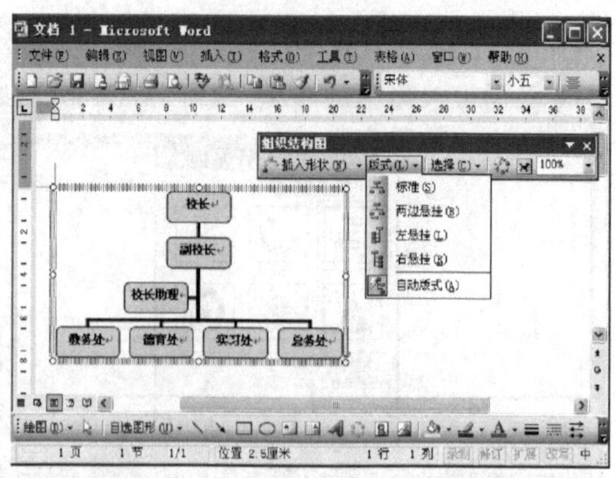

图 5-6　“组织结构图”对话框

提示：“组织结构图”中分 3 个等级，“同事”、“下属”、“助手”，顶级图框不能添加“同事”。

10）美化“组织结构图”，打开“设置自选图形格式”对话框，修饰连接线，如图 5-7 所示。单击“组织结构图”工具栏→“选择”→“所有连接线”，如图 5-8 所示。在连线上单击右键，打开快捷菜单→“设置自选图形格式”→“线条”及“颜色”选取红色，保持“线型”及“粗细”，单击“确定”。

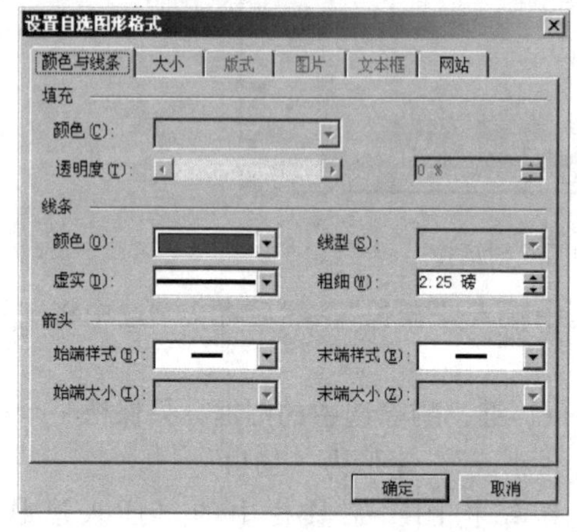

图 5-7　“设置自选图形格式”对话框

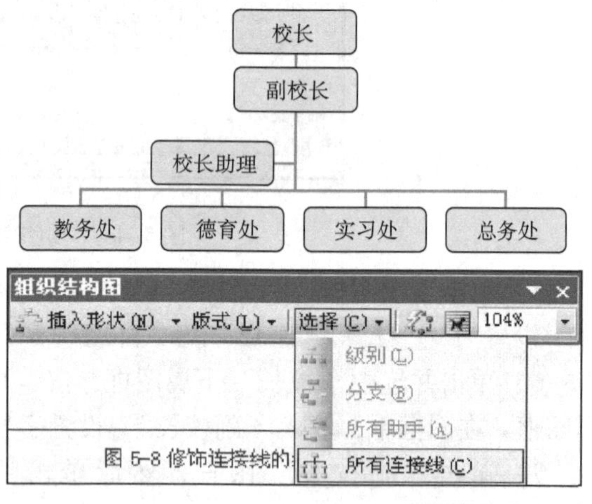

图 5-8　修饰连接线的组织结构图

11）单击“校长”图框，然后单击“组织结构图”工具栏→“选择”→“级别”，使图框变成边上为 8 个控制点 的情况。用右键单击“校长”图框，选择“边框和底纹”在“设置自选图形格式”对话框中设置图框的颜色为黄色及边框的颜色为红色，如图 5-9 所示。同样方法设置“副校长”图框，如图 5-10 所示。

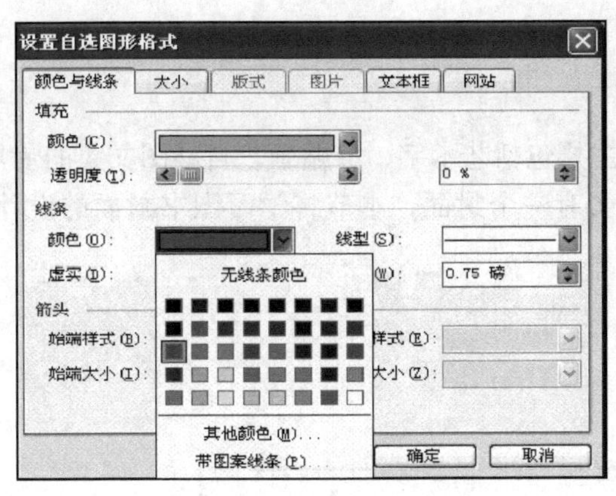

图 5-9 “设置自选图形格式”对话框

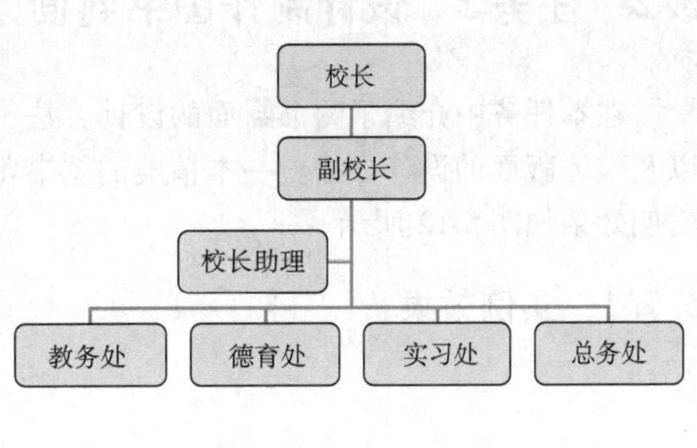

图 5-10 美化图框

12）单击“校长助理”图框，然后单击“组织结构图”工具栏→“选择”→“助手”用右键单击“校长助理”图框，选择“边框和底纹”，在“设置自选图形格式”对话框中设置图框的颜色及边框的颜色。

13）单击“教务处”图框，然后单击“组织结构图”工具栏→“选择”→“分支”。用右键单击“教务处”图框，选择“边框和底纹”，在“设置自选图形格式”对话框中设置图框的颜色及边框的颜色。同样方法设置“德育处”、“实习处”、“总务处”的格式。

14）保存文档，完成“学校的组织结构图”的创建。

5.1.3 思考与练习

1. 填空题

“组织结构图”中分 3 个等级，________、________、________。

2. 选择题

创建组织结构图，单击________按钮，打开“插入”菜单，单击“图示”按钮中打开图示。

A. 插入　　B. 格式　　C. 工具　　D. 表格

3. 操作题

在 Word 2003 中制作如图 5-11 所示的组织结构图。

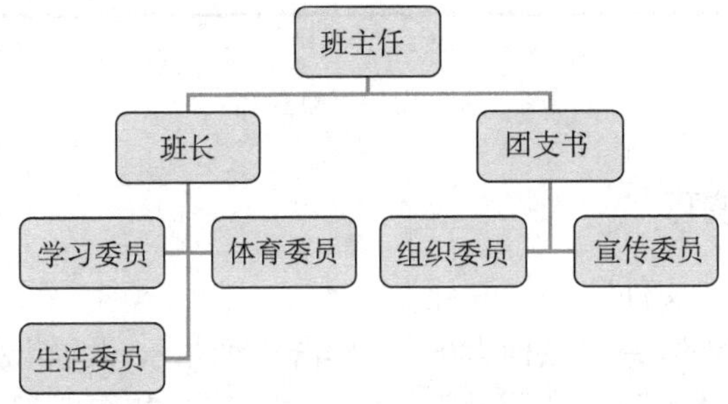

图 5-11 组织结构图效果图

5.2 任务2 设计制作图书封面

在本任务中介绍了图书封面的设计方法，主要包括艺术字、剪贴画、自动图文集的使用以及整体版面的设计方法。一本精美的图书都会有一个封面，本节将学习图书封面的设计，实例效果如图 5-12 所示。

5.2.1 实例效果

图 5-12 书籍封面

5.2.2 操作步骤与技巧

1）新建空白文档：“文件” →“新建”。

2）页面设置：“文件” → “页面设置”，单击 “纸张”，设置纸张大小为 “16 开”。

3）插入艺术字：“插入” → “图片” → “艺术字”，如图 5-13 所示。选择艺术字的样式，如图 5-14 所示。

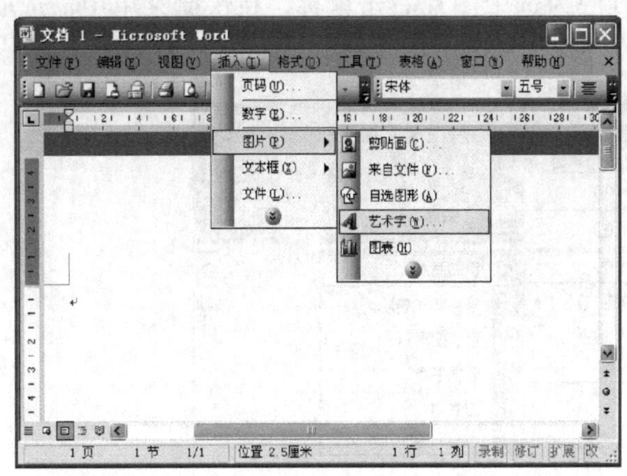

图 5-13　插入“艺术字”

图 5-14　选择“艺术字”样式

4）输入书的名字“AutoCAD 实训报告”，检查艺术字输入的正确性，以及艺术字的效果，如图 5-15 所示。

5）修改艺术字格式：选中艺术字并右击，在快捷菜单中，选取设置艺术字格式，打开“设置艺术字格式”对话框，在“版式”→“高级”中，选择“浮于文字上方”，单击“确定”，如图 5-16 所示。

图 5-15　输入书名

图 5-16　设置“艺术字”的格式

提示：艺术字操作技巧：单击“艺术字” 工具栏，也可修改艺术字的内容、样式、格式、形状、方向环绕等内容。

6）为封面插入图片：“插入”→“图片”→“剪贴画”，在“剪贴画”对话框中，选取所需要的图片，如图 5-17 所示。

7）改变图片的大小：根据需要调整图片的大小，将图片摆放在合适的位置。选中图片右击鼠标，在出现的下拉菜单中，选取“设置图片格式”，方法与设置艺术字格式的方法类似。设置图片的“颜色和线条”、“大小”、“版式”，设置图片的“环绕方式”为“衬于文字下方”，再依次设置图片的叠放次序，方法为选中图片右击鼠标，在快捷菜单中，选取“叠放次序”依次将图片放在不同的层次上，如图 5-18 所示。

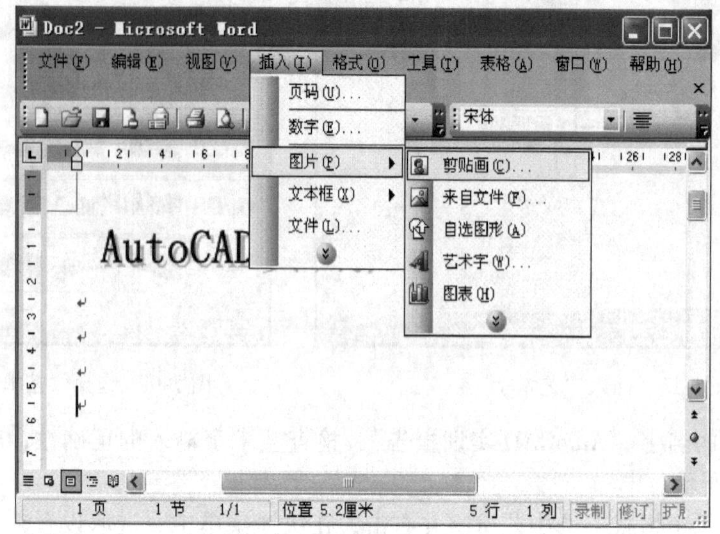

图 5-17　插入剪贴画

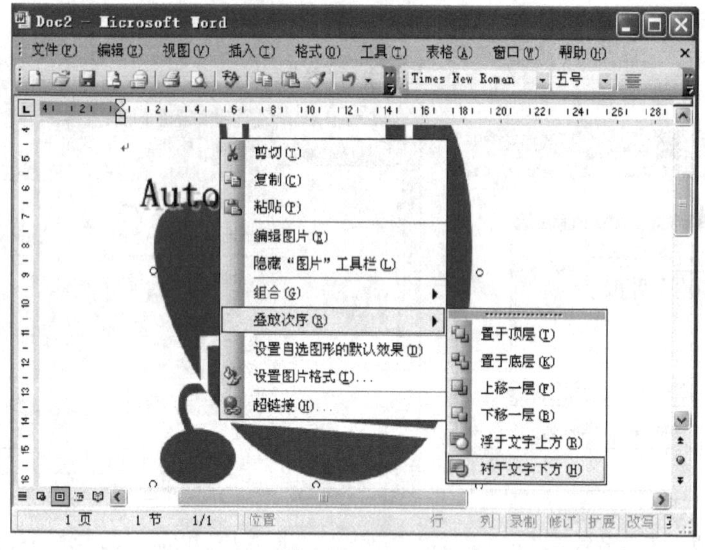

图 5-18　设置“叠放次序”

8）使用“自动图文集”：在封面中输入需要的文字，将光标定在艺术字的下方，从“自动图文集”中选取所需要的词条，单击“插入”→“自动图文集”→“参考文献行”选中“参考:”，如图 5-19 所示。在图书封面自动出现“参考:”二字，后继续输入其他文字。

9）使用“自动图文集”的自动更正的功能：在封面中指定位置输入“编著”二字。如果要将“编著”在今后的每一次输入时都换成“主编”，可单击“插入”→“自动图文集”。在出现的“自动图文集”对话框中，选取“自动更正”的“替换”选项卡，在“替换”的位置中输入“编著”，在“替换为”的位置中输入“主编”，如图 5-20 所示。这样在以后每一次输入“编著”时，系统自动将“编著”替换为“主编”。

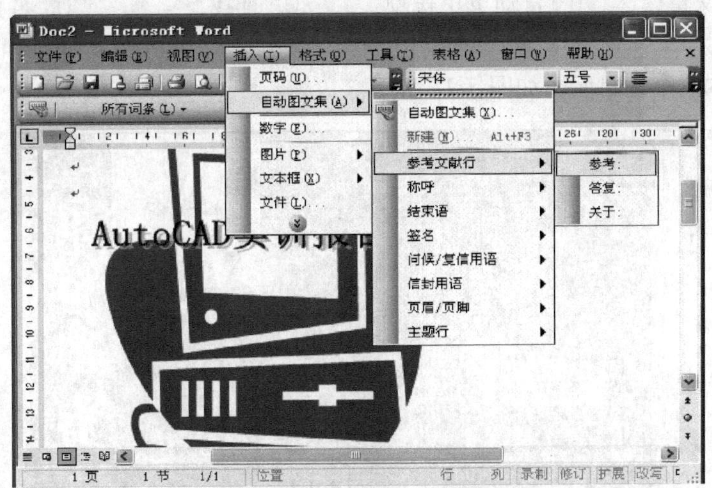

图 5-19　调用“自动图文集”

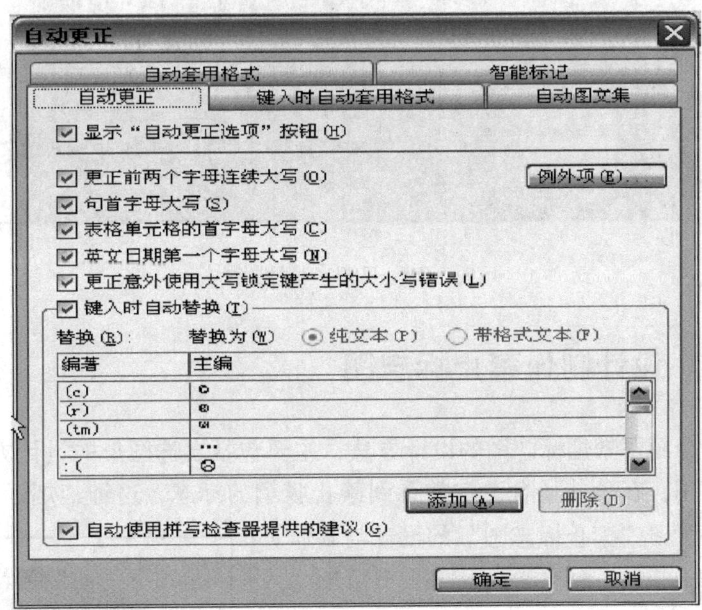

图 5-20　“自动图文集”的替换操作

10）文字设置：调整文中文字位置，以及文字的颜色、字体、字形、字号等。

11）检查文档：对于整页的设置中不当的地方，按照以上的方法重新调整。

12）保存文档：以“图书封面设计”为文件名保存文档。

5.2.3　思考与练习

1. 填空题

要插入自动图文集中的称呼语，可单击________→________→________。

2. 选择题

将每次输入的“编著”都自动替换为“主编”应使用________。

A. 自动图文集　　B. 自动更正选项　　C. 查找　　D. 替换

3. 操作题

制作日记本的个性封面，如图5-21所示。

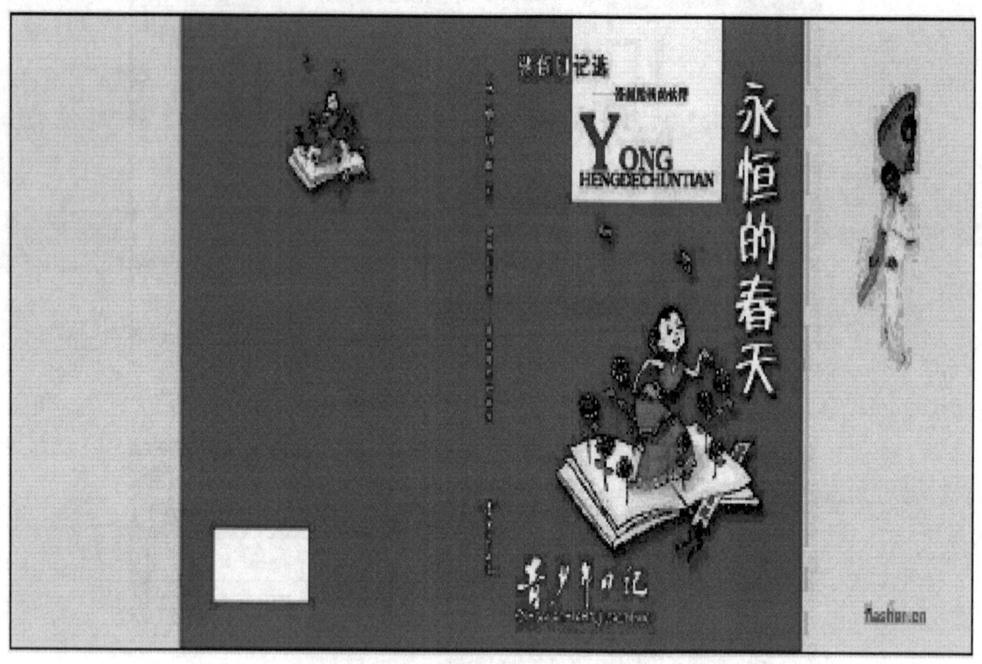

图5-21　日记本个性封面

5.3　任务3　设计制作禁止标志图

在本任务中介绍了禁烟标志图的设计方法，主要包括自选图形的设计方法和Word软件中自带图形的使用。在公共场合，常常看到禁止吸烟的标志，这种禁烟标志是如何制作的呢？在本节中将学习“禁止标志图”的设计与制作。

5.3.1　实例效果

禁止吸烟标志的效果如图5-22所示。

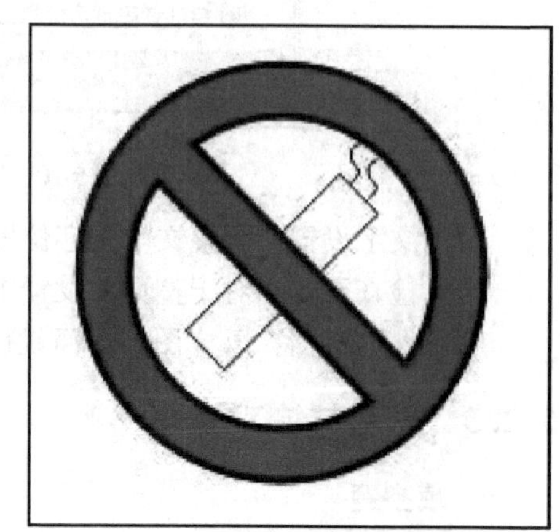

图5-22　“禁止吸烟标志”实例效果图

5.3.2　操作步骤与技巧

1）新建一空白文档，页面设置为A4纸，调整文档的“显示比例”为25%，可看到整个页面。

2）单击菜单栏“视图”→“工具栏”→“绘图”，打开绘图工具栏。

3）绘制禁止符号。

① 点击绘图工具栏上的“自选图形”，选择“基本形状”，Word 会自动弹出基本形状面板，其中就有一个标准的禁止符号，如图 5-23 所示。

图 5-23 “自选图形”菜单

② 用鼠标点击禁止符号，这时鼠标形状变成了“十”字型，表明现在处在绘图状态。按住鼠标左键，从文档的左上方拉至右下方，松开左键，一个禁止符号就画好了。图形周围有 8 个空白小圆圈和一个小绿圆圈，把鼠标移到这些圆圈上，鼠标的形状也随之发生变化。空白小圆圈是用来调整图形大小的，小绿圆圈用来旋转图形的。

提示：绘图中按住鼠标左键的同时按住键盘上的［Shift］键这样画出来的是正圆，而不会变成椭圆。

4）设置禁止符号的各种属性。

① 右击选中“禁止符”，在弹出的快捷菜单中，选择“设置自选图形格式”进行图形的各种属性设置，如图 5-24 所示。

② 单击面板上“颜色与线条”选项卡，将“填充色”选择为红色，“线条”粗细为“2 磅”。

③ 单击面板上的“大小”选项卡，高度输入为“15 厘米”，宽度为“15 厘米”，旋转角度为“0”。

④ 单击“确定”按钮。

5）设置禁止符号在页面中的位置为“居中”的操作。

① 单击绘图工具栏上的“绘图”按钮，选择“对齐或分布”，在弹出面板的最下面选中“相对于页”，然后再次选择“对齐或分布”，如图 5-25 所示。

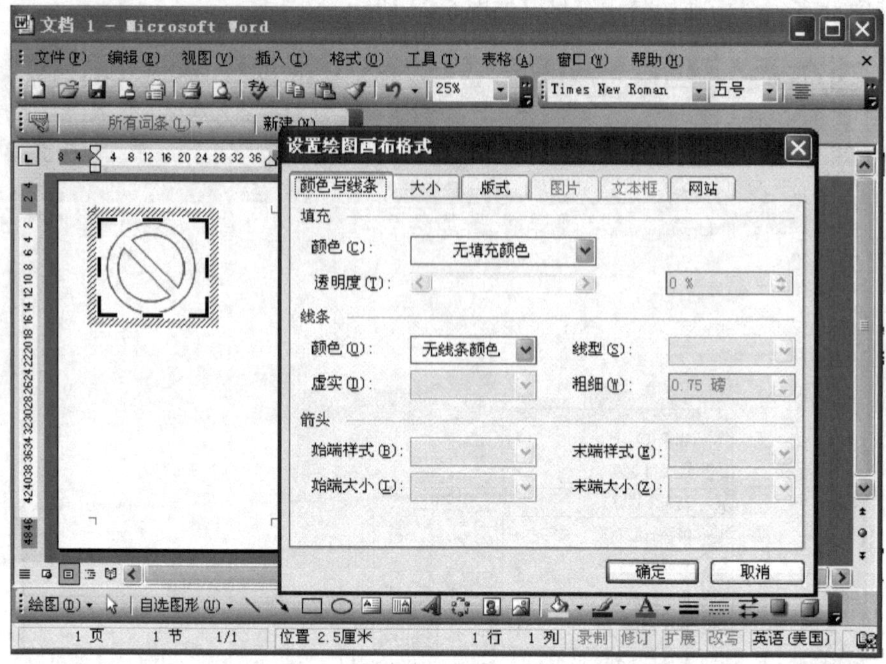

图 5-24 “设置自选图形格式”工具栏

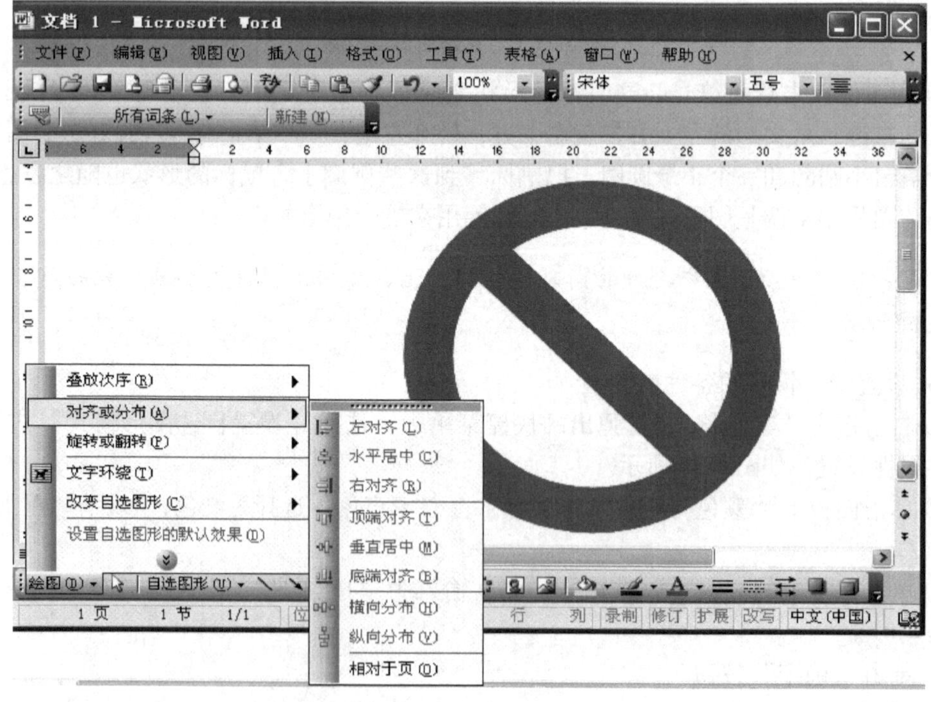

图 5-25 “绘图”工具栏菜单

② 单击面板上的“水平居中”按钮，将“禁止符”水平居中。

③ 单击面板上的“垂直居中”按钮，将“禁止符”垂直居中。完成红色的禁止符的设计制作，如图 5-26 所示。

图 5-26 禁止符号

6）绘制香烟操作。

① 单击绘图工具栏上的“矩形”按钮（用矩形设计香烟），如图 5-27 所示。

② 按住鼠标左键往右下角拉到大约 5 厘米长再松开，这样一矩形就画好了。

提示： 在画的时候不要按住［Shift］键，不然画出来的就是正方形而非矩形了。

7）设置矩形属性 。

① 选中矩形符号，点击鼠标右键，在弹出的快捷菜单中，选择“设置自选图形格式”。

② 选择面板上的“大小”选项卡，高度设为“2 厘米”，宽度为“8 厘米”，旋转角度为“135 度”。

8）设置矩形在页面中的位置。

① 先用第 5 步的方法，将矩形在页面居中。

② 因为香烟是在禁止符的下面，所以需要将矩形放在禁止符斜杠的下面。选中矩形并右击，在弹出的快捷菜单中，选择“叠放次序”，在弹出的面板中，选择“置于底层”，完成香烟的设计制作，如图 5-28 所示。

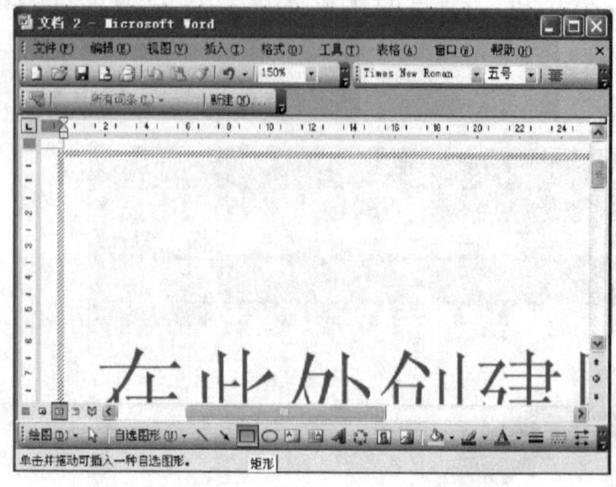

图 5-27 “绘图”工具栏中自选图形部分

图 5-28 带有香烟的禁止图

9）绘制燃烧的烟。

① 单击绘图工具栏上的“自选图形”，选择“线条”，在弹出面板上选择“曲线”。

② 单击页面的空白处，再移动鼠标，页面上有一条线会随鼠标的移动而移动，用鼠标在第一点的下方、第二点右下方、第三点的左上方各单击一下，然后双击结束 S 曲线的绘制。

10）设置曲线的大小：选中曲线，在曲线图形周围会出现 8 个小空白圆圈，通过鼠标拖动其中的某一个小空白圆圈，可改变线段的长短，用此方法可调整曲线的长短。

11）设置曲线在页面中的位置：选中曲线，将鼠标移到图形上面，按住鼠标左键不放，将曲线移到香烟头旁边的位置，松开左键即可以。

12）复制曲线：选中曲线，按［Ctrl］＋［C］组合键复制，再按［Ctrl］＋［V］组合键粘贴一个曲线。

13）重复 10）~11）将这两个曲线移到合适位置并调整好大小。

14）整体图形：先选中禁止符，然后按住［Shift］键不放，再选择矩形和两条曲线，松开［Shift］键，右击并选择快捷菜单上的“组合”选项，图形就此形成一个整体，完成禁烟符的设计与制作，如图 5-29 所示。

提示：制作禁止标志图时，还可以选择直接使用软件中的符号的方法。

1）单击菜单“插入”→“符号”，弹出“符号”对话框，在“字体”下拉框中选择“Webdings”，符号区就可发现禁烟标志，如图 5-30 所示，选定该符号后依次单击“插入”和“关闭”按钮。

2）在文档中选定插入的禁烟标志，设置其字号为“350 磅”，然后在标志下面输入一排文字“禁止吸烟”，并设置字号为“100 磅”，全部文字居中排列，如图 5-31 所示。

3）最后保存、打印。

图 5-29　完整的禁烟符号

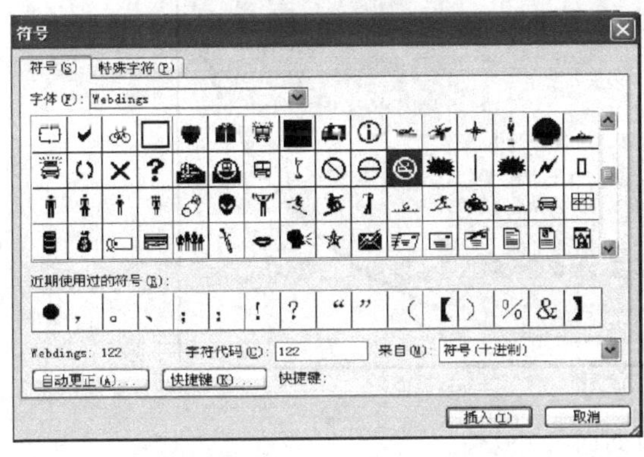

图 5-30　插入“符号”对话框

图 5-31　完整的禁烟图

5.3.3　思考与练习

1. 填空题

点击绘图工具栏上的________，选择________，Word 系统会自动弹出基本形状面板。

2. 操作题

绘制洗手间门前标志图，如图 5-32 所示。

图 5-32　绘制男女洗手间门前标志

5.4 任务4 制作VCD封面、图章

在本任务中介绍了VCD封面和图章的设计方法，主要包括自选图形的设计与绘制方法，艺术字与图片的综合运用等。本节将学习VCD封面、图章的设计与制作。

5.4.1 实例效果

VCD封面实例效果如图5-33所示。

图5-33 VCD封面实例效果

5.4.2 操作步骤与技巧

1）新建文档：点击绘图工具栏上的“自选图形”→“基本形状”，如图5-34所示。在“自选图形”在文档中拖出一个同心圆，如图5-35所示。

提示： 按住［Shift］键拖动图形，绘出的是正圆。

2）填充颜色：选中图形，单击绘图工具栏中按钮，选择“填充效果”选项，弹出如图5-36所示的对话框。在该对话框中单击“渐变”选项卡，选中“双色”选项，将“颜色1”设置为黄色，“颜色2”设置为白色，透明度设为38%，底纹样式设为“中心辐射”，在变形预览中选择第2个，单击“确定”按钮，其效果如图5-37所示。

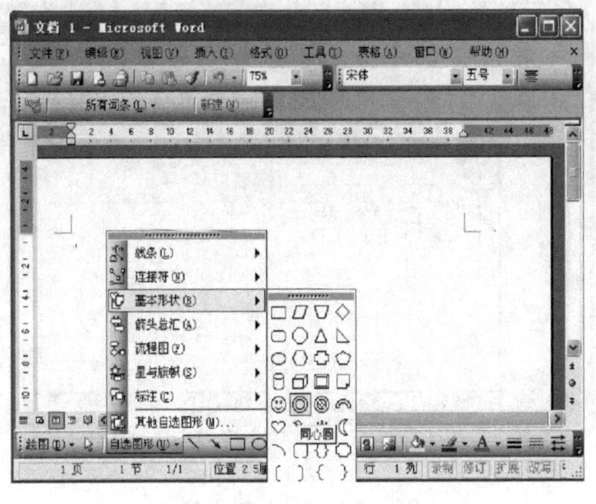

图 5-34　选取自选图形图

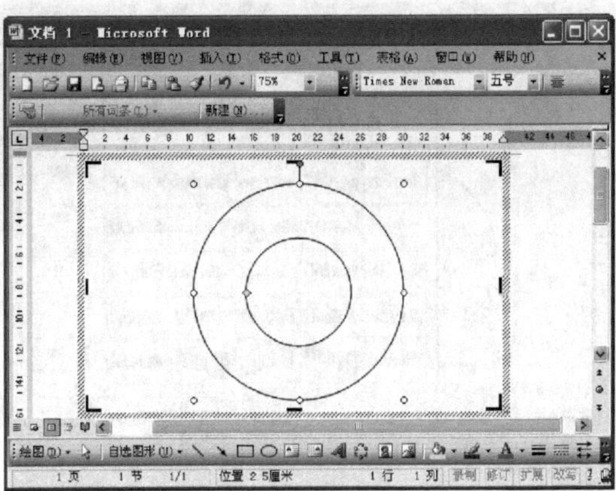

图 5-35　同心圆

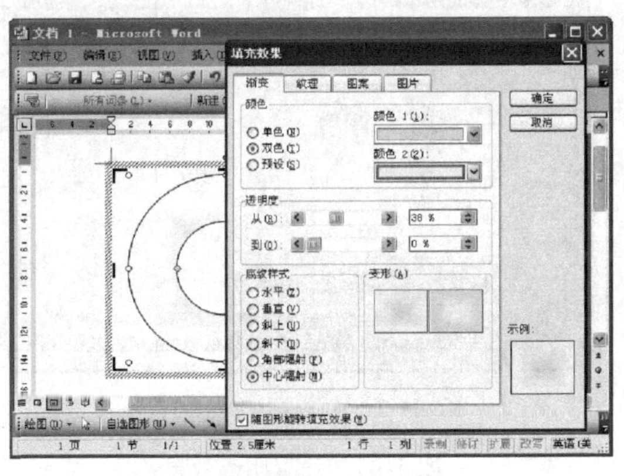

图 5-36　调整“填充效果”对话框

图 5-37　填充后的效果

3）添加文字：在绘图菜单中，单击“插入艺术字”按钮，选中一种样式，如图 5-38 所示。单击“确定”按钮，在弹出的对话框中输入“快乐青春”四个字，设置字体为“楷体”，字号为“36”、加粗，单击“确定”按钮，如图 5-39 所示。右击鼠标，在快捷菜单中选择“设置艺术字格式”命令，设置“版式”为“浮于文字上方”，将其拖到环形图形上，单击绘图工具栏中按钮，设置填充颜色为“黑色”，单击“线条颜色”按钮，设置线条颜色为“无色”。

4）同样方法输入“Happy”和“youth”两个英文单词，填充颜色为“无色”，线条颜色为“灰色”，单击“阴影”按钮，选择“阴影样式 17”，如图 5- 40 所示。设置阴影效果，如图 5- 41 所示。

5）添加目录：单击文本框按钮“”，拖出矩形框，右键单击选择“添加文字”选项，将其转为文本框，设置矩形的填充颜色和线条均为“无色”，将输入内容的字号设为“六号”，行距设为“最小值为 0”；选中文本框，右击选择“设置自选图形格式”命令，在文本框选项卡中，将其值设为“0”，如图 5- 42 所示。

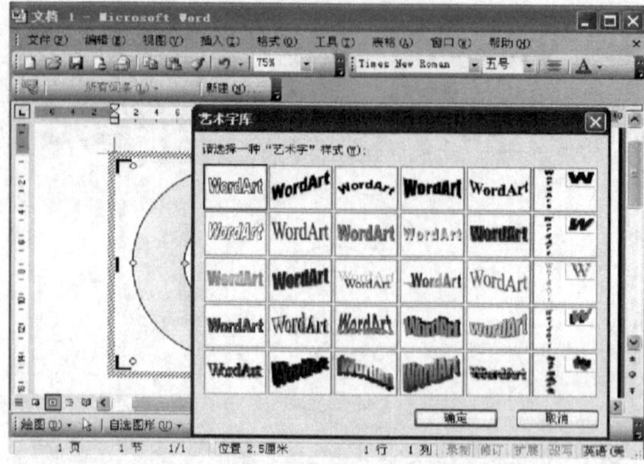

图 5-38 选取艺术字的样式

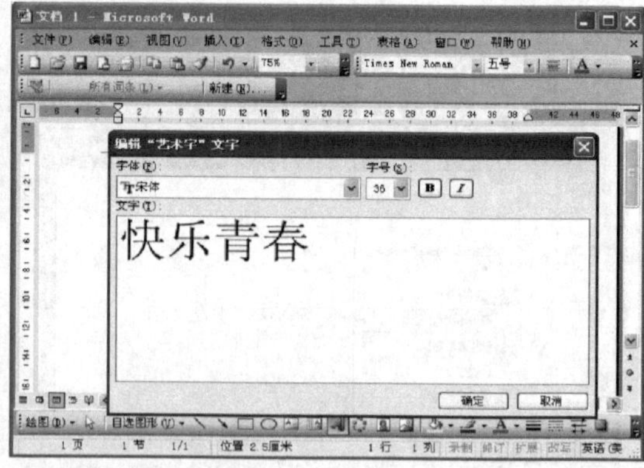

图 5-39 输入艺术字

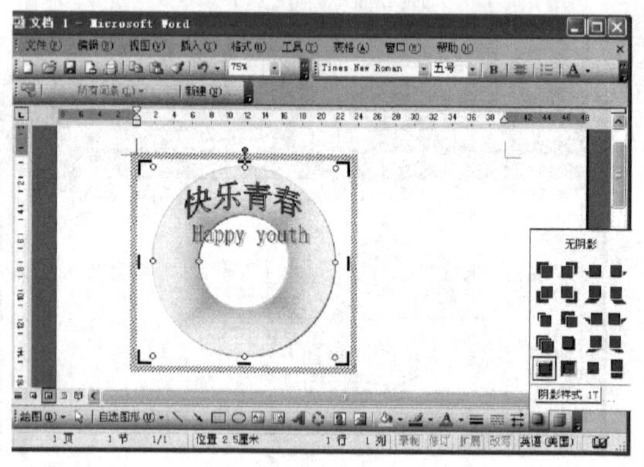

图 5-40 选取阴影样式

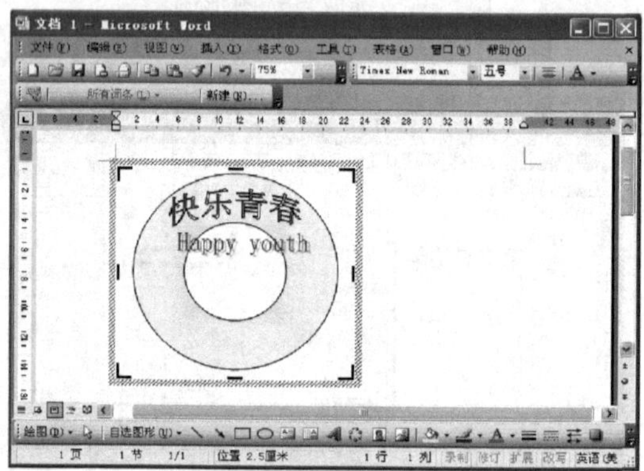

图 5-41 设置阴影效果

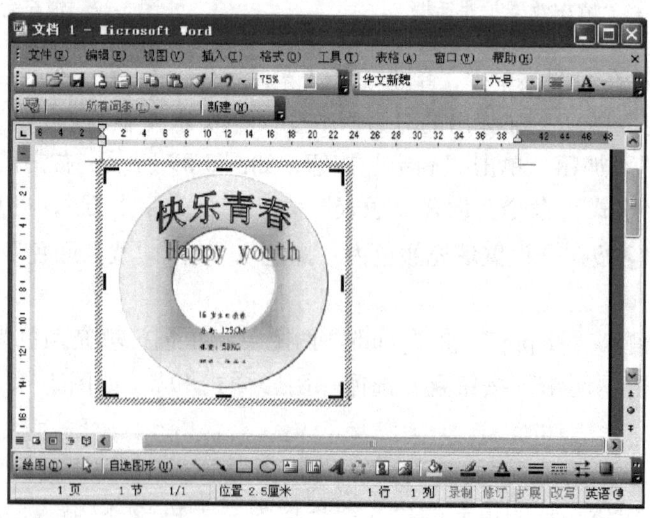

图 5-42 输入文字

6）改变文字方向：选中文字，右击选中“文字方向”命令，在弹出的对话框中选择方向。

7）添加 VCD 的盘号，同第五步操作步骤。

8）保存文档：以“VCD 封面”为文件名保存在磁盘中。

设计制作图章。在公司中常常用到图章，用类似的方法还可以制作一个有个性、美观的图章，如图 5-43 所示。

（1）创建文档

（2）绘制圆

1）单击“视图”→“工具栏”→“绘图”。在“绘图”工具栏中，单击椭圆工具“”，按住［Shift］键的同时，拖动鼠标在文档中绘制一个正圆。

2）将圆绘制在“在此处创建图形”以外的区域。

（3）绘制边框

1）右击所绘制的图，在弹出的快捷菜单中选择“设置自选图形格式”命令。

2）单击“颜色和线条”选项，在“填充”设置区中的“颜色”下拉列表中，选择“红色”；在“粗细”下拉列表中，选择“4.5 磅”的线条，单击“确定”按钮。

（4）插入艺术字

1）在“绘图”工具栏中，单击“插入艺术字”按钮。

2）在列表中选择第一种艺术字式样后，单击“确定”按钮。

3）在文字编辑框中，输入“沈阳爱车人协会 Shen Yang Ai Che Re Association”，单击“确定”按钮。

（5）美化艺术字

1）选中插入艺术字，在“艺术字”工具栏中，单击“艺术字形状”工具，在弹出的列表中，选择“细环行”，如图 5-44 所示。

图 5-43　公司图章效果图

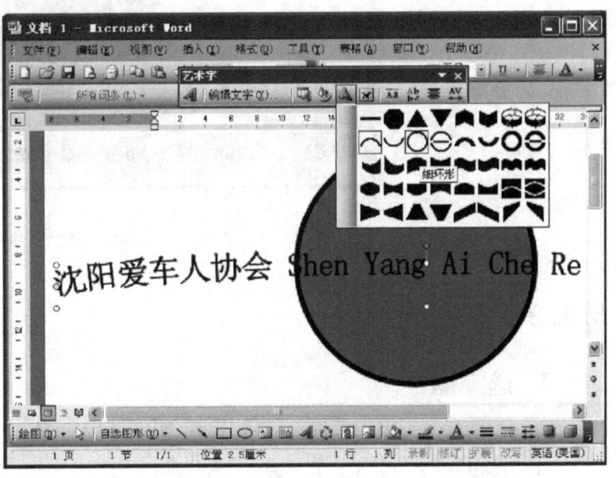

图 5-44　设置“艺术字”形状

2）选中艺术字并右击鼠标，在弹出的快捷菜单中选择“设置艺术字格式”。

3）单击“大小”选项卡，在“高度”编辑框中，把高度和宽度设置成相同的数值，单击“确定”按钮。

4）选中艺术字，单击“艺术字”工具栏中的“编辑文字”按钮，利用在文字中插入空格来调整文字之间的相对位置。

5）选中艺术字并右击鼠标，在弹出的快捷菜单中，选择“设置艺术字格式”命令。

6）在“填充”设置区中的“颜色”列表中，选择“黑色”后，单击“确定”按钮。

7）单击“艺术字工具栏”中的“文字环绕”工具，选择“浮于文字上方”命令。

8）按住［Shift］键的同时，拖动艺术字下角的控制点，调整环形艺术字的大小与印章大小吻合，并将艺术字拖到圆形印章的正中央。

（6）插入图片

1）选择“插入”→“图片”→“来自文件”菜单。

2）选择合适的图片，单击“插入”按钮。

3）选中插入的图片，单击“图片”工具栏中的“文字环绕”工具，在弹出的列表中选择“浮于文字上方”命令。

4）调整图片的大小，将其拖到印章的中心。

5）按住［Shift］键依次选中组成印章的各个部分并右击鼠标，在弹出的快捷方式菜单中，选择“组合”子菜单中的“组合”命令，得到完整印章，如图 5-45 所示。

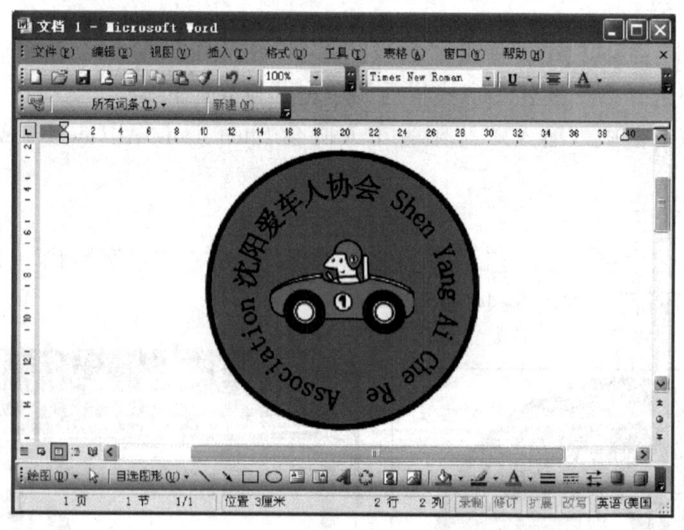

图 5-45 完整印章

5.4.3 思考与练习

1. 选择题

填充颜色，选中图形，单击绘图工具栏中________按钮。

A. B. C. D.

2. 操作题

1）制作一个个性化的个人图章，如图 5-46 所示。

2）制作一张生日纪念 VCD 封面，如图 5-47 所示。

图 5-46　个人图章

图 5-47　生日纪念 VCD 封面

5.5　任务 5　设计制作生日贺卡

在本任务中将制作一张生日贺卡，主要练习页面边框的编辑，插入编辑图片，插入编辑自选图形，插入编辑艺术字。

逢年过节，大家都喜欢给亲朋好友寄上一张贺卡，献上自己对他们的美好祝福。无论是去商店买贺卡，还是到贺卡网站上去挑选贺卡，似乎都不如自己亲手制作的更真诚。利用 Word 制作的电子贺卡，既可用 E-mail 发送，又可打印出来邮寄，比买的贺卡更能体现贺卡的个性和特殊意义，如图 5-48 所示。

5.5.1　实例效果

图 5-48　生日贺卡实例效果图

5.5.2　操作步骤与技巧

1）在 Word 2003 中新建一个空白文档，然后以“生日贺卡”为名称来保存它。

2）选择“文件”→“页面设置…”命令，打开“页面设置”对话框，如图5-49所示。

3）选择“页边距”选项卡，设置其上、下、左、右页边距均为“2厘米”，方向为“横向”，单击“确定”按钮完成设置，如图5-50所示。

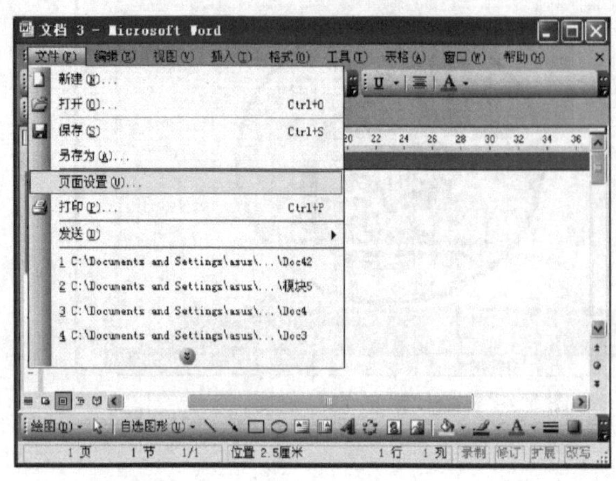

图5-49 选择“页面设置”命令

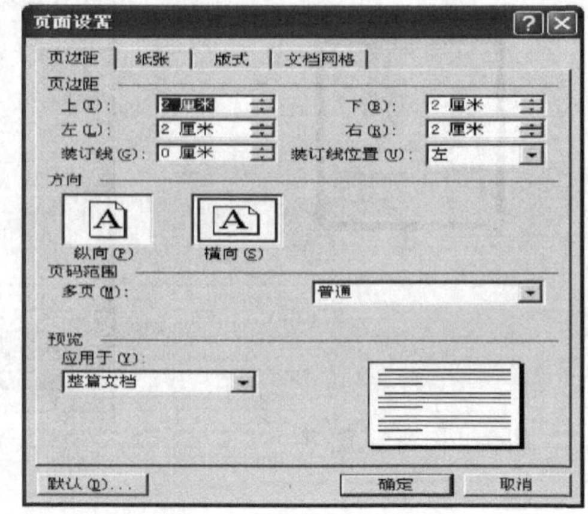

图5-50 “页面设置”对话框

4）选择菜单“格式”→“边框和底纹…”，弹出“边框和底纹”对话框。选择“页面边框”选项卡，在“艺术型”下拉列表框中选择一种图案边框，在“宽度”栏中设置其宽度，单击“确定”完成边框设置，如图5-51所示。

5）选择菜单“插入”→“图片”→“来自文件…”命令，打开“插入图片”对话框，在“查找范围”下拉列表框中选择图片所在的文件夹，在下面的列表框中选择名字为“生日”的图片，然后单击“插入”按钮完成该图片的插入，如图5-52所示。

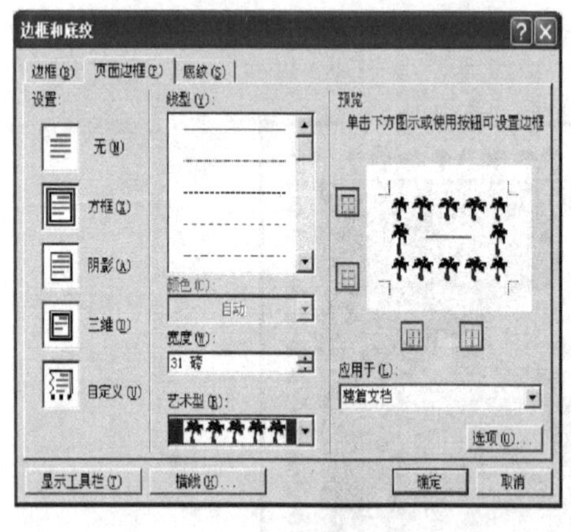

图5-51 “边框和底纹”对话框

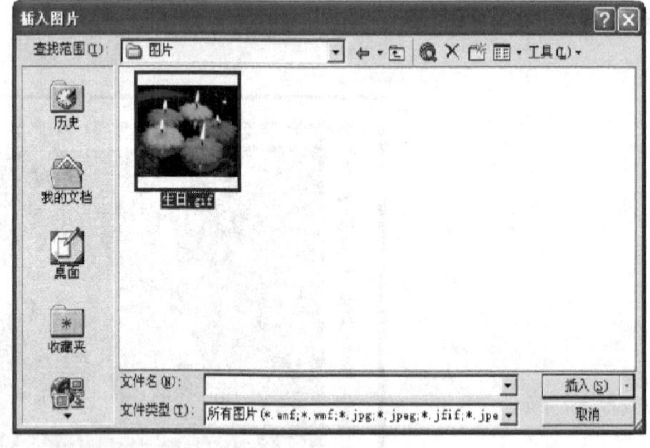

图5-52 “插入图片”对话框

提示：若要进行图片格式的设置，则双击图片或在插入的图片上单击鼠标右键，在弹出的快捷菜单中选择“设置图片格式”命令，均可打开“设置图片格式”对话框。在“图片”选项卡中单击颜色旁边的下拉箭头，可以选择图像的颜色模式，如图5-53所示。

6）选择菜单“插入”→“图片”→“艺术字…”命令，打开“‘艺术字’库”对话框，选择一种“艺术字”式样后单击“确定”按钮，则打开“编辑‘艺术字’文字”对话框，输入祝福文字，并设定好字体和字号（输入“生日快乐”，选择字体“宋体”，字号为“48”，字型为“加粗”），单击“确定”按钮完成艺术字插入，如图 5-54 所示。

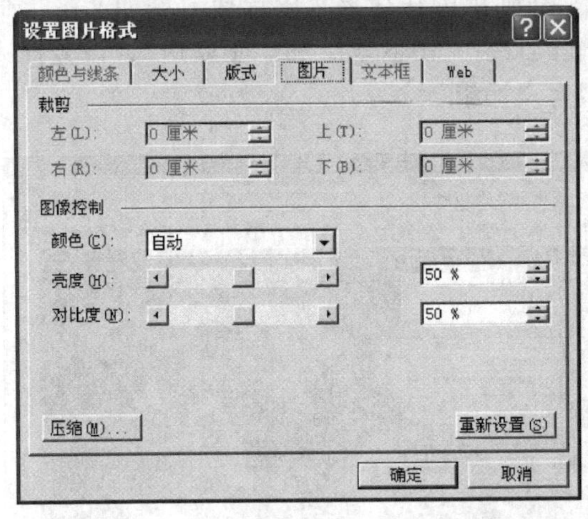

图 5-53 “设置图片格式”对话框

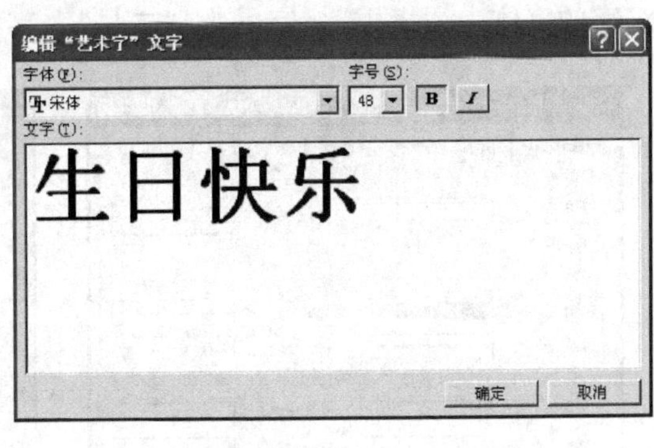

图 5-54 “编辑‘艺术字’文字”对话框

7）单击插入的艺术字，弹出“艺术字”工具栏，单击“文字环绕”按钮，在下拉列表中选择“浮于文字上方”命令，如图 5-55 所示。单击“艺术字”工具栏上的“设置艺术字格式”按钮，打开“设置艺术字格式”对话框，选择“颜色与线条”选项卡，可设置填充颜色和线条颜色（填充颜色为“玫红”，线条颜色为“黑色”），单击“确定”按钮完成设置，如图 5-56 所示。

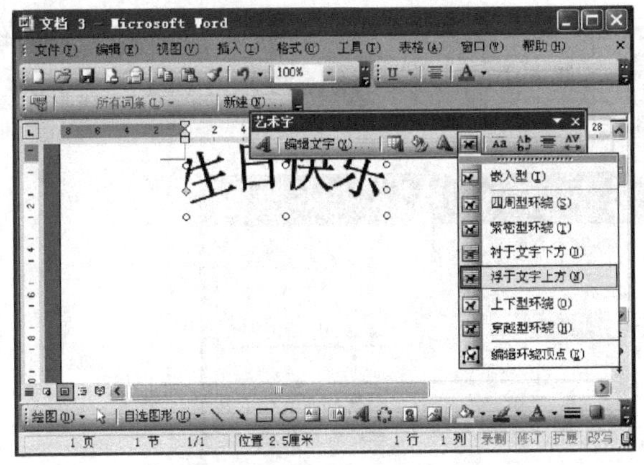

图 5-55 设置文字环绕方式

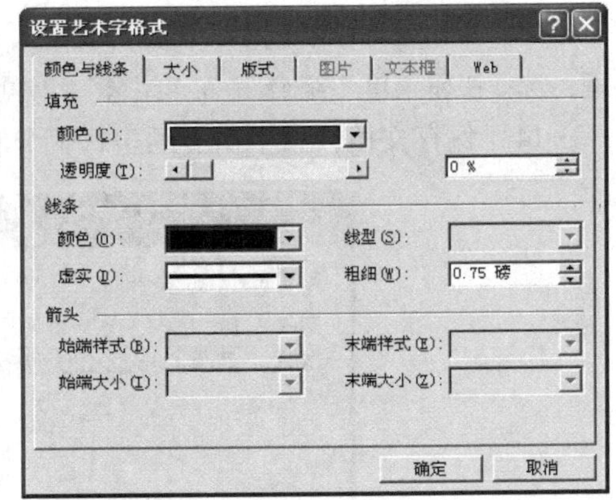

图 5-56 “设置艺术字格式”对话框

提示：单击选中艺术字，艺术字周边出现 8 个关键点，拖动艺术字的关键点可调整艺术字的大小，也可通过“艺术字形状”按钮来修改艺术字的形状。

8）在“绘图”工具栏中单击“自选图形”按钮，单击“基本形状”中的“圆角矩形”，在文档中打开画布，按［Esc］键取消画布，在贺卡的左上方画一个“圆角矩形”。双击插入的“圆角矩形”，弹出“设置自选图形格式”对话框，在“颜色与线条”中选择填充颜色和透明度（填充颜色为白色，透明度为50%），单击“确定”按钮完成设置，如图5-57所示。

9）复制此“圆角矩形”，使图片的左上角和右下角都有3个“圆角矩形”。

10）单击选中“圆角矩形”，点鼠标右键，在弹出的快捷菜单中选择“添加文字”命令，如图5-58所示。直接在“圆角矩形”中输入文字“田丽收”和“王晶送”，设置插入汉字的字体为“隶书”，字号为“二号”，字型为“加粗”。

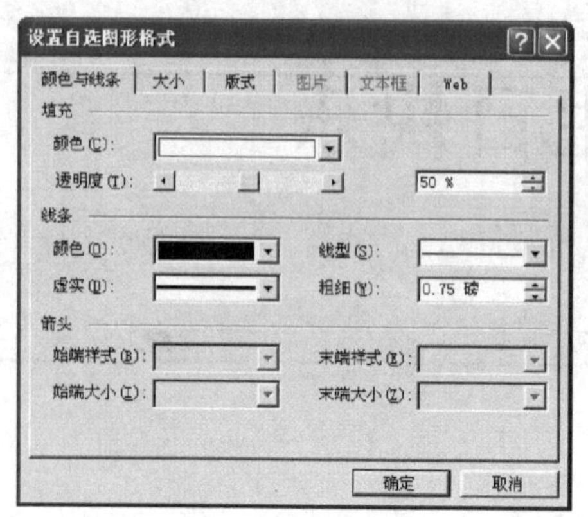

图5-57 “设置自选图形格式”对话框

图5-58 为自选图形添加文字

11）选择菜单“插入”→“对象…”，打开“对象”对话框，选择“由文件创建”选项卡，单击“浏览”按钮选择准备好的音乐文件，单击“确定”按钮，便出现一个与此音乐文件相关的图标，若点击该图标，Word将会自动调用外部媒体播放程序来播放音乐，如图5-59所示。

12）如果还准备在贺卡上写一些祝福的文字，可直接输入，然后点击菜单“格式”→“字体”，设置输入文字的字体和字号。

13）单击贺卡中的艺术字，然后按住［Shift］键，再单击6个自选图形，最后单击鼠标右键，选择快捷菜单“组合”→“组合”，便可以将贺卡中的这些部分组合起来，如图5-60所示。

14）保存文档，一个精美的生日贺卡制作完成。

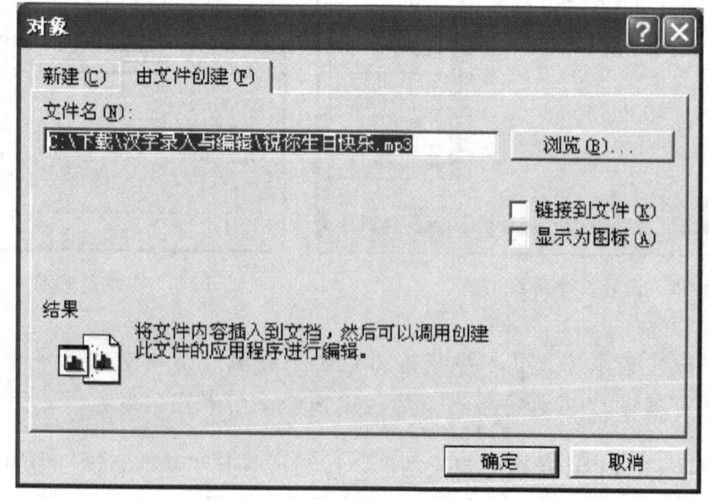

图5-59 “对象”对话框

图 5-60 设置“图形组合”

5.5.3 思考与练习

1. 选择题

1）按住________键同时，用鼠标单击各个自选图形，可选择多个自选图形。

A. [Ctrl] B. [Shift] C. [Alt] D. [Tab]

2）通过选择________命令可以对当前文档进行页面设置。

A. “格式”→“边框和底纹…” B. “格式”→“背景”

C. “文件”→“页面设置…” D. “编辑”→“边框和底纹…”

2. 操作题

在 Word 2003 中制作贺年卡，如图 5-61 所示。

图 5-61 贺年卡

模块6　中文 Word 2003 文档进阶编辑排版与实例

本模块共有5个任务，在这5个任务中将要学习设计制作信封、信纸、横幅标语、书刊排版、打印文件的设置、数学公式的排版等。

学习目标：

1）学会创建、编辑自动图文集和使用 Word 的内置自动图文集。

2）学习创建页眉和页脚，学会设置文字的方向、段落的格式。

3）学习使用查找与替换功能，使用打印对话框，使用公式工具栏。

6.1　任务1　设计制作信封信纸

在本任务中介绍了信封和信纸的制作方法，主要包括自动图文集的设定，页眉页脚的创建、边框和底纹的添加以及剪贴画和图片的设置。

在日常生活中经常要进行书信交流，一般公司为了体现自己的风格都会设计本公司的个性化信纸和信封，如图6-1所示。

6.1.1　实例效果

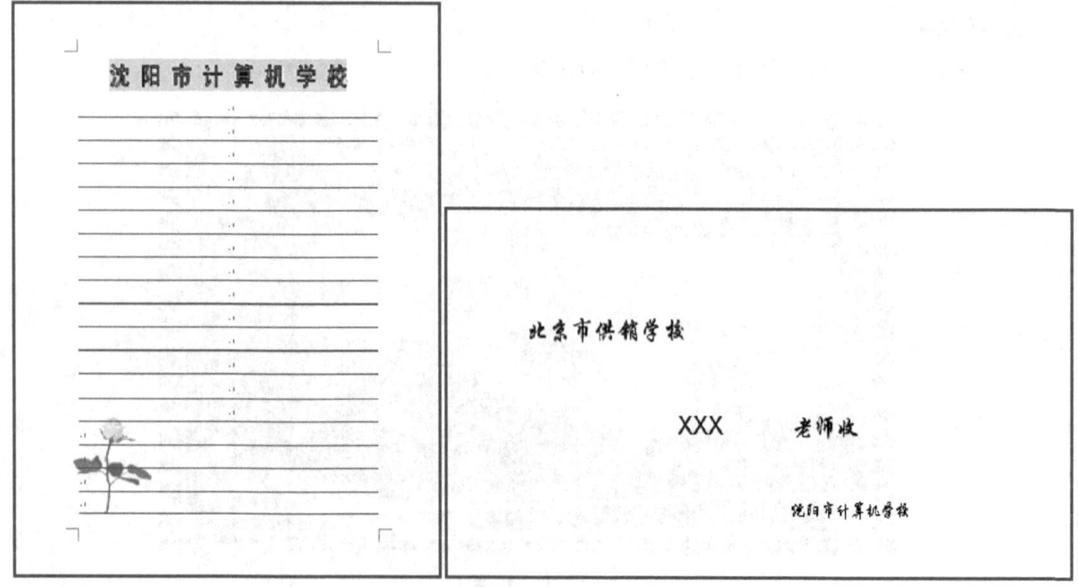

图6-1　信纸和信封效果图

6.1.2 操作步骤与技巧

（1）制作信纸

1）新建文档：单击“文件”→“新建命令”，打开“新建文档”任务窗格，单击“空白文档”选项，打开新文档，如图 6-2 所示。

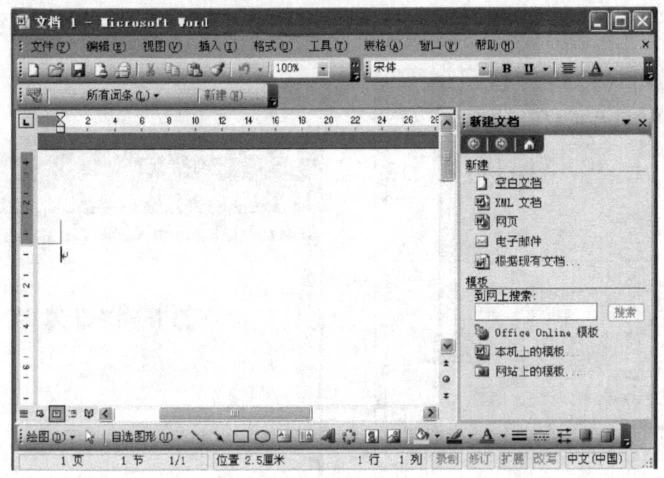

图 6-2 “新建文档”任务窗格

2）页面设置：单击“文件”→“页面设置”，打开“页面设置”对话框，单击“页边距”选项卡，设置上、下边界为 4. 1 厘米，左右边界为 3. 2 厘米，方向为纵向，如图 6-3 所示；单击“纸张”选项卡，设置纸张大小为 A4（21 × 29. 7 厘米），单击“版式”选项卡，

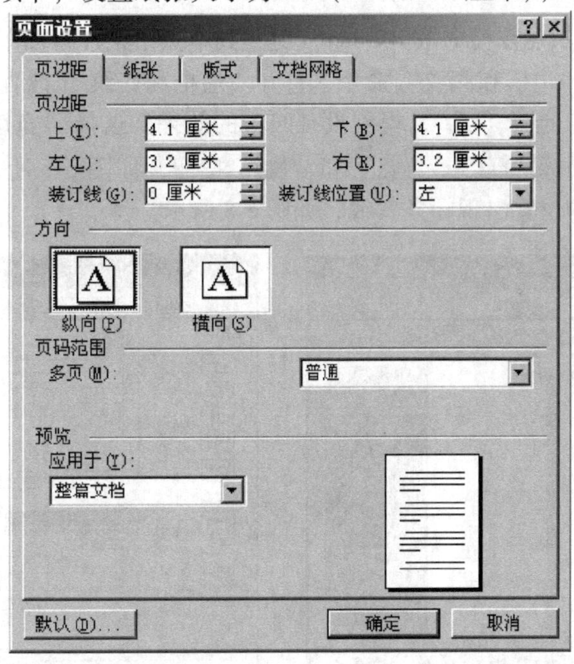

图 6-3 “页面设置 ”对话框

设置“页眉页脚”为3.2厘米，单击“确定”按钮。

3）添加和设置文字：在文档中输入“沈阳市计算机学校”，单击“格式”→“段落”，在“段落”对话框中的常规区域的“对齐方式”选“居中”，或使用工具栏中“▤”按钮使文本居中。在每个字间加一个空格，使字与字之间有一个空格的间距。选中文字，设置字体为“黑体”，字号为“小二”，单击“A”按钮，为文本添加底纹。单击“格式”→“段落”，打开“段落”对话框，进行间距设置，设置段前、段后各为12磅，如图6-4所示。效果如图6-5所示。

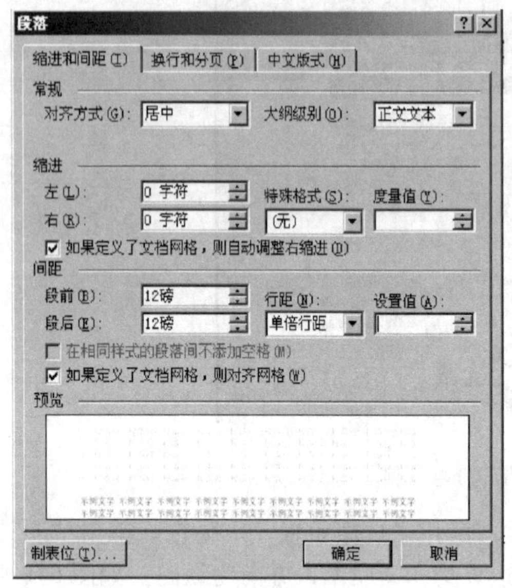

图6-4 “段落”对话框中的间距设置

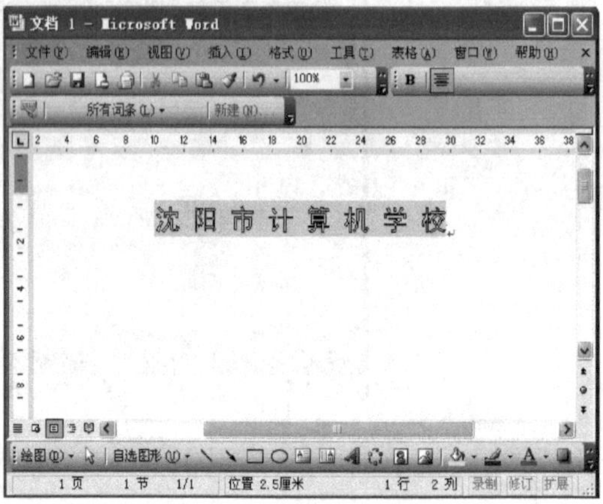

图6-5 设置文本效果

4）为信纸加横线：在首行末按“Enter”键直到本页结束，将回车符选中，如图6-6所示。单击“格式”→“边框和底纹”命令，打开“边框和底纹”对话框，单击“边框”选项卡，在“设置”中，选择“无”，得到没有四边的效果。选择“宽度”为“1磅”，线型为实线，用鼠标单击图标“▦”、“▦”和“▦”按钮，如图6-7所示，单击“确定”按钮，在每一个回车符的位置出现一条实线，如图6-8所示。

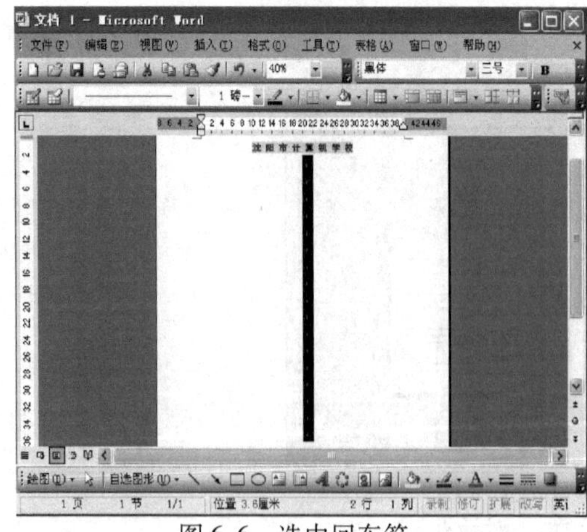

图6-6 选中回车符

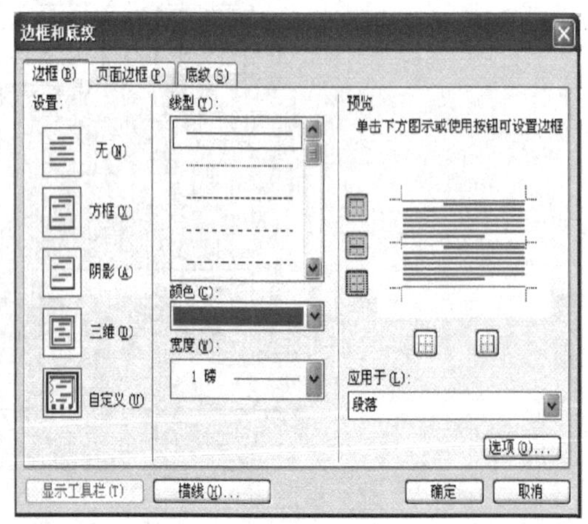

图6-7 “边框和底纹”对话框

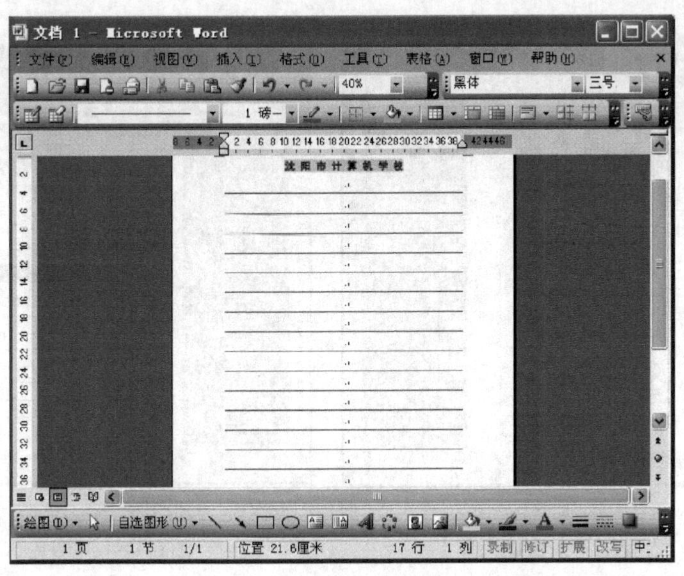

图 6-8　添加横线的纸张图

提示：如果要更改颜色，可在颜色下拉选项中选择所需的颜色。

5）插入背景图案：单击“插入”→“图片”→“来自文件”，在弹出的对话框中，选取所需图片，单击“插入”，将其插入到文本中。选中图片并右击，在出现的快捷菜单中，选择“设置图片格式”，在弹出的对话框中的“版式”选项卡的环绕方式中选择“高级(A)...”，在弹出的“高级版式”中选择“文字环绕”选项卡，选择“衬于文字下方”，单击“确定”按钮，如图 6-9 所示。

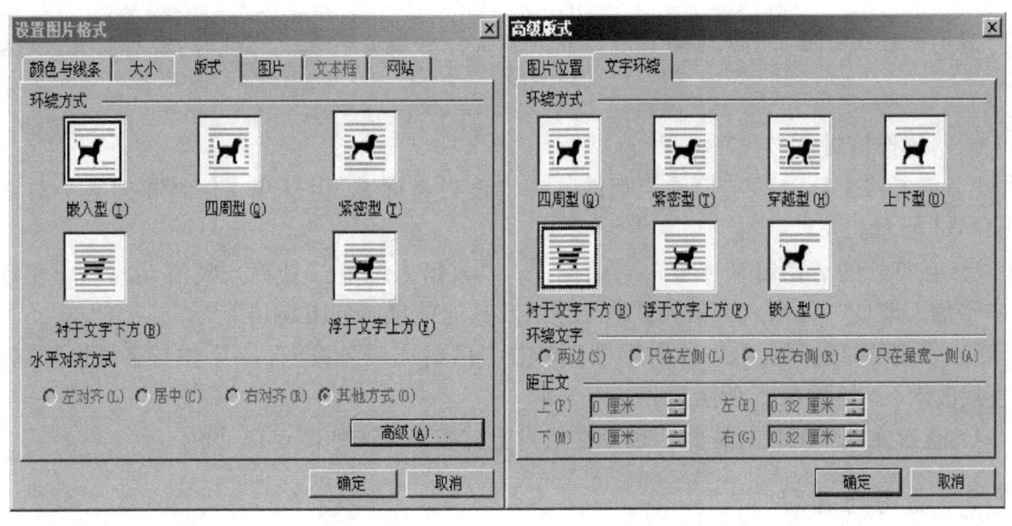

图 6-9　“设置图片格式”对话框

6）设置工具条：在工具栏的任何空白处右击鼠标，弹出工具条快捷菜单，如图 6-10 所示，选择“图片”选项，自动弹出“图片”工具条，如图 6-11 所示。

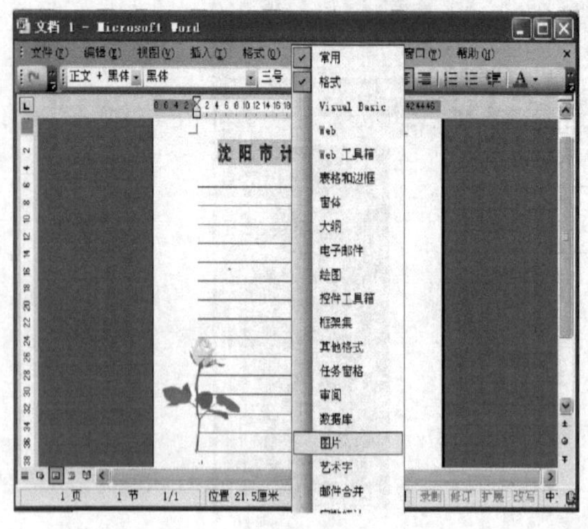

图 6-10　设置工具条快捷菜单

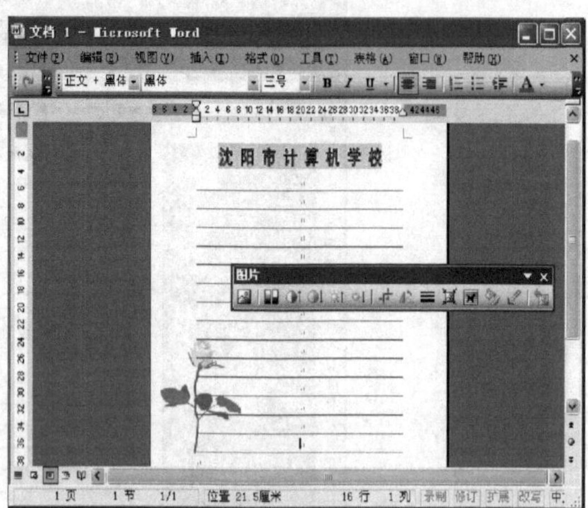

图 6-11　“图片”工具栏

7）设置背景：选中图片，在“图片”工具条中，选择“颜色”→“冲蚀”选项，使图片成“朦胧”效果。

8）插入页眉页脚：单击“视图”→“页眉和页脚”，打开“页眉和页脚”工具条，如图 6-12 所示。编辑页眉页脚，在页眉处写入“沈阳市计算机学校”，在页脚处写入“第　页”。

插入“自动图文集”(S)▾　关闭(C)

图 6-12　页眉页脚工具条

提示：可在页眉页脚处添加图片，设置背景，设置后单击“关闭”，结束页眉页脚的设置。

（2）制作信封

1）单击“工具”→“信函与邮件”→“信封与标签”，打开“信封和标签”对话框，如图 6-13 所示。

2）在打开的“信封和标签”对话框中，“收信人地址”处输入收信人的地址和姓名，在“寄信人地址”处输入寄信人的地址，以及其他信息，如图 6-14 所示。

3）确定信纸的尺寸和字体与字号。单击“信封选项”按钮，（字体与字号也可在信封上直接改动），如图 6-15 所示。

4）查看文档中的信封样式，也可在信封上直接修改，如图 6-16 所示。

6.1.3　思考与练习

1. 填空题

选择________→________→________打开“信封与标签”向导对话框。

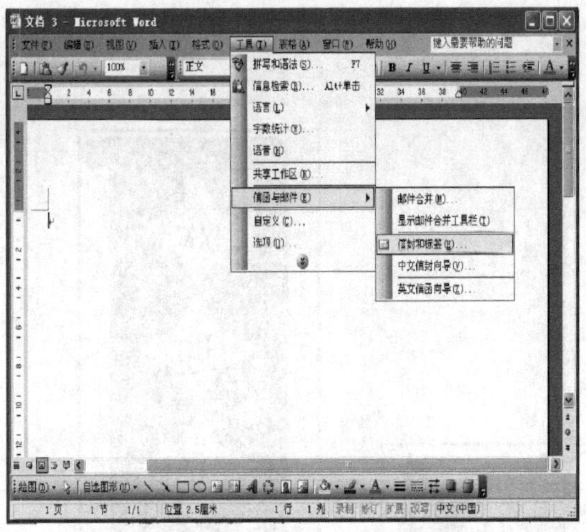

图 6-13　选择“信封和标签”

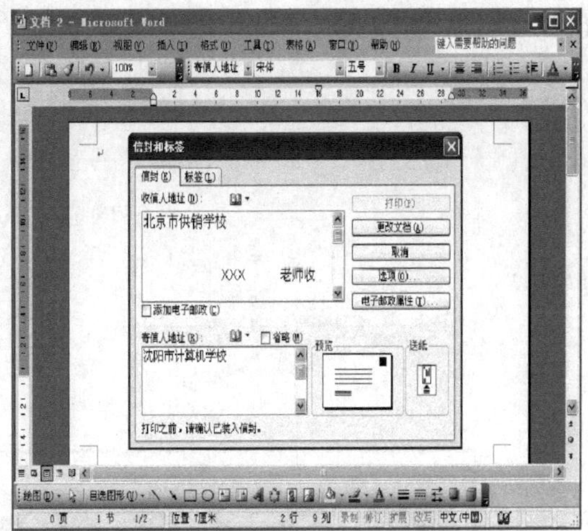

图 6-14　输入内容

图 6-15　选择信封尺寸

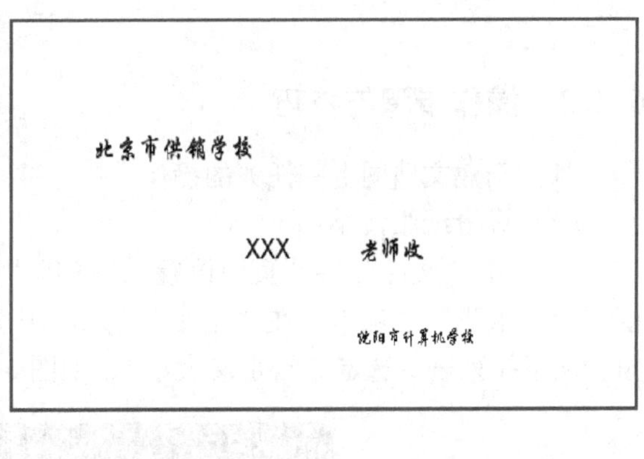

图 6-16　制作好的信封

2. 选择题

为信纸添加横线，可选择________和________。

A. [icon]　B. [icon]　C. [icon]　D. [icon]

3. 操作题

1）制作一篇日记。

2）制作一张有个性的信纸。

6.2　任务 2　设计制作横幅标语

在本任务中介绍了横幅标语的制作方法，主要包括自选图形的设置，艺术字的添加以及整体效果的设定，如图 6-17 所示。

6.2.1 实例效果

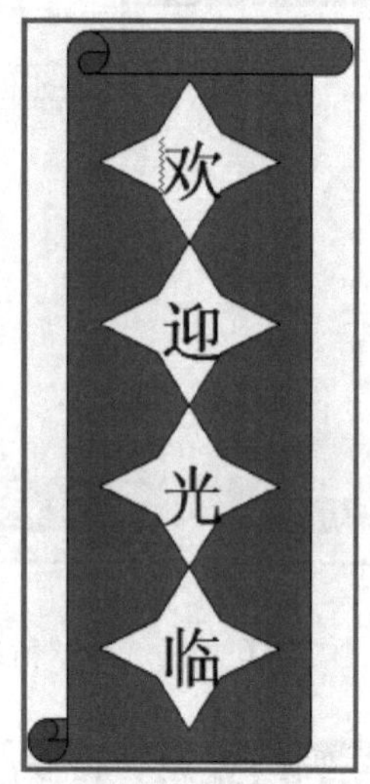

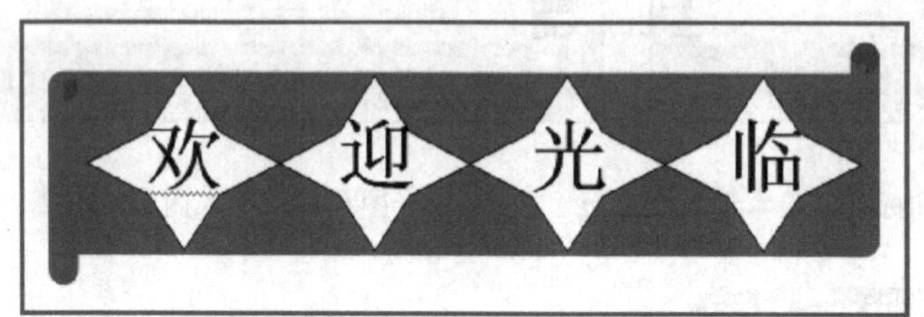

图 6-17　效果图

6.2.2 操作步骤与技巧

（1）新建文档同上一任务的操作。

（2）设置纸张大小

1）单击“文件”→“页面设置”，打开“页面设置”对话框，单击“页面设置”对话框中的“纸张”选项卡，在“纸张”选项卡中单击“纸张大小”，在下拉列表框右侧的下三角，从下拉列表中选定“自定义大小”，如图 6-18 所示。

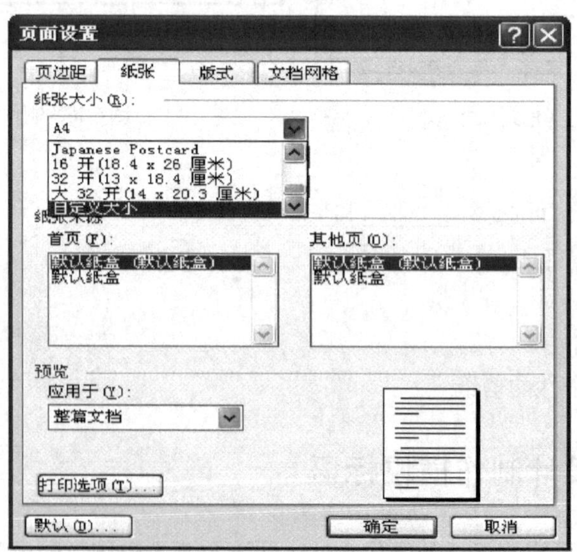

图 6-18　选取自定义纸张大小

2）将自定义纸张大小设为高度为 15 厘米，宽度为 50 厘米。

提示： 如果不设置纸张的高度和宽度，Word 会默认上一次设置的纸张的高度和宽度。

3）设置页边距：在“页边距”选项组中，分别设置“左”和“右”的值以及“上”和“下”的值，如图 6-19 所示。

（3）输入横卷

1）选择“插入”→“图片”→“自选图形”，选取所需图形，如图 6-20 所示。在“自选图形”中的“星与旗帜”中选取“横卷形”图形，如图 6-21 所示。在文档中单击，出现“在此处创建图形”，在此处再次单击则出现横卷，拖动横卷周围的 8 个圆点可改变横卷的大小，使其符合要求。

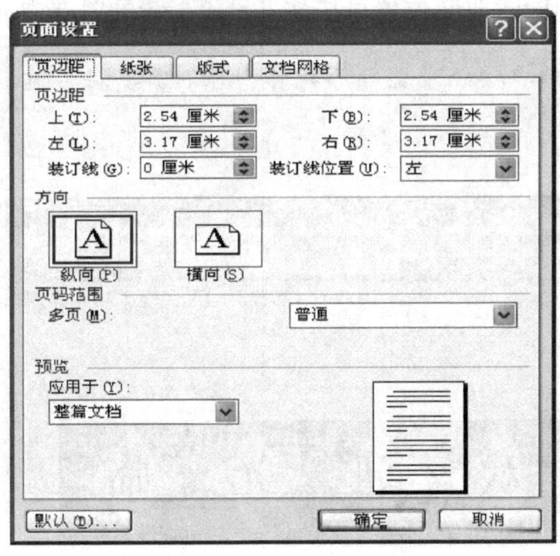

图 6-19 设置纸张页边距

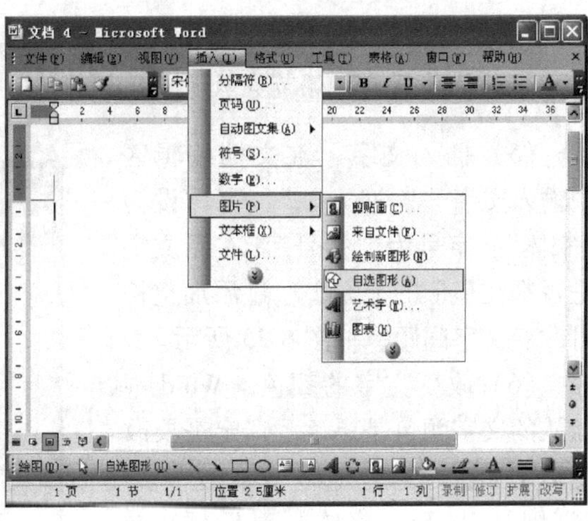

图 6-20 选取自选图形

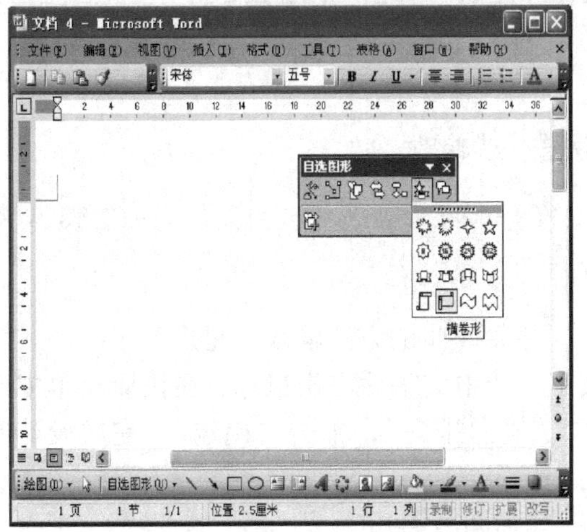

图 6-21 选取图形

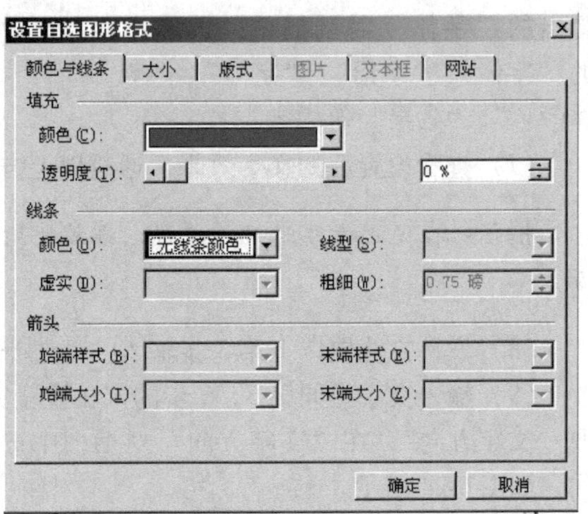

图 6-22 设置横卷颜色和线条

2）设置自选图形，设置横卷颜色和线条格式：右击横卷，在出现的快捷菜单中选取“设置自选图形格式”，在“颜色和线条”选项卡中的“填充”选项中设置颜色为“红色”；“线条”选项中设置颜色为“无线条颜色”，如图6-22所示。在“版式”选项卡中，设置“环绕方式”为“衬于文字下方”，“水平对齐方式”为“居中”。

（4）输入星形

1）制作一个星形：选择“插入”→“图片”→“自选图形”，在“自选图形”的“星与旗帜”中选取“十字星”图形，在文档中输入“十字星”图案，调整其大小及形状（选中图后出现的黄色小点为调节形状的按钮）。在“设置自选图形格式”对话框中设置图形的“填充”效果，设置颜色为“黄色”，“线条”颜色为“无线条颜色”。

2）复制4个“十字星”图形：选中“十字星”图形并“复制”、“粘贴”3次，将其作为文字的底纹并移动到指定位置。如需4个图形同时改变位置可按住［Shift］键同时选中。

提示：对于“横卷形”与“十字星”的绘制要按照步骤顺序操作，否则需要在右键单击出现的快捷菜单中调节叠放次序。

（5）插入文字　在文档编辑区中输入文字“欢迎光临”，字体设为“宋体”，字号为“初号”。查看文字是否都在星形的上方，通过添加空格可改变文字间距，如图6-23所示。

（6）改变文字的颜色　Word中默认的文字颜色是黑色。选定需要改变颜色的文字，选择“格式”→“字体”，打开“字体”对话框，或在文字被选定的状态下右击鼠标，在快捷菜单中单击“字体”命令。在弹出的“字体”对话框中，选定字的“字体”、“字形”、“字号”、“字体颜色”、“效果”等内容。

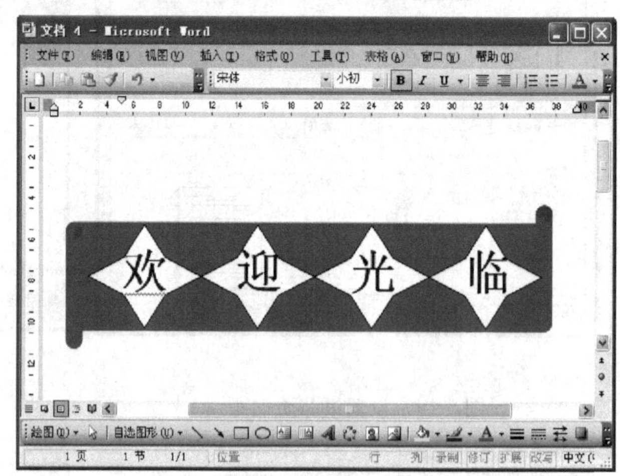

图6-23　复制图形与输入“欢迎光临”

（7）查看设置后的文字效果，通过以上方法进一步修改。

提示：在使用横幅时经常要纵向摆放，所以有时要把横幅进行纵向设计，如图6-24所示。

（8）设计方法同以上第3步输入“竖卷形”，用第4步的方法输入“星形”。

（9）输入文字　同第5、6步的方法设置文字，选中文字后右击鼠标，在快捷菜单中选取“文字方向”。在“文字方向”对话框中选取“竖向排列”，单击“确定”。完成设计制作，如图6-24所示。

（10）调整文字及自选图形，使横幅更漂亮，并保存文件。

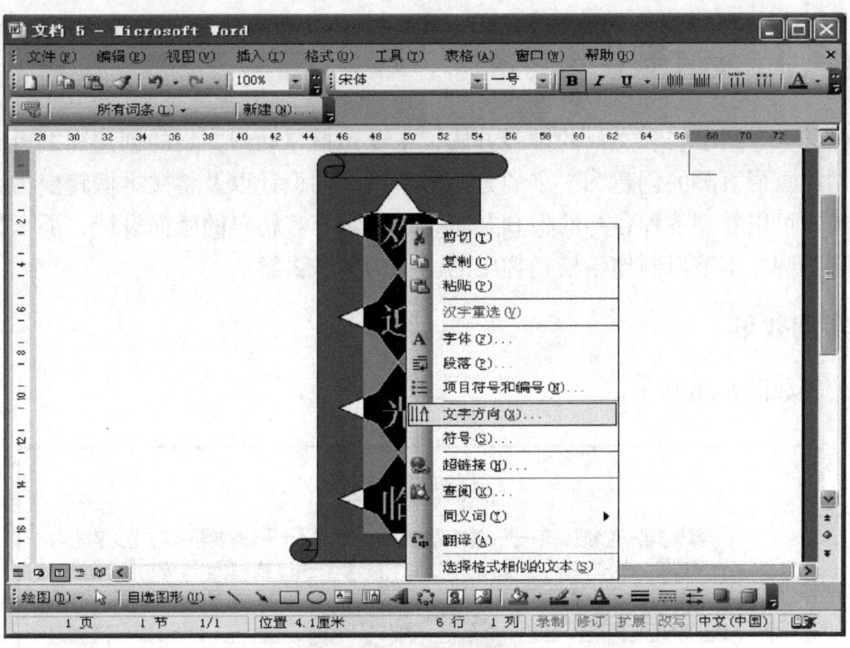

图 6-24　设置文字方向

6.2.3　思考与练习

1. 填空题

选择________→________→________，在“自选图形”的“星与旗帜”中选取“横卷形”。

2. 操作题

制作识字卡片，如图 6-25 所示。

图 6-25　识字卡片

6.3 任务3 设计制作校刊文章

在本任务中介绍了校刊文章的排版方法，主要包括自动图文集的创建和编辑内置自动图文集的使用，页眉页脚的创建和文字的方向段落格式的设计以及将文本框转变为图文框。

我们经常可以看到各种各样的报刊杂志，它们都有着精美的版面设计，那么如何设计一本精美的刊物呢？本节以制作学校刊物中的一页为例来讲解。

6.3.1 实例效果

刊物效果如图 6-26 所示。

扁鹊见蔡桓公

古文欣赏

扁鹊是古代一位名医。有一天，他去见蔡桓侯。他仔细端详了蔡桓侯的气色以后，说：“大王，您得病了。现在病只在皮肤表层，赶快治，容易治好。”蔡桓侯不以为然地说：“我没有病，用不着你来治！”扁鹊走后，蔡桓侯对左右说：“这些当医生的，成天想给没病的人治病，好用这种办法来证明自己医术高明。”

过了十天，扁鹊再去看望蔡桓侯。他着急地说：“您的病已经发展到肌肉里去了。可得抓紧治疗啊！”蔡桓侯把头一歪：“我根本就没有病！你走吧！”扁鹊走后，蔡桓侯很不高兴。

又过了十天，扁鹊再去看望蔡桓侯。他看了看蔡桓侯的气色，焦急地说：“大王，您的病已经进入了肠胃，不能再耽误了！”蔡桓侯连连摇头：“见鬼，我哪来的什么病！”扁鹊走后，蔡桓侯更不高兴了。

又过了十天，扁鹊再一次去看望蔡桓侯。他只看了一眼，掉头就走了。蔡桓侯心里好生纳闷，就派人去问扁鹊：“您去看望大王，为什么掉头就走呢？”扁鹊说：“有病不怕，只要治疗及时，一般的病都会慢慢好起来的。怕只怕有病说没病，不肯接受治疗。病在皮肤里，可以用热敷；病在肌肉里，可以用针灸；病到肠胃里，可以吃汤药。但是，现在大王的病已经深入骨髓。病到这种程度只能听天由命了，所以，我也不敢再请求为大王治病了。”

果然，五天以后，蔡桓侯的病就突然发作了。他打发人赶快去请扁鹊，但是扁鹊已经到别的国家去了。没过几天，蔡桓侯就病死了。

[原文]

扁鹊见蔡桓公，立有间，扁鹊曰：“君有疾在腠理，不治将恐深。”桓侯曰：“寡人无疾。”扁鹊出。桓侯曰：“医之好治不病以为功。”

居十日，扁鹊复见，曰：“君之病在肌肤，不治将益深。”桓侯不应。扁鹊出。桓侯又不悦。

居十日，扁鹊复见，曰：“君之病在肠胃，不治将益深。”桓侯又不应。扁鹊出。桓侯又不悦。

居十日，扁鹊望桓侯而还走。桓侯故使人问之。扁鹊曰：“疾在腠理，汤熨之所及也；在肌肤，针石之所及也；在肠胃，火齐之所及也；在骨髓，司命之所属，无奈何也！今在骨髓，臣是以无请也。”

居五日，桓公体痛；使人索扁鹊，已逃秦矣。桓侯遂死。

——《韩非子》

图 6-26 效果图

6.3.2 操作步骤与技巧

1）新建一个文档。

2）导入所需要的文件：单击“文件”→“打开”，选择文本文件，如图 6-27 所示。

3）若要选择其他类型的文件，则先将文件保存在 Word 文档中，然后再进行导入。

4）编辑第一篇文章：将第一篇文章选中，单击“格式”→“分栏”。在“分栏”对话框中，将文档的“栏数”设置为“两栏”，分栏的各项值采用默认值，如图 6-28 所示。分栏操作后将文档分为两栏，再设置首字下沉效果，选择“格式”→“首字下沉”命令，在“首字下沉”对话框中，选择“下沉”效果，“下沉行数”设置为“2”，如图 6-29 所示。文档首字下沉的效果，如图 6-30 所示。

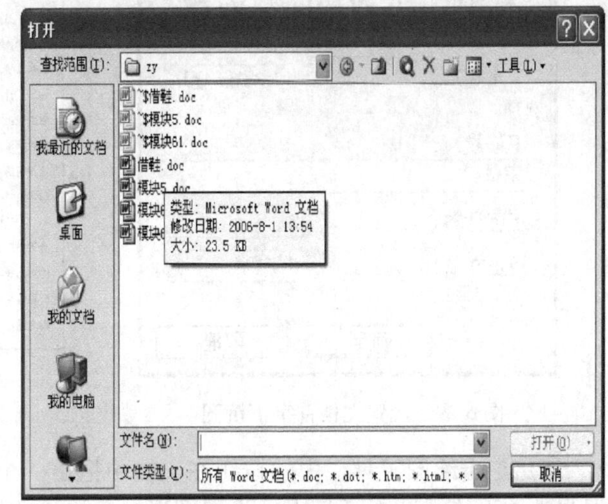

图 6-27 选中文本文件

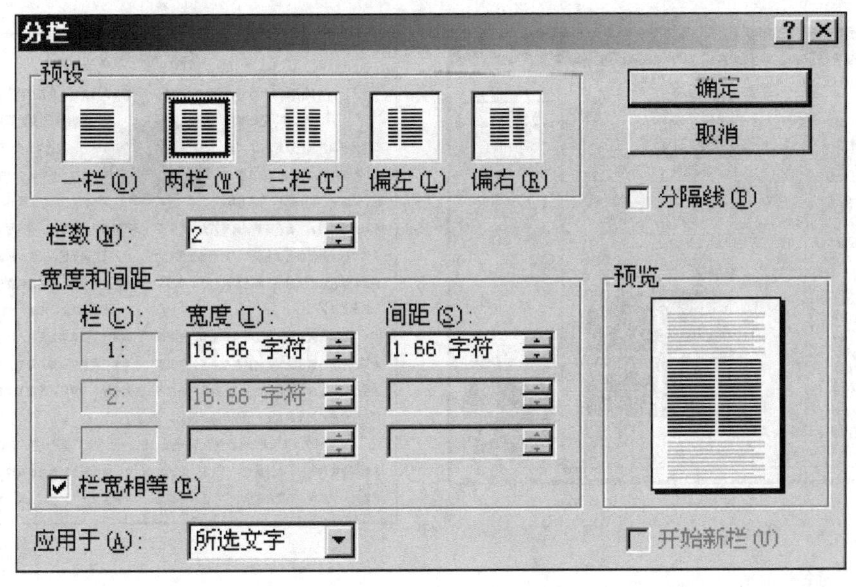

图 6-28 分栏对话框

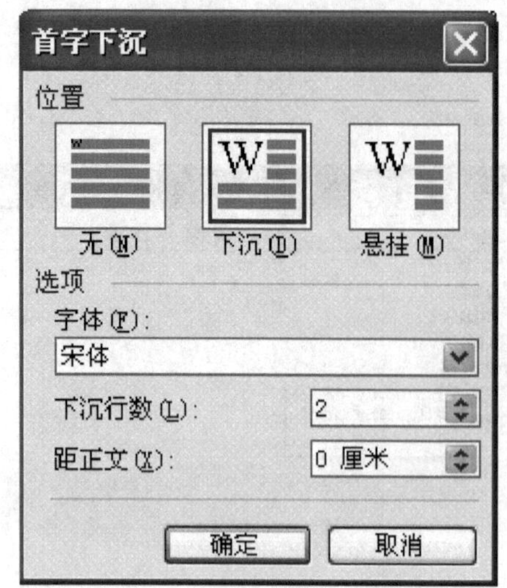

图 6-29　设置文档首字下沉图

扁鹊是古代一位名医。有一天，他去见蔡桓侯。他仔细端详了蔡桓侯的气色以后，说："大王，您得病了。现在病只在皮肤表层，赶快治，容易治好。"蔡桓侯不以为然地说："我没有病，用不着你来治！"扁鹊走后，蔡桓侯对左右说："这些当医生的，成天想给没病的人治病，好用这种办法来证明自己医术高明。"

过了十天，扁鹊再去看望蔡桓侯，他着急地说："您的病已经发展到肌肉里去了，可得抓紧治疗啊！"蔡桓侯把头一歪："我根本就没有病！你走吧！"扁鹊走后，蔡桓侯很不高兴。

又过了十天，扁鹊再去看望蔡桓侯，他看了看蔡桓侯的气色，焦急地说："大王，您的病已经进入了肠胃，不能再耽误了！"蔡桓侯连连摇头："见鬼，我哪来的什么病！"扁鹊走后，蔡桓侯更不高兴了。

又过了十天，扁鹊再一次去看望蔡桓侯，他只看了一眼，掉头就走了。蔡桓侯心里好生纳闷，就派人去问扁鹊："您去看望大王，为什么掉头就走呢？"扁鹊说："有病不怕，只要治疗及时，一般的病都会慢慢好起来的。怕只怕有病说没病，不肯接受治疗。病在皮肤里，可以用热敷；病在肌肉里，可以用针灸；病到肠胃里，可以吃汤药。但是，现在大王的病已经深入骨髓，病到这种程度只能听天由命了。所以，我也不敢再请求为大王治病了。"

果然，五天以后，蔡桓侯的病就突然发作了。他打发人赶快去请扁鹊，但是扁鹊已经到别的国家去了。没过几天，蔡桓侯就病死了。

图 6-30　效果图 1

5）单击绘图工具栏中的按钮在文档中拖出一个椭圆形，双击图形对象，在打开的"设置自选图形格式"对话框中，设置图形对象格式，将图形"版式"设置为"紧密型"。

6）在"绘图"工具栏中设置图形"填充效果"，单击填充颜色按钮右边的下三角按钮，在下拉菜单中选择"填充效果"命令。在"颜色"选项单选按钮，在"预设颜色"下拉列表框内，选择"红日西斜"，在右边的"示范"区可看到所设置的效果，如图 6-31 所示。

7）将图形移动到合适的位置，如图 6-32 所示。

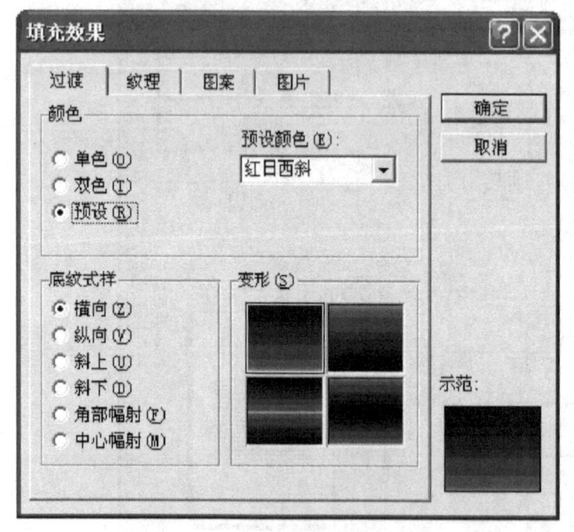

图 6-31　设置图形填充效果

扁鹊见蔡桓公

扁鹊是古代一位名医。有一天，他去见蔡桓侯。他仔细端详了蔡桓侯的气色以后，说："大王，您得病了。现在病只在皮肤表层，赶快治，容易治好。"蔡桓侯不以为然地说："我没有病，用不着你来治！"扁鹊走后，蔡桓侯对左右说："这些当医生的，成天想给没病的人治病，好用这种办法来证明自己医术高明。"

过了十天，扁鹊再去看望蔡桓侯，他着急地说："您的病已经发展到肌肉里去了，可得抓紧治疗啊！"蔡桓侯把头一歪："我根本就没有病！你走吧！"扁鹊走后，蔡桓侯很不高兴。

又过了十天，扁鹊再去看望蔡桓侯，他看了看蔡桓侯的气色，焦急地说："大王，您的病已经进入了肠胃，不能再耽误了！"蔡桓侯连连摇头："见鬼，我哪来的什么病！"扁鹊走后，蔡桓侯更不高兴了。

又过了十天，扁鹊再一次去看望蔡桓侯，他只看了一眼，掉头就走了。蔡桓侯心里好生纳闷，就派人去问扁鹊："您去看望大王，为什么掉头就走呢？"扁鹊说："有病不怕，只要治疗及时，一般的病都会慢慢好起来的。怕只怕有病说没病，不肯接受治疗。病在皮肤里，可以用热敷；病在肌肉里，可以用针灸；病到肠胃里，可以吃汤药。但是，现在大王的病已经深入骨髓，病到这种程度只能听天由命了。所以，我也不敢再请求为大王治病了。"

果然，五天以后，蔡桓侯的病就突然发作了。他打发人赶快去请扁鹊，但是扁鹊已经到别的国家去了。没过几天，蔡桓侯就病死了。

图 6-32　效果图 2

8）在文档中拖入艺术字作为文章标题，单击"插入艺术字"按钮，在打开的"艺术字库"对话框中选择一种艺术字形式。单击"确定"按钮后在随后打开的"编辑'艺术字'文字"对话框内输入"古文欣赏"，如图 6-33 所示。设置"字体"为"方正姚体"，调整其大小和位置，将图形对象和艺术字同时选中，点击鼠标右键出现快捷菜单，选择“组合”→“组合”，将图形对象和艺术字组合在一起，再将组合图形的“版式”设置为“紧密型”效果，如图 6-34 所示。

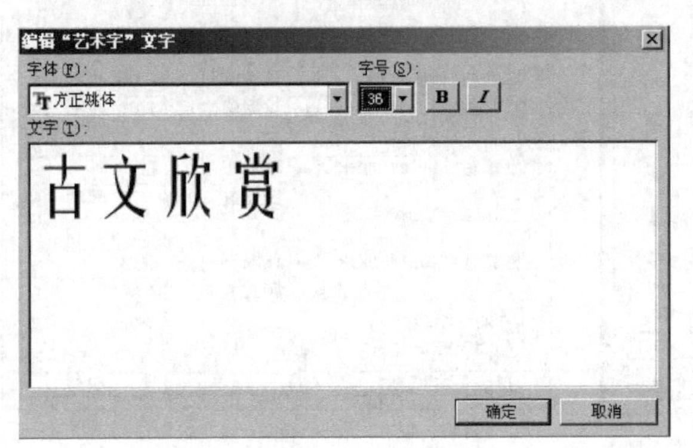

图 6-33 设置艺术字样式图

扁鹊见蔡桓公

扁鹊是古代一位名医。有一天，他去见蔡桓侯，他仔细端详了蔡桓侯的气色以后，说：“大王，您得病了，现在病只在皮肤表层，赶快治，容易治好。”蔡桓侯不以为然地说：“我没有病，用不着你来治(”扁鹊走后，蔡桓侯对左右说：“这些当医生的，成天想给没病的人治病，好用这种办法来证明自己医术高明。”

过了十天，扁鹊再去看望蔡桓侯，他着急地说：“您的病已经发展到肌肉里去了，可得抓紧治疗啊(”蔡桓侯把头一歪：“我根本就没有病(你走吧(”扁鹊走后，蔡桓侯很不高兴。

又过了十天，扁鹊再去看望蔡桓侯，他看了看蔡桓侯的气色，焦急地说：“大王，您的病已经进入了肠胃，不能再耽误了(”蔡桓侯连连摇头：“见鬼，我哪来的什么病(”扁鹊走后，蔡桓侯更不高兴了。

又过了十天，扁鹊再一次去看望蔡桓侯，他只看了一眼，掉头就走了。蔡桓侯心里好生纳闷，就派人去问扁鹊：“您去看望大王，为什么掉头就走呢？”扁鹊说：“有病不怕，只要治疗及时，一般的病都会慢慢好起来的，怕只怕有病说没病，不肯接受治疗，病在皮肤里，可以用热敷；病在肌肉里，可以用针灸；病到肠胃里，可以吃汤药，但是，现在大王的病已经深入骨髓，病到这种程度只能听天由命了，所以，我也不敢再请求为大王治病了。”

果然，五天以后，蔡桓侯的病就突然发作了，他打发人赶快去请扁鹊，但是扁鹊已经到别的国家去了，没过几天，蔡桓侯就病死了。

图 6-34 效果图 3

9）在文档中输入文本框，在文本框中输入所需的文字，将文字的“字体”设置为“方正舒体”，“字号”设置为“六号”，设置文本框的颜色和线条格式，其中填充色设置为白色，如图 6-35 所示。

10）选中文本框文字“格式”→“文字方向”，将文本框中文字设为竖排排列，如图 6-36所示。

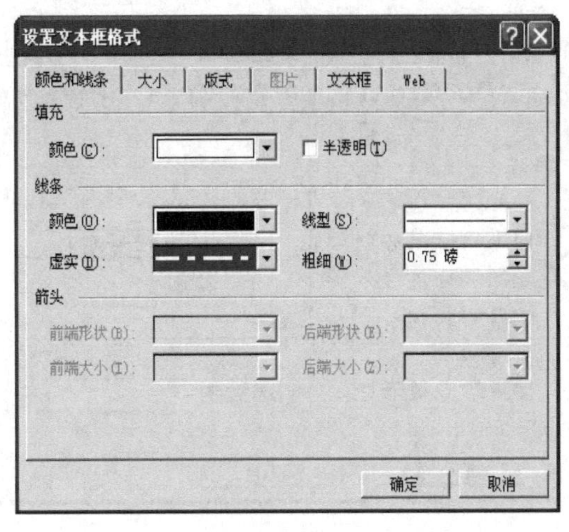

图 6-35 设置文本框格式图

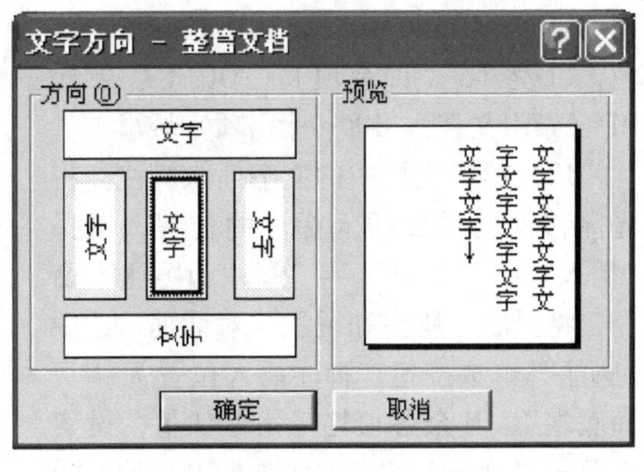

图 6-36 设置文字方向

11）若文本框内的文字需要加入注解，则需将文本框转换成图文框。切换到“文本框”选项卡，单击“转换为图文框”按钮，如图 6-37 所示，出现提示信息，单击“确定”按钮，文本框即转换为图文框了。选中图文框并右击鼠标，打开“图文框”对话框，如图

6-38 所示，将“文字环绕”设置为“环绕”，取消选中“随文字移动”复选项，图文框将不随文字移动，单击“确定”按钮，将图文框移到文档的左下部。

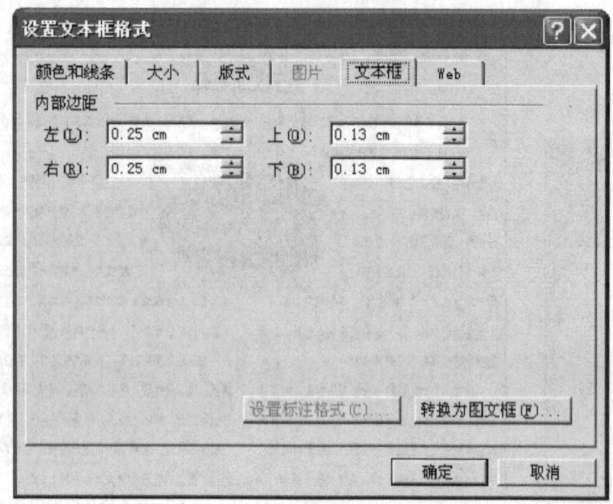

图 6-37　将文本框转换成图文框

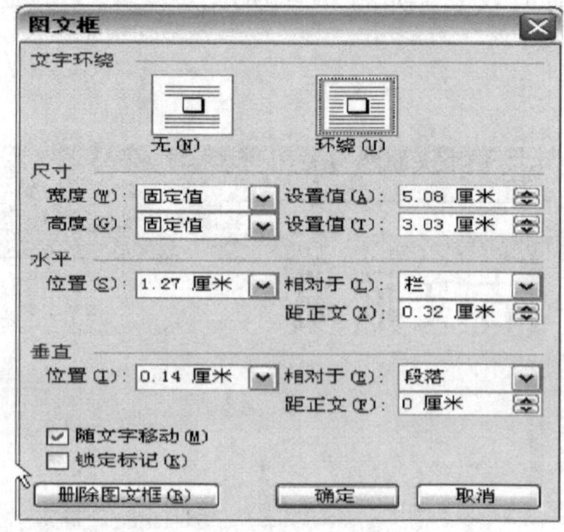

图 6-38　“图文框”对话框

提示：图文框是 Word 用来标记一块文档（如文本、图形、图表等）的方框。在大多数情况下，应该选用文本框。但在放置包含下列一种或者几种内容的文本或图形时，应选用图文框而非文本框。

① 由批注标记指明的批注。

② 由注参考标记指明的脚注或尾注。

③ 特定的域，包括用于为合法文档和大纲中的列表与段落进行编号的 AUTONUM、AUTONUMLGL、AUTONUMOUT 域，以及 TC（目录项）、TOC（目录）、RD（索引文档）、XE（索引项）域。

12）给图文框中的文字插入脚注。将光标移动到需要插入标注的位置，选择“插入”→“引用”→“脚注和尾注”命令，将弹出“脚注和尾注”对话框，选中“脚注”单选按钮，脚注插入位置为“页面底端”，其余各项均采用默认值，设置后单击“确定”按钮，如图 6-39 所示。由于在文档的左下部为图文框，则脚注将插入文档的右下部分，输入脚注内容。

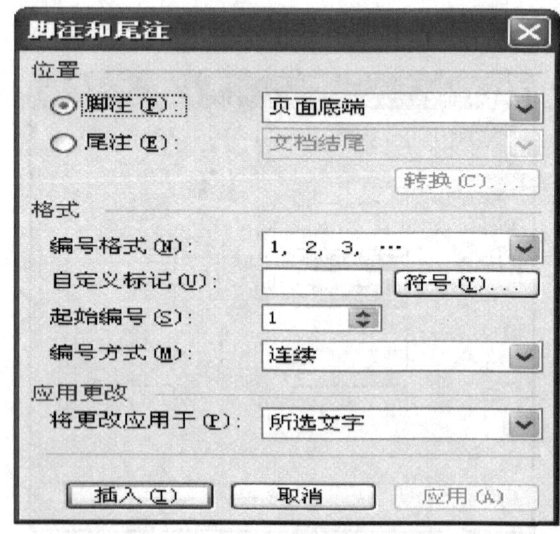

图 6-39　“脚注和尾注”对话框

13）设置文档的页眉。将光标置于文档中，选择“视图”→“页眉和页脚”命令，在“页眉”处输入“杨帆”，设置“字体”为“华文行楷”，“字号”为“五号”，字体“效果”为“底纹”。

14）选择“插入”→“自动图文集”→“创建日期”，在页眉处自动出现当天的日期。

15）单击按钮转换到页脚处，在“自动图文集”中选择“页码”，确定页码的位置在右下角，完成整篇文档的制作。

6.3.3 思考与练习

1. 填空题

在页脚处自动添加页码的方法，可选择菜单栏中的________中的________。

2. 操作题

设计制作一个班报。

6.4 任务4 设计制作打印书稿

在本任务中介绍了书稿打印的方法，主要包括打印对话框中关于打印机、页面范围、打印内容等各方面的设置方法。

在排版的过程中，从作者交稿到出片，中间的样稿至少打印3次，所以每次排版完成都要打印一次，最后出片也要打印成PS文件，所以打印在排版中也是一项重要程序。

6.4.1 操作步骤与技巧

1）打开一篇要打印的文稿，在打印前浏览一下，观察是否和自己排版的版式一样，主要是注意图文框及其包含的表格或图形的位置是否有变化。

2）选择“文件”→“打印”可以打开“打印”对话框，如图6-40所示。

3）在“打印”对话框中，单击“名称”下拉列表中确定使用的打印机，必要时安装该类打印机的驱动程序，单击该对话框“属性”按钮，在“方向”选项组中，将方向设置为“横向”，如图6-41所示。单击“确定”按钮，关闭这两个对话框。

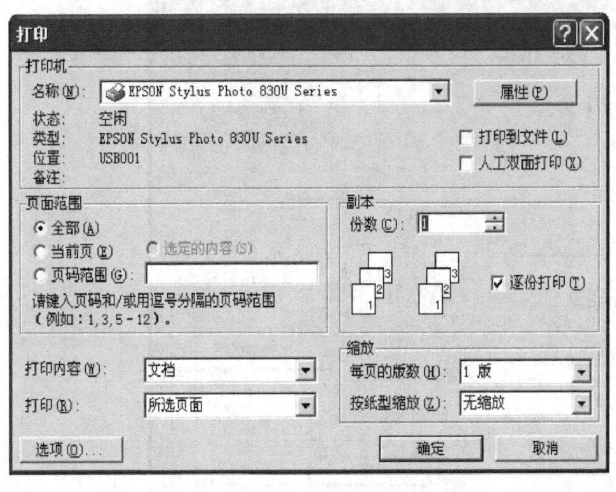

图6-40 “打印“对话框

图6-41 设置打印方向

提示：“EPSON Stylus Photo 830U Series 属性”对话框随打印机的名称不同而不同，这一步骤很重要，如果不设置此属性，以后在“页面设置”对话框中就会出现很多问题。

4）选择“文件”→“页面设置”命令，切换到“页边距”选项卡，通常这是 Word 2003 的默认设置。

5）在“页码范围”选项组的“多页”下拉列表中，选中“书籍折页”。

6）若选中了“书籍折页”选项，“方向”选项组会自动设置为“横向”。同时，在“多页”下面，将出现“每册中页数”下拉列表框。如果要让 Word 确定页数，就选中默认值“全部”，如果要在书籍中额外添加一些页（例如书刊号或空出几页用来加参考文献或回执），可通过下拉列表框选择页数（页数都是 4 的倍数）。

提示：只有在“多页”下拉列表中选择了“书籍折页”或“反向书籍折页”选项时才会出现“每册中页数”下拉列表框图。

在“每册中页数”下拉列表框图中，如果文档页数多于这里选择的页数，Word 将打印多个文档。建议在开始的时候选择“全部”，然后选择“文件”→“打印预览”命令来预览书籍最后的空页数量，再根据实际需要调整页数。

7）在“页边距”选项组中，分别设置“左”和“右”微调框的值。其中“左”表示页面左端与页面上无缩进的行的左端之间的空白距离，“右”表示页面右端与页面上无缩进的行的右端之间的空白距离。调整这些选项时，从对话杠右下角的“预览”区内可以观察其变化。

提示：要增加页面左侧的空白距离，还可以增加“装订线”微调框的值，两者效果相同。

8）完成页边距设置后，单击“确定”按钮，关闭“页面设置”对话框。

9）选中“人工双面打印”复选框，如图 6-42 所示。

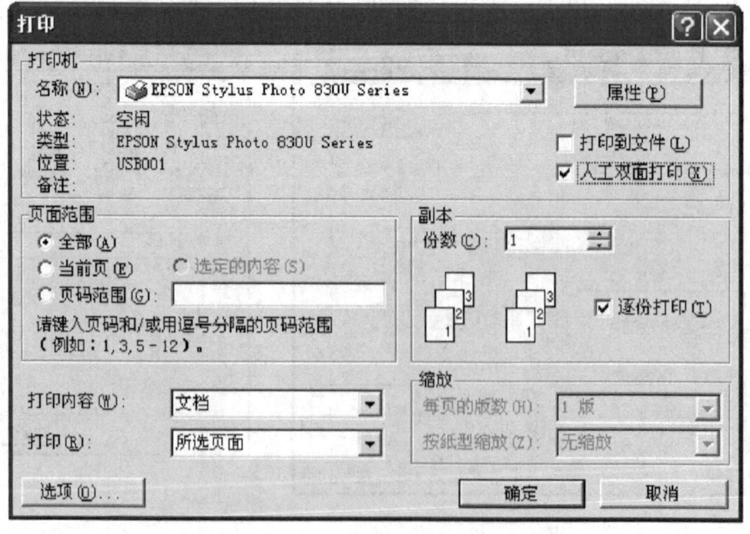

图 6-42　选中“人工双面打印”复选框

提示：如果使用的不是双面打印机，此选项可以在纸张的两面上打印文档，打印完一面后，Word 系统会提示用户将纸张按背面方向重新装回纸盒打印。

10）在“页面范围”选项组件中，可以选择打印的指定范围为“全部”。页面范围有如下几个选项，说明如下。

① 全部：打印整篇文档。要打印整篇文档，打开“打印”对话框，单击“确定”按钮。

② 当前页：打印插入点所在页。如果当前选定了多页，Word 会打印所选内容中的第一页。

③ 所选内容：只打印当前所选内容。如果未选定文档中的内容，则无法使用此项。

④ 页码范围：打印在页码范围框中输入的页、节等。用户可以打印指定页、一个或多页的若干页，具体的设置符号和表示意义，见表 6-1。

表 6-1　打印符号和表示意义

打印指定的节或页码	输入格式	例如
非连续页	输入页码，并以逗号相隔。对于某个范围的连续页码，可以输入该范围的起始页码和终止页码，并以连字符相连	如果打印 2、4、5、6 和第 8 页，可输入“2，4 – 6，8”。 注意，只能用半角符号
一节内的多页	输入“p 页码 s 号”	如，要打印第 3 节的第 5 页到第 7 页，请输入“p5s3 – p7s3”
整页	输入“s 节号”	如，可以输入“s3”
不连续的节	输入节号，并以逗号分隔	如，可以输入“s3，s5”
跨越多节的若干页	输入此范围的起始页码和终止页码以及包含此页码的节号，并以连字符分隔	如，可以输入“p2s2 – p3s5”

11）在“打印内容”下拉列表中，选择要打印的内容为“文档”。

12）在“打印内容”列表框中，选择文档中需要打印的部分，范围中选取“所选页面”。如果在“打印内容”列表中单击了除“文档”以外的其他内容，则无法使用此列表。

13）“副本”栏中的“份数”项设置：每页打印 2 份，请选取“逐份打印”复选框。如果清除此复选框，则会在所有副本的首页都打印完毕后，再开始打印其他后续页。

提示：如果只需打印文档的属性信息，可单击“文档属性”选项，默认的打印内容为“文档”属性，除非特殊情况，一般不需要更改。

14）在“缩放”栏中可选择“每页的版数”和“按纸张大小缩放”两项。

① 每页的版数：选择每张纸上要打印的文档页面数。利用 Word 这一功能可以非常容易地将许多页面打印到单独的一张纸上，在“每页的版数”下拉列表中可以有 1、2、4、6、8 或 16 可选择并打印到单独一页纸上。

② 按纸张大小缩放：选择要用于打印文档的纸张类型。例如，可通过缩小字体和图形大小，指定将B4大小的文档打印到A4纸型上。此功能类似于复印机的缩小/放大功能。

③ 在实际使用过程中，“B5”大小的打印纸设为“4版”为最佳，再小就分辨不清了。但是，同样大小纸张、版面设置的压缩打印也会因页面设置中的页边距、装订线等设置不同而造成打印后字体大小的不同。

15）在“打印”对话框中单击“选项”按钮或者选择“工具”→“选项”命令打开“打印”选项卡，可以启动另一个“打印”对话框，如图6-43所示。

16）单击工具栏中的打印按钮可以直接使用默认选项来打印当前文档。

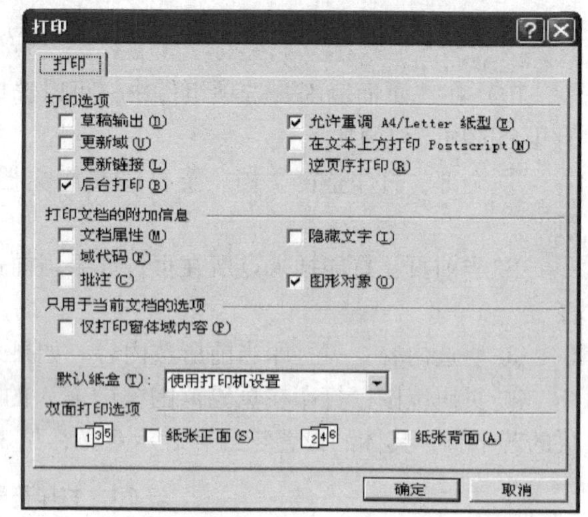

图6-43　设置其他打印选项

6.4.2　思考与练习

1. 填空题

选择________→________可以打开“打印”对话框。

2. 选择题

文件打印中的页面范围选项组中有如下几个选项________。

A. 页码范围　　B. 当前页　　C. 所选内容　　D. 以上3项均可

3. 操作题

设计制作并打印两份个人简历。

6.5　任务5　设计制作数学试卷

在本任务中介绍了数学试卷的制作方法，学习Word的公式编辑器的安装和使用方法。在学习中经常要有一些测试，那么必不可少的就是试卷，如何制作一份精美的试卷，就是本节要学习的知识。

6.5.1　实例效果

试卷的实例效果如图6-44所示。

6.5.2　操作步骤与技巧

（1）安装Office2003公式编辑器　一般在默认情况下，在安装Office 2003时不会安装公式编辑器，可以通过以下的方法安装Word 2003公式编辑器。

1）在控制面板中单击“添加或删除功能”图标，选择Microsoft Office 2003 Professional with FrontPage，单击“更改”按钮，打开“Microsoft Office 2003安装”对话框，选择“添加或删除功

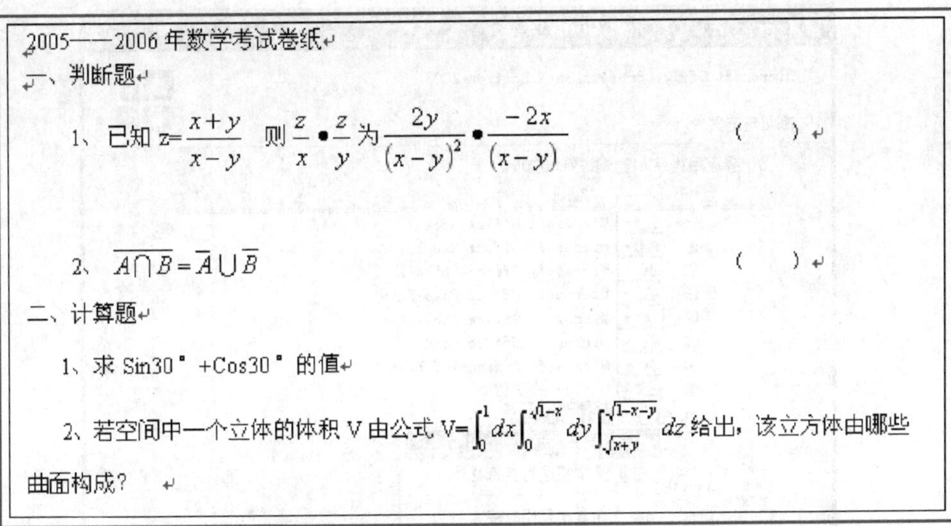

2005——2006 年数学考试卷纸

一、判断题

1、已知 $z=\frac{x+y}{x-y}$ 则 $\frac{z}{x}\bullet\frac{z}{y}$ 为 $\frac{2y}{(x-y)^2}\bullet\frac{-2x}{(x-y)}$ （ ）

2、$\overline{A\cap B}=\overline{A}\cup\overline{B}$ （ ）

二、计算题

1、求 Sin30°+Cos30°的值

2、若空间中一个立体的体积 V 由公式 $V=\int_0^1 dx\int_0^{\sqrt{1-x}} dy\int_{\sqrt{x+y}}^{\sqrt{1-x-y}} dz$ 给出，该立方体由哪些曲面构成？

图 6-44 试卷效果图

能”，如图 6-45 所示。进入下一个对话框，将“选择应用程序的高级自定义”复选框选中。

2）在“要安装的功能”中选择“Office 工具”中的“公式编辑器”，单击它前面的图标，在弹出的菜单中选择“从本机运行”，如图 6-46 所示，然后插入 Office 2003 安装光盘，按系统提示完成安装。

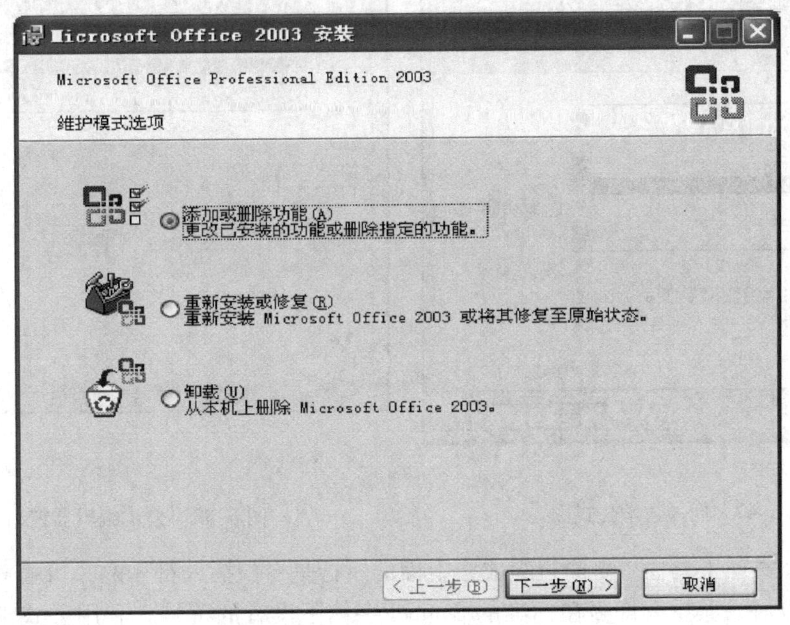

图 6-45 安装公式编辑器

（2）插入数学公式　把光标移到要插入的位置，选择“插入”→“对象”命令，在“对象类型”列表框中，选择“Microsoft 公式 3.0”，如图 6-47 所示，单击“确定”按钮，即可出现公式编辑器窗口和“公式”工具栏，如图 6-48 所示。

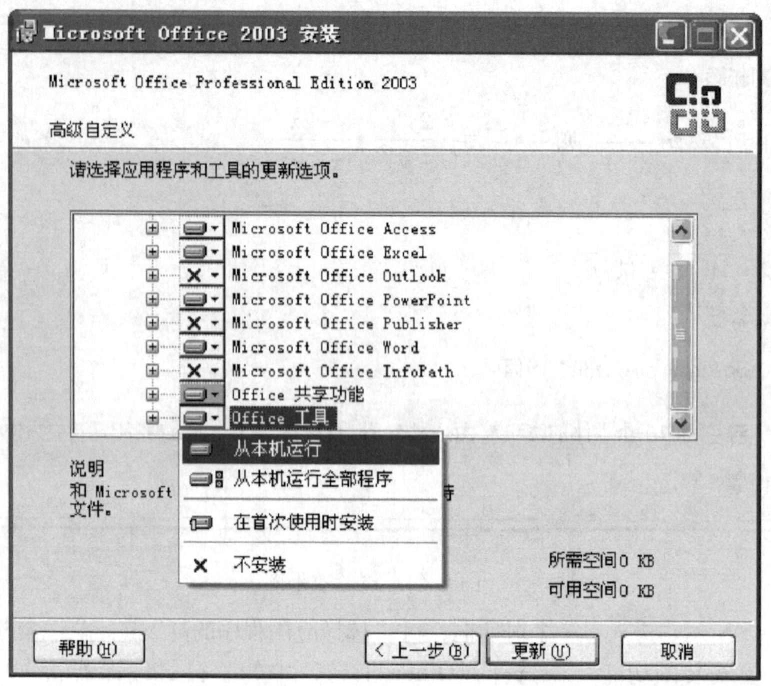

图 6-46　选择从本机安装

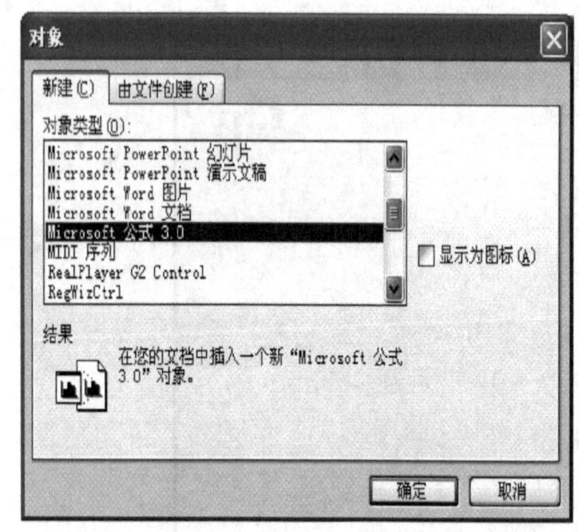

图 6-47　插入数学公式图

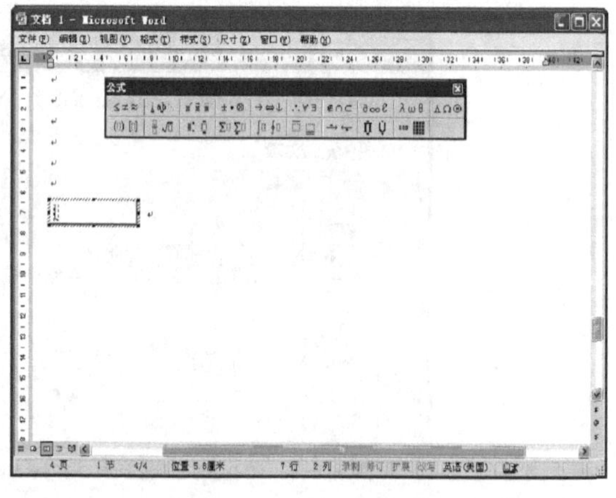

图 6-48　公式编辑器窗口

（3）“公式”工具栏　由两行组成，上面的一行是专门插入符号的，可插入的数学符号种类多达 150 种，其中有许多在标准的 Symbol 字体下没有的符号。利用公式编辑器下行的按钮，可以插入样板或结构，含有分式、根式、求和、积分、乘积和矩阵，以及各种围栏或像方括号、大括号这样的成对匹配符号。许多样板包含插槽，即键入文字和插入符号的空间。组合工具栏上的样板大约有 120 个，还可以把一个样板插入到另一个样板的插槽中，这样就可以创建更复杂的多极化公式，如图 6-49 所示。

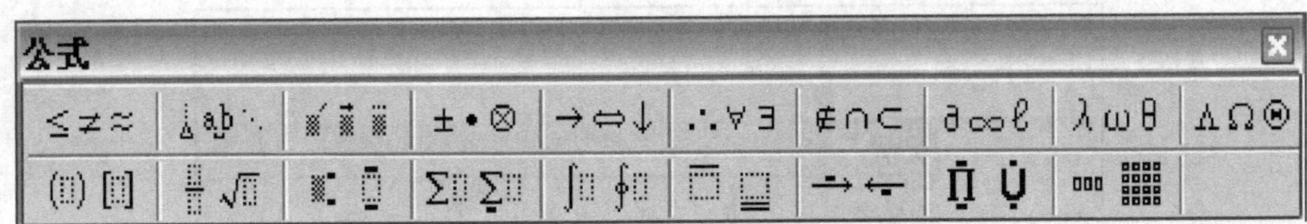

图 6-49 “公式”工具栏

（4）编辑试题中的公式　首先输入试题中的文字部分，对于判断第一题来说，用到了分数模板、上标下标和围栏模板。单击工具栏下面的分数模板中的按钮，选择分式和根式模板按钮组图，如图 6-50 所示。此时屏幕上得到分式框图，如图 6-51 所示，在分数线的上面先输入分子的数字“$x+y$”，将光标移到分数线的下方输入分母“$x-y$”，同样方法输入其他公式。

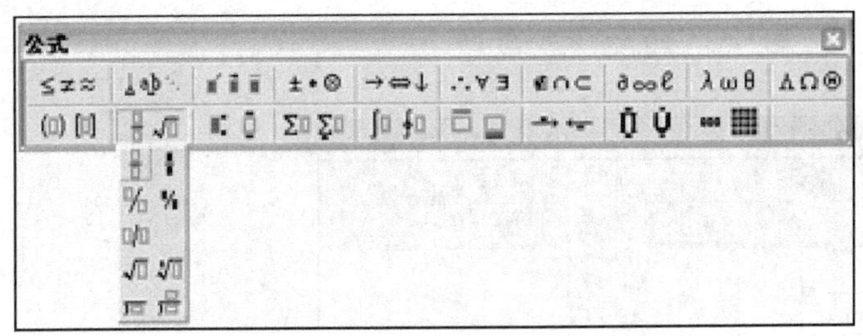

图 6-50　分式和根式模板按钮组图

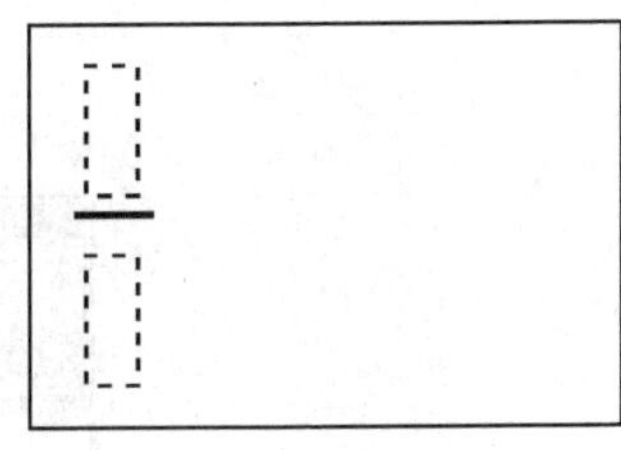

图 6-51　分式框图

（5）输入判断题第一题　在输入“$\frac{2y}{(x-y)^2}\cdot\frac{-2x}{(x-y)^2}$”的分母位置时单击围栏模板中的 按钮，屏幕上得到一个带括号的“围栏”模板，如图 6-52 所示。在括号内的光标处输入“$x-y$”，单击模板中上标和下标按钮，在光标处输入“2”，如图 6-53 所示。此时光标会在其“上标”处，重新把光标定在公式标准字符的位置上，再输入乘号“·”，并在“·”的后面输入其他内容，如图 6-54 所示。

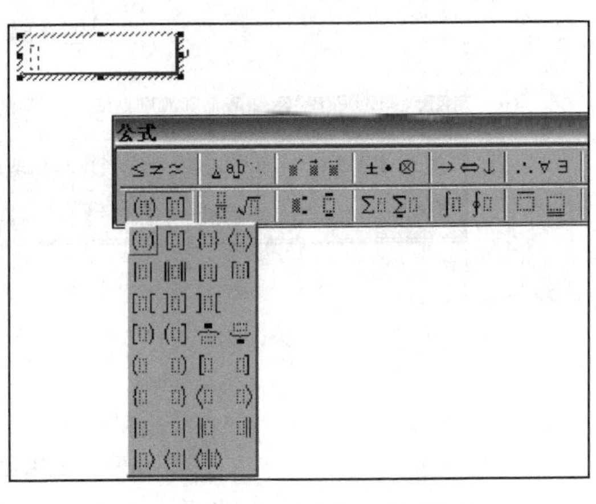

图 6-52　输入一个带括号的围栏模板

（6）编辑判断第二题　这一题主要用到了逻辑运算中的“与”操作和“或”操作，这些逻辑运算的符号可以从公式编辑器工具栏的逻辑符号按钮组中找到，如图 6-55 所示。还用到了底线和顶线按钮模板，可以在公式编辑器工具栏的底线和顶线按钮组中找到，如图 6-56 所示。

（7）编辑“A∩B”在光标处先输入一个大写的“A”，选择逻辑运算按钮组的“与”运算符号，再输入一个大写的“B”，完成“A∩B”的输入。接下来需要对其取非，将“A∩B”选中，然后单击底线和顶线按钮组中的顶线，即完成“A∩B”逻辑运算的输入，如图 6-57 所示。用同样的方法完成其他类似公式的编辑。

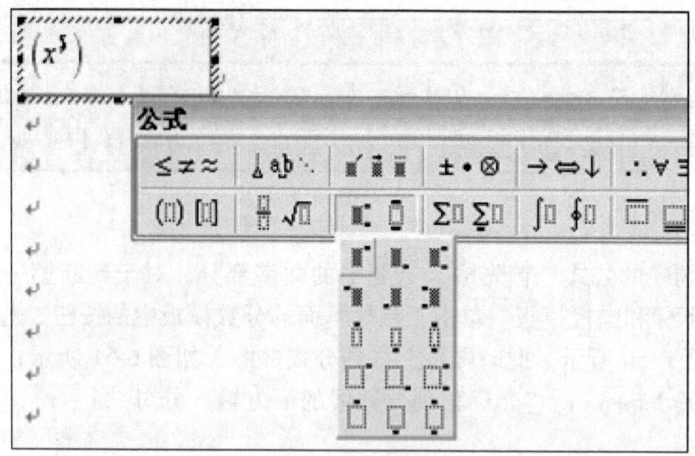

图 6-53　输入“x^2”

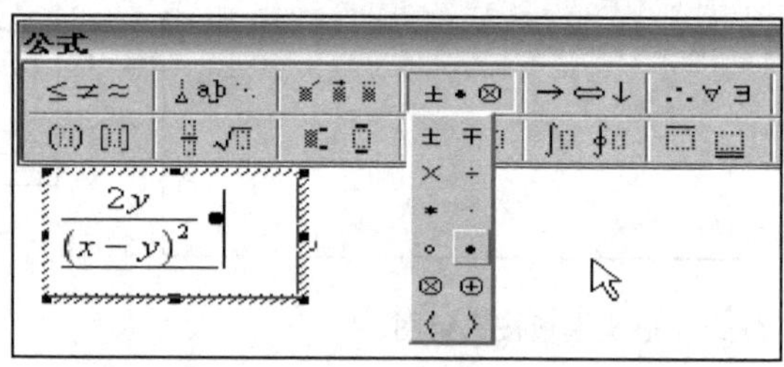

图 6-54　输入乘号

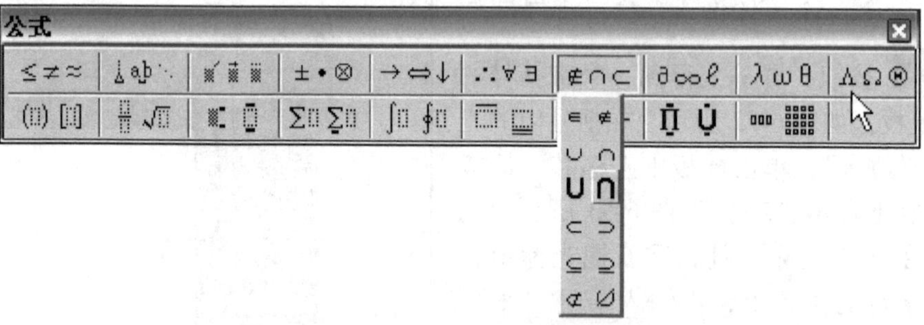

图 6-55　逻辑运算符号模板按钮组

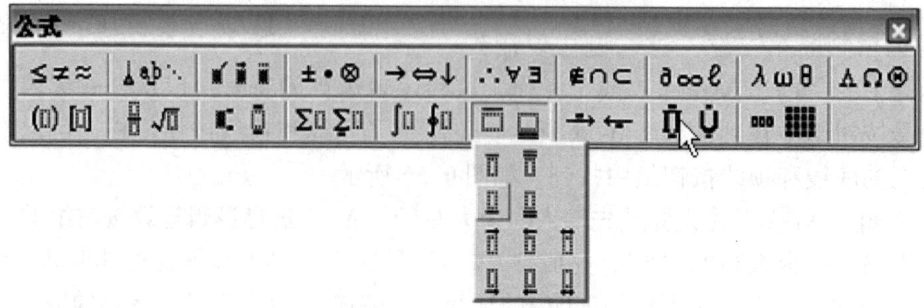

图 6-56　底线和顶线模板按钮组

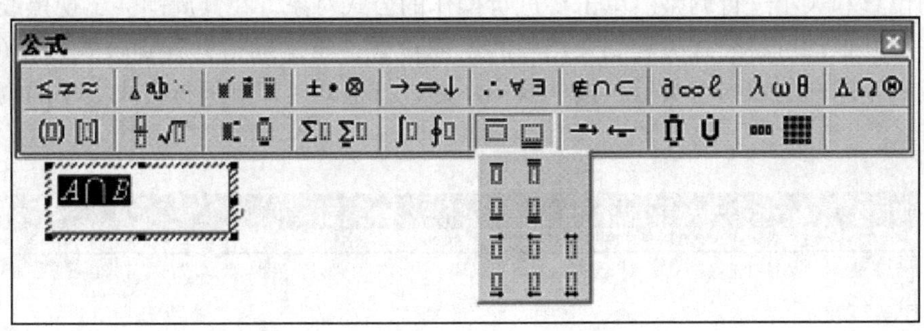

图 6-57　输入逻辑运算的效果图

（8）编辑计算题计算题的第一题　与判断题的第一题方法类似，读者可自行设计。

（9）编辑计算题计算题的第二题　计算题第二题的编辑看上去比较复杂，但是这个题只用到了积分符号和根式符号。积分符号可以从积分模板中找到积分模板按钮组，而根式符号可以从前面绍过的分式和根式模板按钮组中找到，如图 6-58 所示。

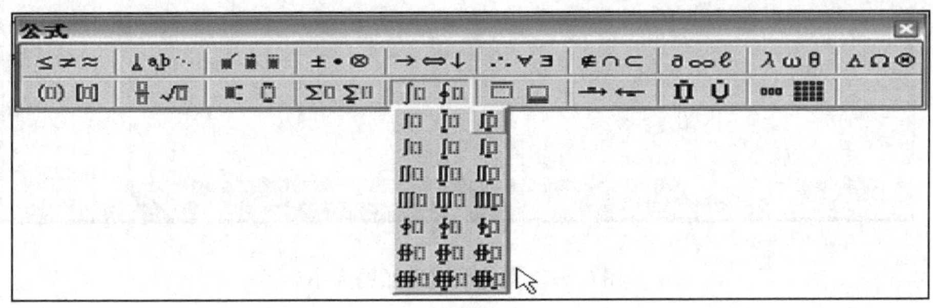

图 6-58　积分模板按钮组

（10）编辑输入例子中的公式　先输入“V =”，然后单击带有想下标的积分符号按钮，分别单击上标和下标，并输入上、下标的数值，在积分项中输入“*dx*”，然后输入第二个积分项，方法同前。输入根式的时候，先单击根式模板按钮，然后在根式下的空格中输入内容，如图 6-59、图 6-60 所示。

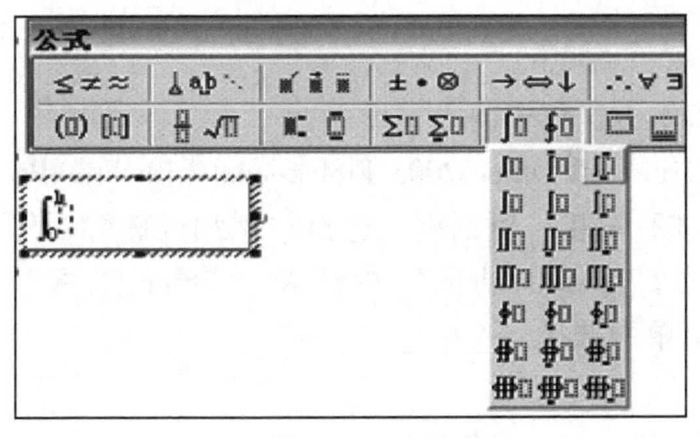

图 6-59　输入积分公式图

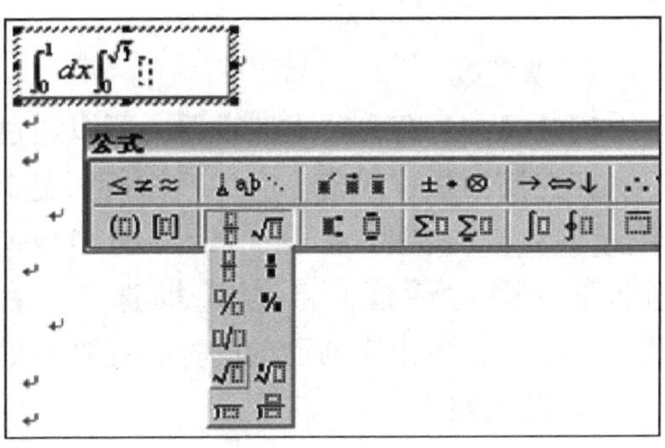

图 6-60　开方模板按钮组

（11）调整公式位置　对于已经完成的公式来说，有时候处于页面整体布局的考虑，需要对它的位置和大小进行调整。单击要进行操作的公式对象，在其周围会出现黑线边框，按住鼠标左键并拖动可将公式移动到文档中的所需位置，将鼠标指针移到公式边框的右下角，待其变成一个斜向的双向箭头后，按住鼠标左键进行拖动，即可进行公式大小的调整，如图 6-61 所示 。

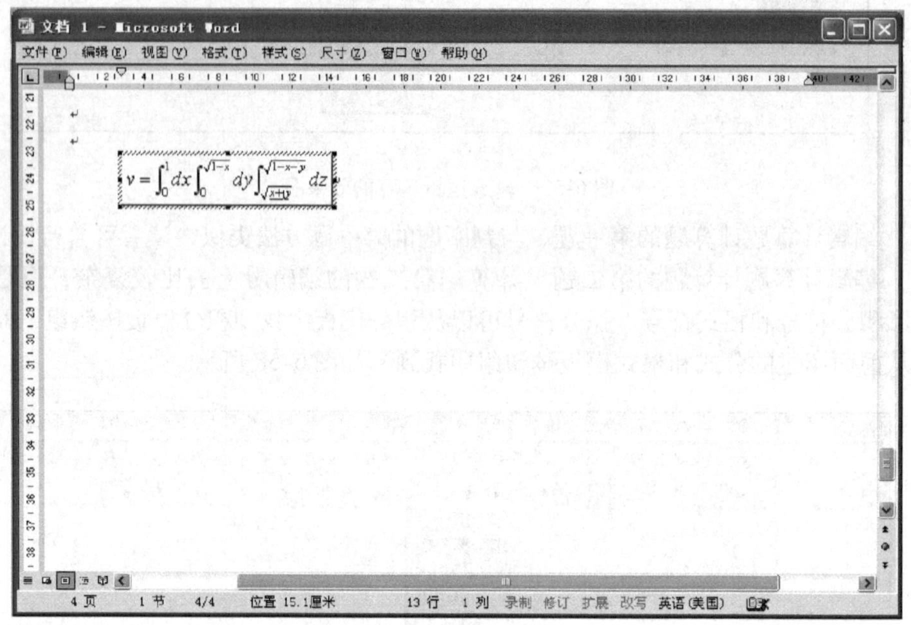

图 6-61 调整公式区域的大小

（12）插入公式 在文档中的公式对象属于插入的图形对象，可以像编辑图片一样利用“图片”和“绘图”工具栏中的工具对其进行各种效果设置。右击选中的公式对象，可以弹出“设置对象格式”的编辑选项快捷菜单，选择其中的命令，完成相应的设置，如给公式添加各种边框和底色，进行缩放和旋转，添加阴影及三维效果，设置叠放层次，设置文字环绕方式等，如图 6-62 所示。

6.5.3 思考与练习

1. 填空题

安装 Word 2003 公式编辑器，可以通过以下方进行安装。

在控制面板中单击________图标，选择 Microsoft Office 2003 Professional with FrontPage；单击________按钮，打开“Microsoft Office 2003 安装”对话框，选择“添加或删除功能”，进入下一个对话框，将 复选框选中；在“要安装的功能”中选择“Office 工具”中的________，单击它前面的图标，在弹出的菜单中选择________。

2. 选择题

若要编辑公式$(x^2+y^2)-(y^2+5)^2=0$要用到________公式模板。

A.　　B.　　C.　　D.

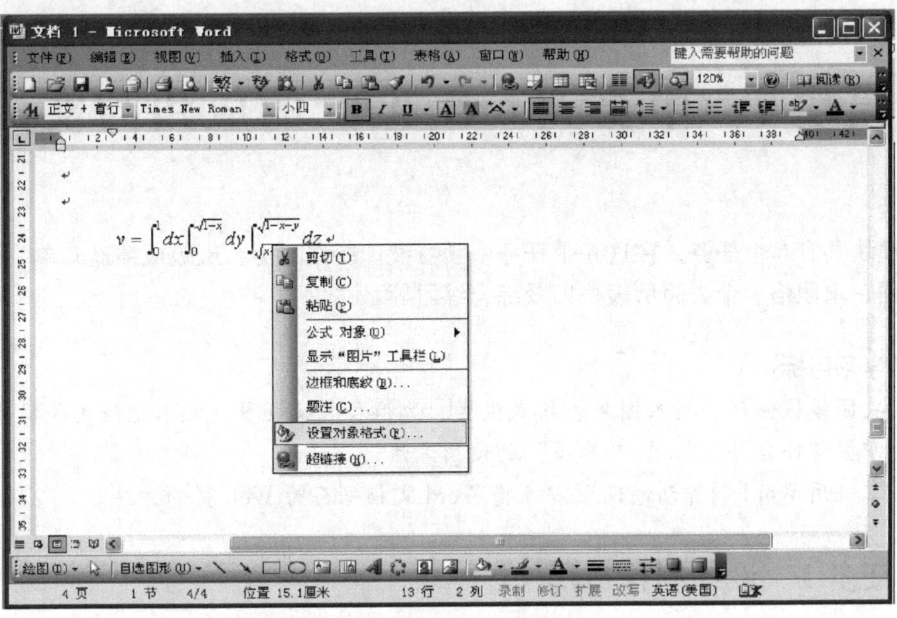

图 6-62 设置公式对象格式

3. 操作题

在 Word 2003 中，编辑以下数学公式。

$$(x^2+y^2)-(y^2+5)^2=0$$

$$\sqrt{\frac{x+y}{x-y}}=0$$

模块7　中文 Word 2003 的应用与实例

本模块共有6个任务，在这6个任务中学习设计制作日历、班级成绩通知单、网上用户注册页面、求职信、个人简历表格以及综合练习等。

学习目标：

1）巩固模板使用、插入图片、格式设置、边框和底纹设置、文本框使用等操作。

2）掌握邮件合并、“web 工具箱”的使用方法。

3）掌握用 Word 制作动态网页以及将 Word 文档保存为 Web 页的方法。

7.1　任务1　设计制作日历

在本任务中巩固了 Word 2003 模板的应用、插入图片、设置文本格式、设置边框和底纹以及对文本框的插入和编辑、背景设置等操作。

日历是日常工作和生活中不可缺少的工具，它一般包含年份、月份、日期、农历日期、节气、星期等信息。本任务以制作2006年1月的日历为例来详细介绍日历的制作方法与步骤。

7.1.1　实例效果

日历的效果如图7-1所示。

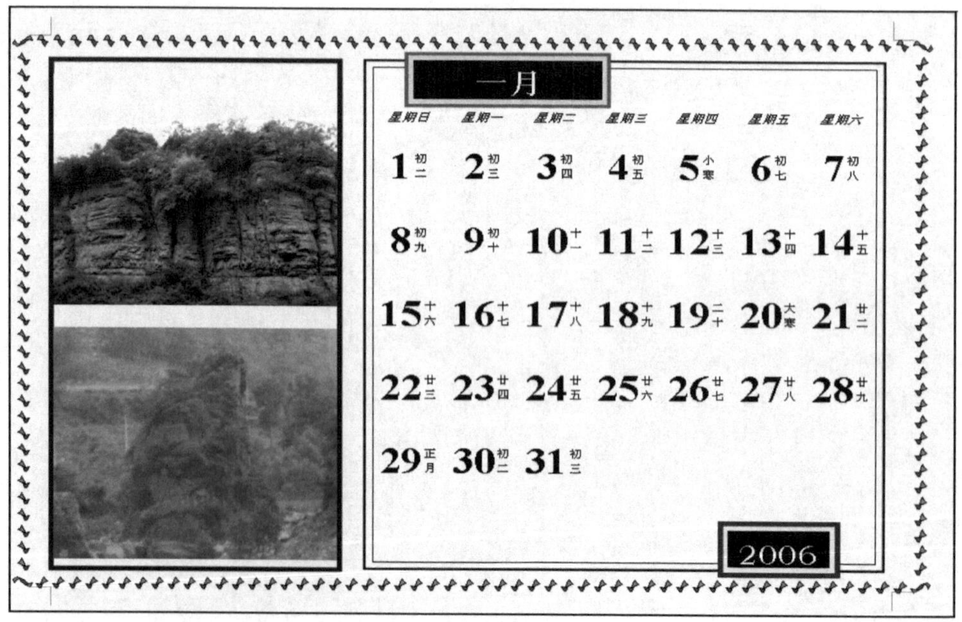

图7-1　“日历”效果图

7.1.2　操作步骤与技巧

1）启动 Word 2003，单击“新建文档”任务窗格中“模板”区的“本机上的模板…”链接，打开“模板”对话框；单击“其他文档”选项卡，选择“日历向导”模板，如图 7-2 所示。单击“确定”按钮即打开“日历向导”模板，如图 7-3 所示。

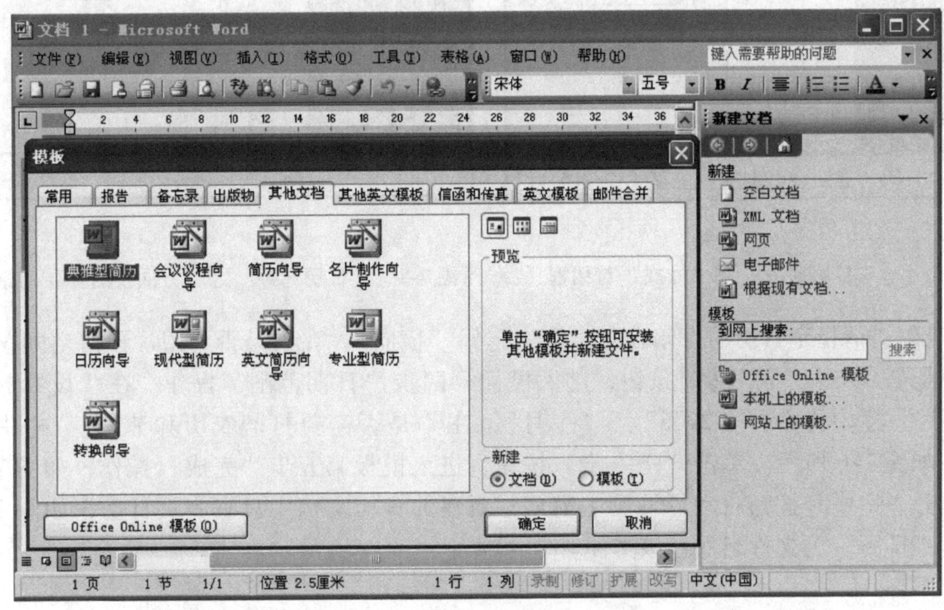

图 7-2　打开“模板”对话框

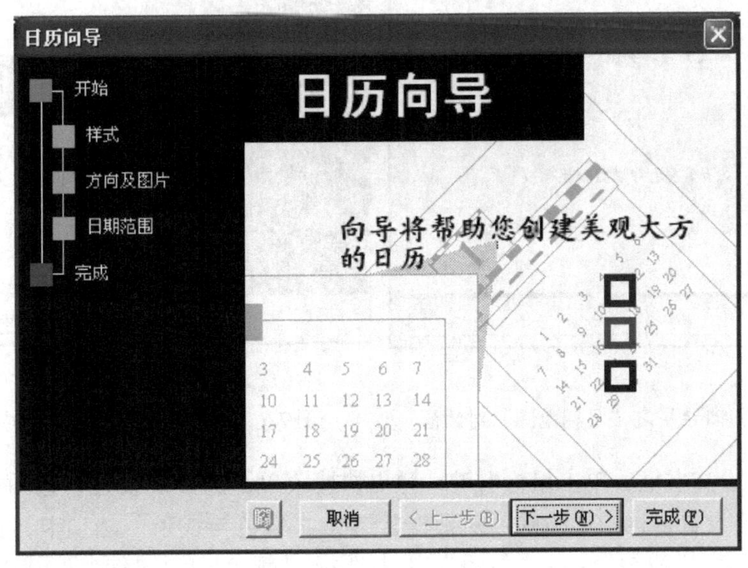

图 7-3　“日历向导”之“开始”对话框

2）单击“下一步”按钮，进入模板第二步“样式”操作，选择“标准”样式，如图 7-4 所示。单击“下一步”按钮，进入模板第三步“方向及图片”操作，如图 7-5 所示。

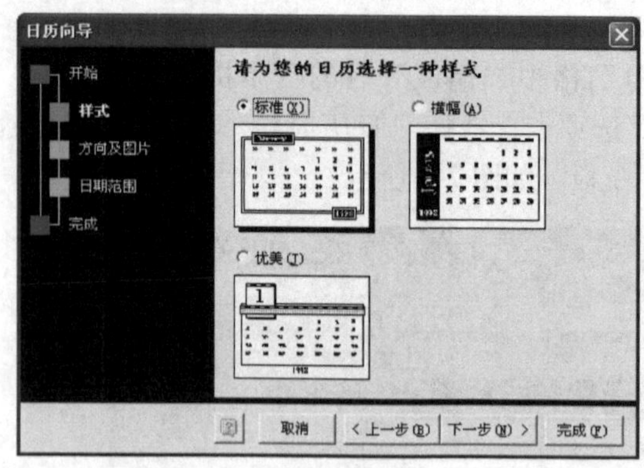

图 7-4 “日历向导”之“样式”对话框

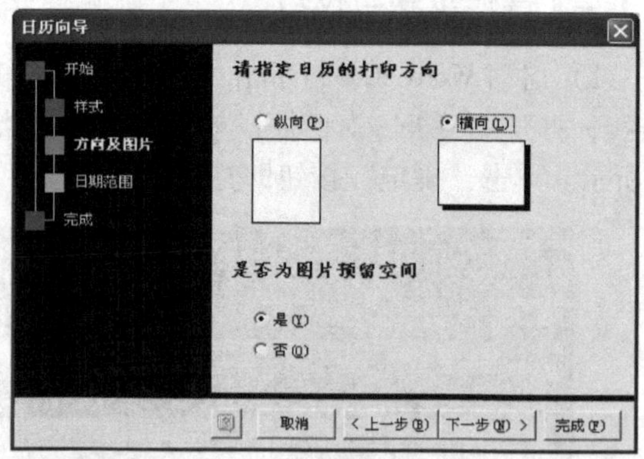

图 7-5 “日历向导”之“方向及图片”对话框

3）在“请指定日历的打印方向”栏中选择“横向”，在“是否为图片预留空间”栏中选择“是”，单击“下一步”按钮，进入模板第四步“日期范围”操作。在“设置起始和终止年月”栏中均选择“2006”、“一月”，在“是否需要打印农历和节气?”栏中选择“是”，如图 7-6 所示。单击“下一步”按钮，进入模板第五步“完成”操作，如图 7-7 所示。单击“完成”按钮自动返回到主窗口，新建的日历文档中只有一页日历，如图 7-8 所示。以“日历”为文件名保存该文件。

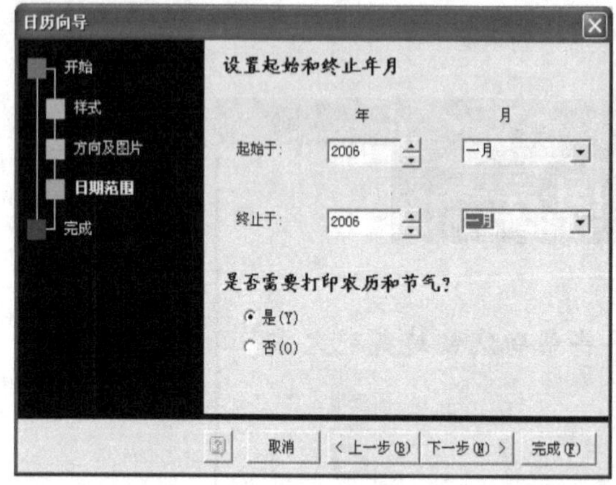

图 7-6 “日历向导”之“日期范围”对话框

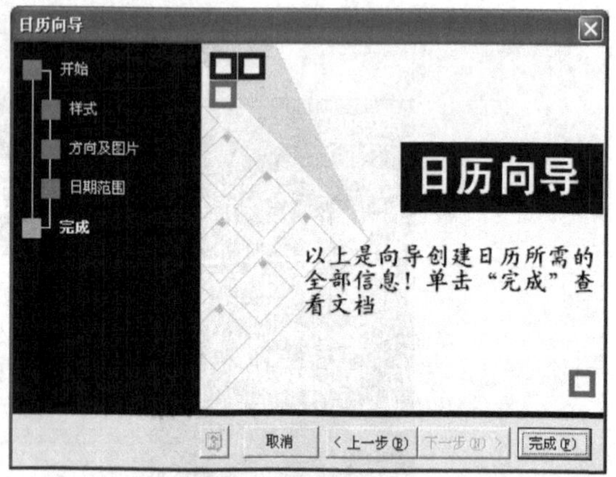

图 7-7 “日历向导”之“完成”对话框

4）选中月份文本框，单击鼠标右键，弹出快捷菜单，选择“设置自选图形格式…”菜单命令，打开“设置自选图形格式”对话框；选择“颜色与线条”选项卡，在“填充”栏中选择“颜色”为“浅绿”，在“线条”栏中选择“颜色”为“红色”，“粗细”为“3 磅”，如图 7-9 所示。

图 7-8　新建的“日历”文档

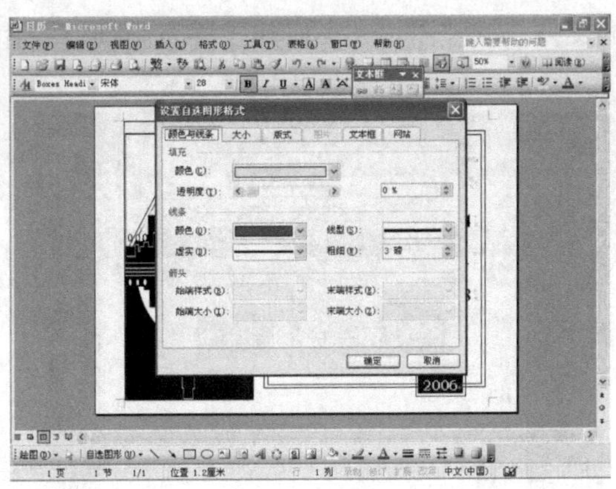

图 7-9　“设置自选图形格式”对话框

5）选中年份文本框，单击“绘图”工具栏的“填充颜色”按钮，选择“浅黄”；单击“线条颜色”按钮，选择“蓝色”；单击“线型”按钮，选择“4. 5 磅”实线，如图 7-10 所示。

6）用鼠标右键单击日历左侧预先插入的图片的文本框，打开“设置文本框格式”对话框，选择“大小”选项卡，在“尺寸和旋转”栏中设置“高度”为“17. 53 厘米”，与右侧文本框高度一样，如图 7-11 所示。

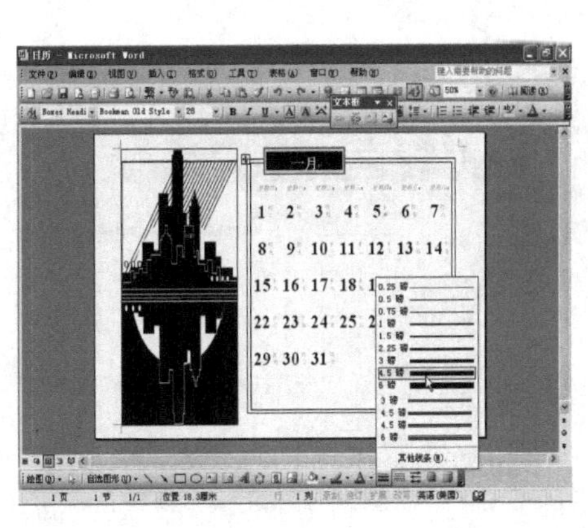

图 7-10　用“绘图”工具栏设置文本框格式

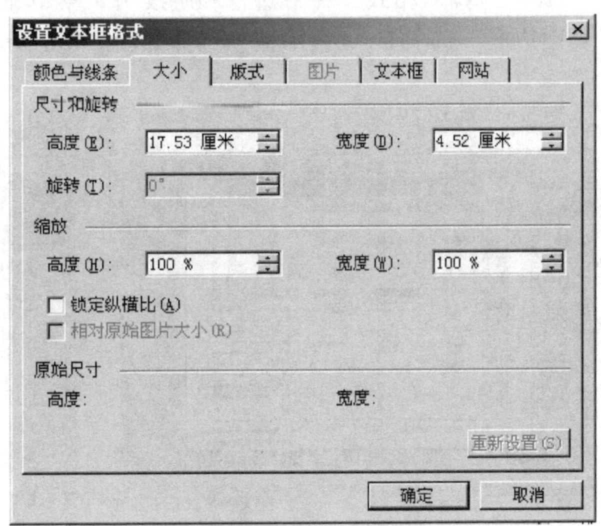

图 7-11　设置文本框大小

7）选中日历左侧预先插入的图片，选择“插入”→“图片”→“来自文件…”菜单命令，打开“插入图片”对话框。在“查找范围”下拉列表框中选择 D 盘上“图片”文件夹中文件名为“3”的图片文件（包含在电子资源包中），如图 7-12 所示，然后单击“插入”按钮即完成该图片的插入操作（插入图片的位置视具体情况而定）。

8）插入第一张图片后，按回车键，然后再插入 D 盘的“图片”文件夹中文件名为“1”的文件，调整图片大小使其能够充满预留图片区的所有空间，如图 7-13 所示。

图 7-12　插入图片

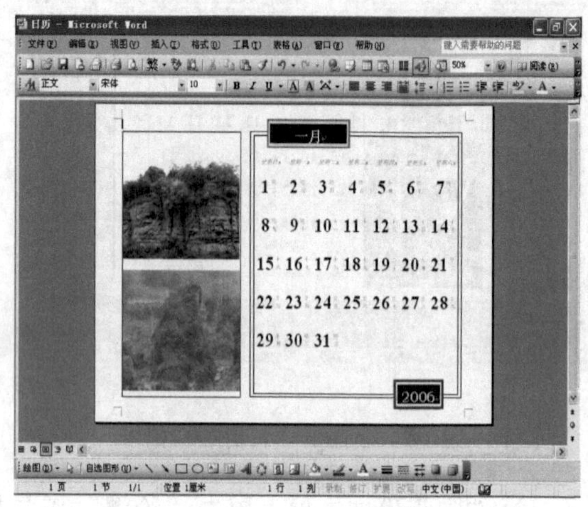

图 7-13　插入图片后的“日历”文档

9）用鼠标右键单击日历左侧预先插入的图片的文本框，打开“设置自选图形格式”对话框，选择“颜色与线条”选项卡，在“线条”栏中选择“颜色”为“深绿”，“粗细”为“4. 5 磅”，如图 7-14 所示。

10）选择“格式”→“边框和底纹…”菜单命令，打开“边框和底纹”对话框，选择“页面边框”选项卡，“艺术型”选择如图 7-15 所示的图案，“宽度”为“20”磅。

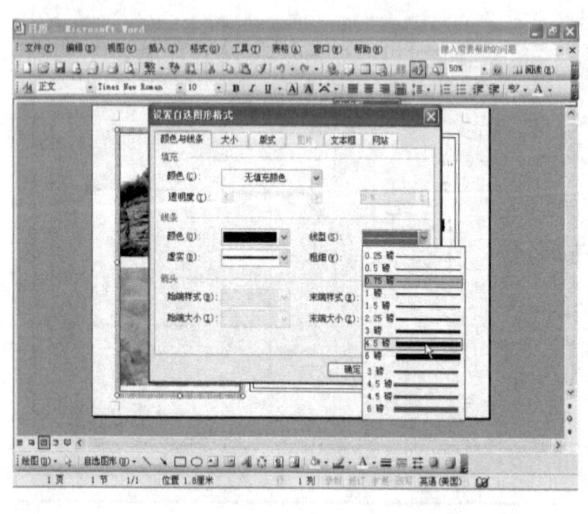

图 7-14　设置图片文本框的格式

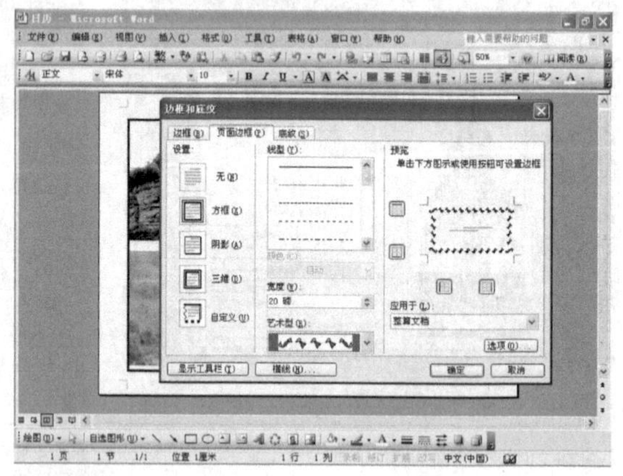

图 7-15　设置页面边框

11）设置完页面边框的文档，如图 7-16 所示，月份文本框、年份文本框和页面边框有部分重叠。分别调整月份文本框和年份文本框，使它们与页面边框不重叠，最终文档如图 7-17 所示。

图 7-16　设置页面边框后的文档

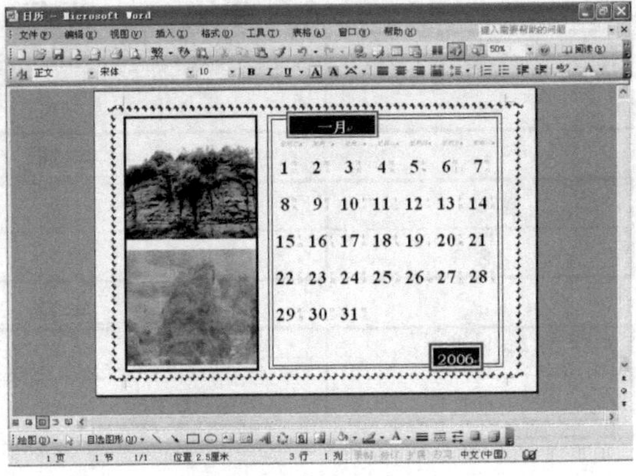

图 7-17　最终文档窗口

7.1.3　思考与练习

操作题

用模板制作如图 7-18 所示的一张单面名片。“名片样式” 为 “样式 2”，“名片类型” 为 “标准 88.9 × 55 毫米”，插入图片文件为公司标志 . tif（包含在电子资源包中）。

图 7-18　作业效果图

7.2　任务 2　设计制作某班成绩通知单

在本任务中要求熟练掌握邮件合并的过程，巩固表格操作、边框和底纹设置等。

使用邮件合并功能，可以创建一组标签或信封，一组套用信函等，如果单独创建它们将会非常浪费时间，使用 Word 邮件合并功能将非常方便。

7.2.1　实例效果

合并后文档的效果如图 7-19 所示。

学生＿＿黄东＿＿成绩通知单

成绩 1	成绩 2	成绩 3	成绩 4
15.0	8.0	20.0	19.0

学生＿＿李明＿＿成绩通知单

成绩 1	成绩 2	成绩 3	成绩 4
18.0	10.0	17.0	14.0

学生＿＿李洪＿＿成绩通知单

成绩 1	成绩 2	成绩 3	成绩 4
15.0	9.0	20.0	15.0

图 7-19　合并后的文档

7.2.2　操作步骤与技巧

1）启动 Word 2003，首先建立如图 7-20 所示的“成绩通知”文档，标题字体“宋体”，字号“小四”，表格标题行字体为“楷体”，字号为“五号”，底纹颜色为“浅绿色”。建立如图 7-21 所示的“学生成绩单”文档，表格字体为“宋体”，字号为“五号”，标题行底纹颜色为“浅黄色”。

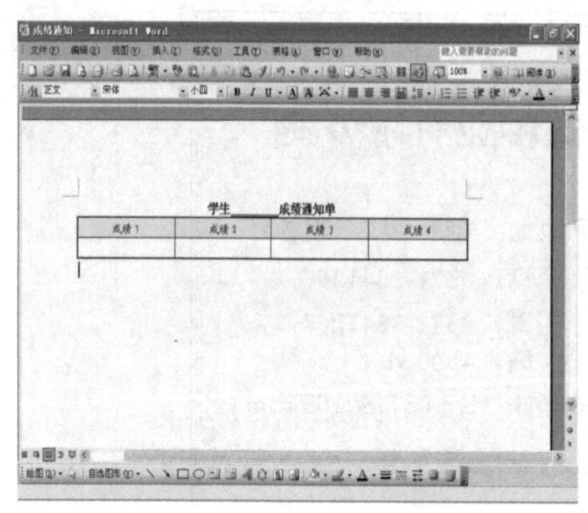

图 7-20　“成绩通知”文档

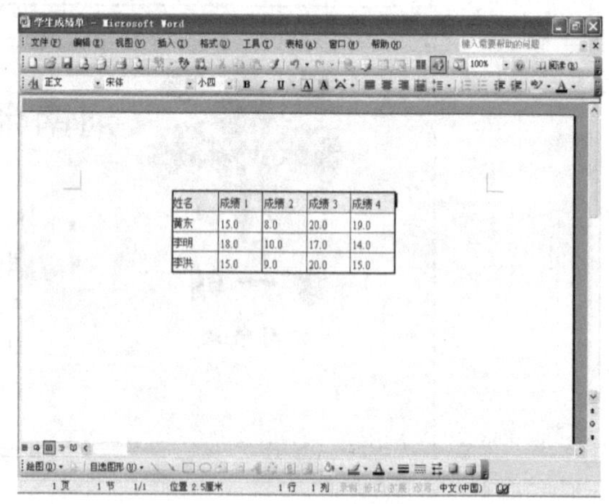

图 7-21　“学生成绩单”文档

2）选择“工具”→“信函和邮件”→“邮件合并…”菜单命令，打开如图 7-22 所示的“邮件合并”任务窗格。

3）在“选择文档类型”栏中选择“信函”单选项，再单击“下一步：正在启动文档”链接，新的“邮件合并”任务窗格如图 7-23 所示。

4）在“选择开始文档”栏中选择“使用当前文档”单选项，再单击“下一步：选取收件人”链接，新的“邮件合并”任务窗格如图 7-24 所示。

5）单击任务窗格的“浏览…”链接，在打开的“选取数据源”对话框中找到并选择已建立的“学生成绩单”文档，如图 7-25 所示。

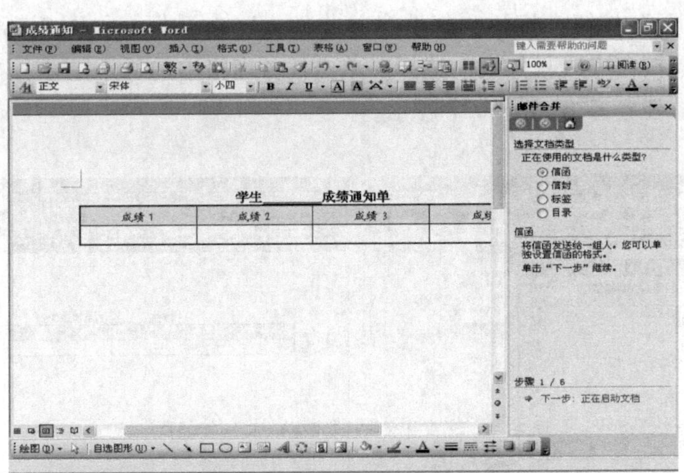

图 7-22　“邮件合并”任务窗格之“选择文档类型”

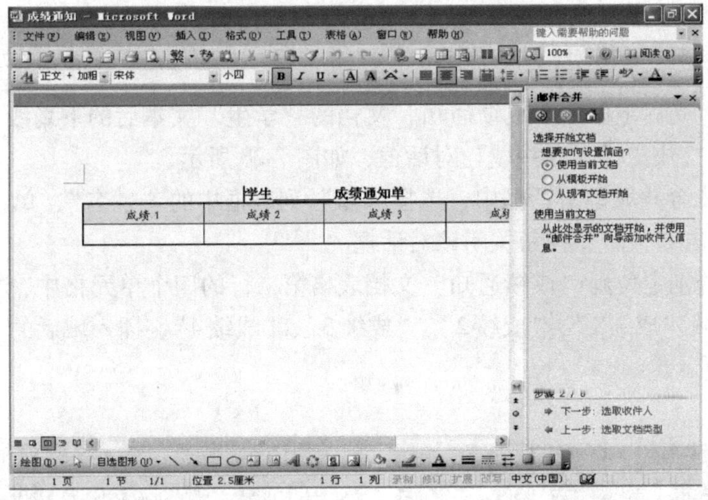

图 7-23　“邮件合并”任务窗格之“正在启动文档”

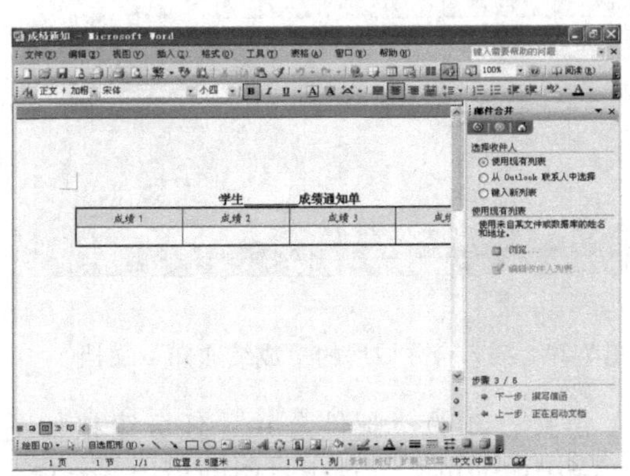

图 7-24　“邮件合并”任务窗格之“选取收件人”

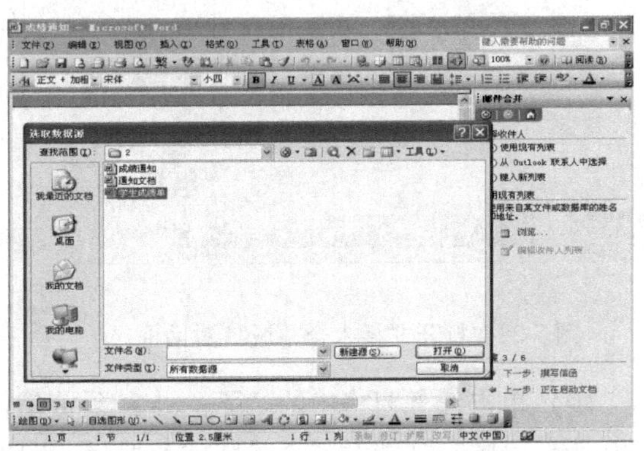

图 7-25　打开“选取数据源”对话框

6）单击“打开”按钮，打开“邮件合并收件人”对话框，如图 7-26 所示。选择收件人后单击“确定”按钮完成收件人的选择。单击任务窗格中的“下一步：撰写信函”链接，新的“邮件合并”任务窗格如图 7-27 所示。

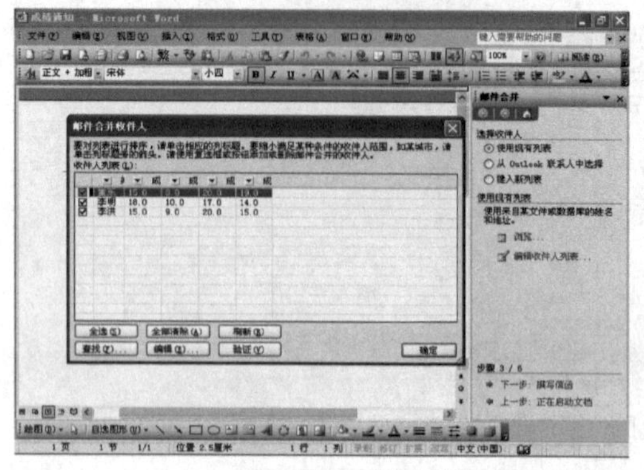

图 7-26　打开“邮件合并收件人”对话框

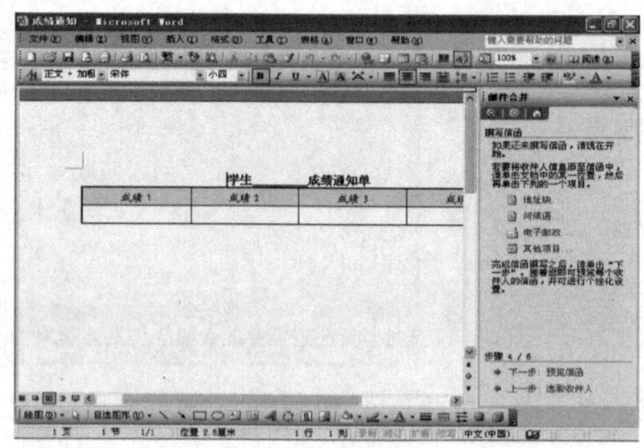

图 7-27　“邮件合并”任务窗格之“撰写信函”

7）将插入点光标定位到“成绩通知”文档的“学生”文本后的下划线上，单击“其他项目…”链接，打开“插入合并域”对话框，如图 7-28 所示。

8）在“插入合并域”对话框中，选择“域”列表框中的“姓名”，单击“插入”按钮插入该域，再单击“关闭”按钮关闭该对话框。

9）将光标分别定位到“成绩通知”文档表格第二行的四个单元格中，重复第 7 步和第 8 步，分别插入域“成绩 1”、“成绩 2”、“成绩 3”、“成绩 4”，插入域后的“成绩通知”文档，如图 7-29 所示。

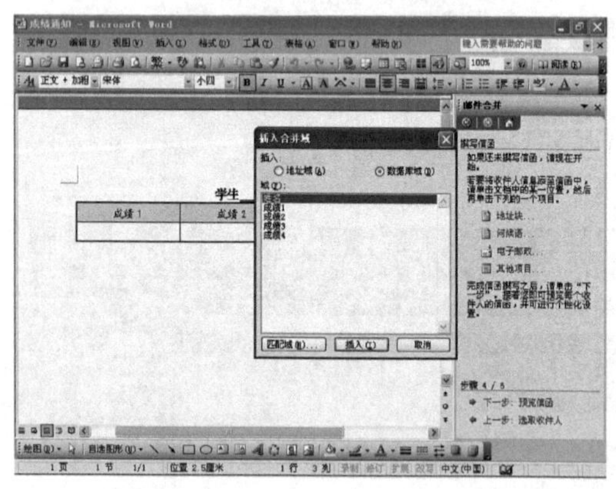

图 7-28　打开“插入合并域”对话框

图 7-29　插入合并域后的“成绩通知”文档

10）单击任务窗格中的“下一步：预览信函”链接，新的“邮件合并”任务窗格如图 7-30 所示。同时文档中各合并域被数据化，即被“学生成绩单”文档中相应的数据所替代。

11）单击任务窗格中的“下一步：完成合并”链接，新的“邮件合并”任务窗格，如图 7-31 所示。

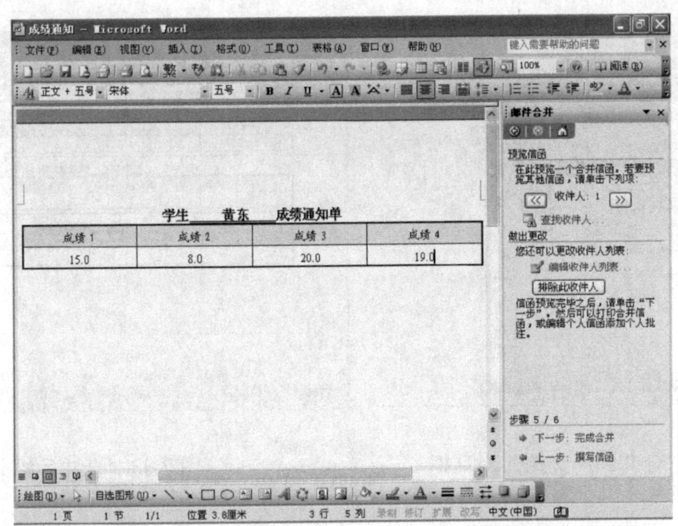

图 7-30 “邮件合并”任务窗格之“预览信函”

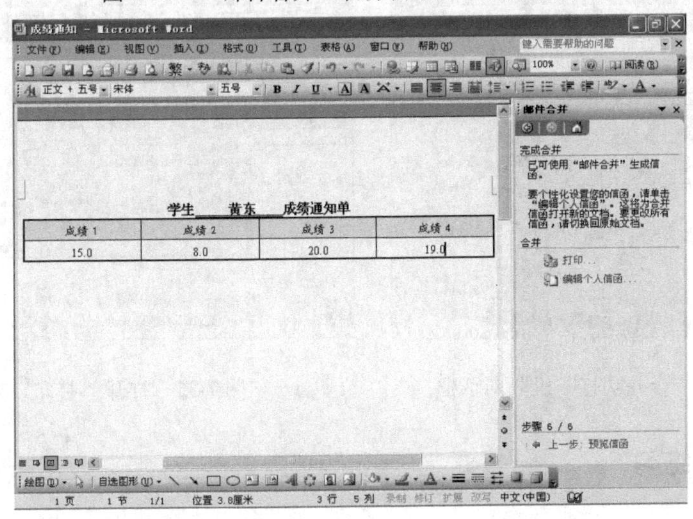

图 7-31 “邮件合并”任务窗格之“完成合并”

12）单击任务窗格中的“编辑个人信函…”链接，打开“合并到新文档”对话框，如图 7-32 所示。在“合并记录”栏中根据要求选择数据源中记录的范围，单击“确定”按钮，产生一个合并的文档，默认文件名为“字母 1”，如图 7-33 所示，以“邮件合并文档”为文件名保存该文档。

提示：如图 7-33 所示文档中的黑线是自动加上的分页符，可用［Backspace］或［Delete］键将其删除。

13）若单击任务窗格中的“打印…”链接，打开“合并到打印机”对话框，如图 7-34 所示。在“合并记录”栏中根据要求选择数据源中记录的范围，单击“确定”按钮打开“打印”对话框，如图 7-35 所示。根据需要设置打印选项后单击“确定”按钮，将打印出合并后的文档。

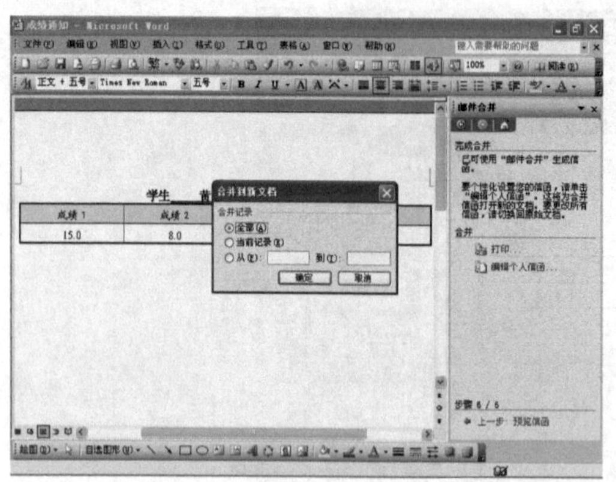

图 7-32　打开“合并到新文档”对话框

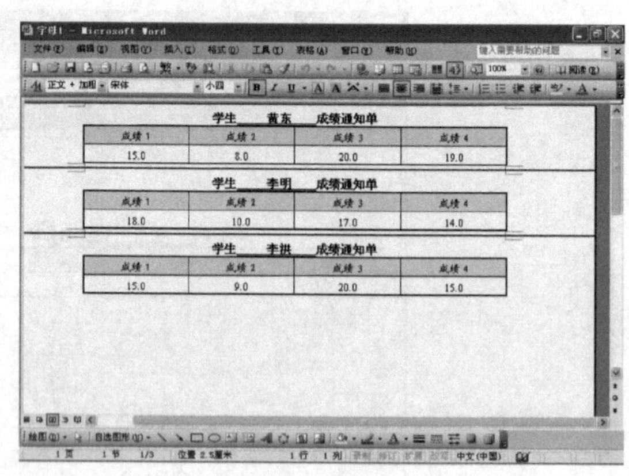

图 7-33　合并后的文档

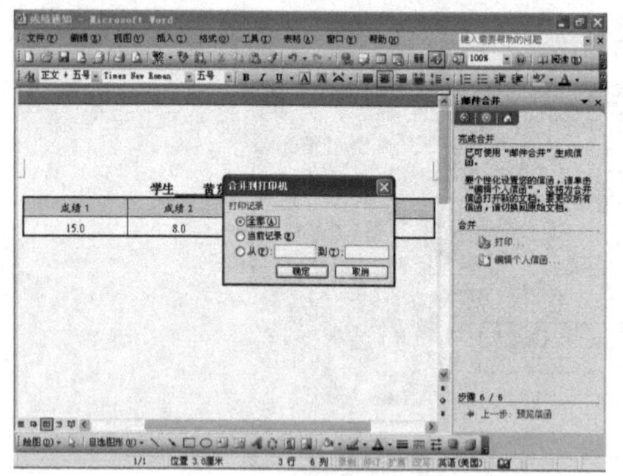

图 7-34　打开“合并到打印机”对话框

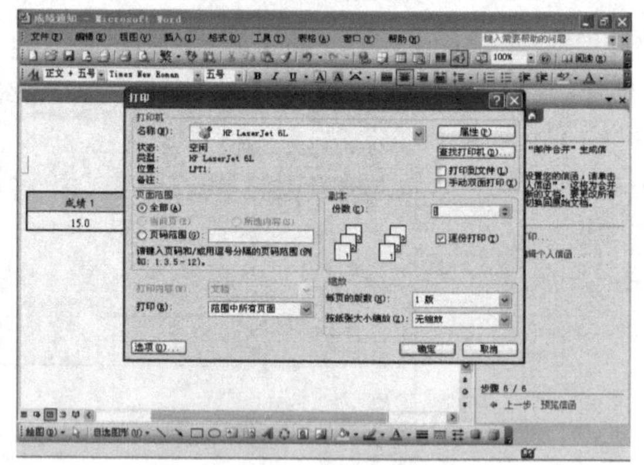

图 7-35　打开“打印”对话框

7.2.3　思考与练习

操作题

在 Word 2003 中新建“职工档案”文档，如图 7-36 所示，标题字体为“黑体”，字号为“四号”，字形为“加粗”；表格字体为“宋体”，字号为“五号”，标题行底纹颜色为“淡青绿”。新建数据源文档“基本情况表”，如图 7-37 所示，表格字体为“宋体”，字号为“五号”，标题行底纹颜色为“灰－10%”。邮件合并后的文档如图 7-38 所示。

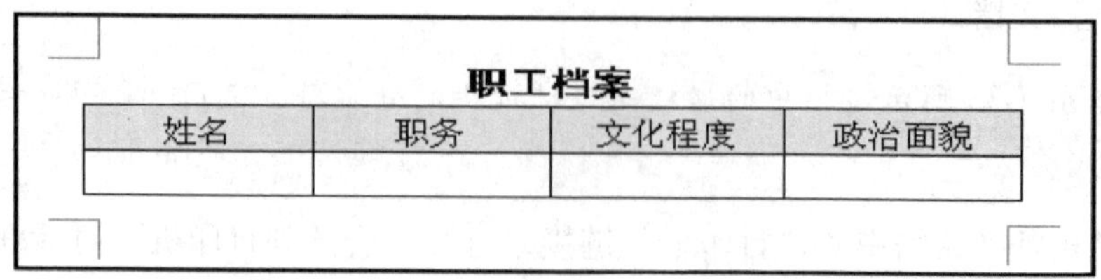

职工档案

姓名	职务	文化程度	政治面貌

图 7-36　“职工档案”文档

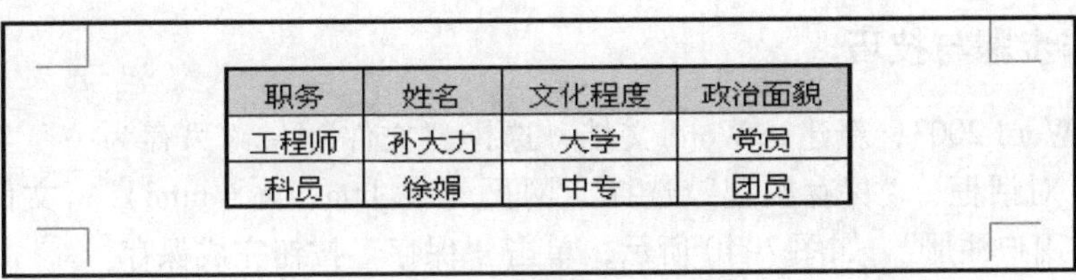

职务	姓名	文化程度	政治面貌
工程师	孙大力	大学	党员
科员	徐娟	中专	团员

图 7-37 “基本情况表”文档

职工档案

姓名	职务	文化程度	政治面貌
孙大力	工程师	大学	党员

职工档案

姓名	职务	文化程度	政治面貌
徐娟	科员	中专	团员

图 7-38 作业效果图

7.3 任务 3 用 Word 制作网上用户注册页面

在本任务中将通过制作“网上用户注册页面”，掌握“web 工具箱”的使用及将 Word 文档保存为 Web 页的操作，并进一步巩固表格、图片操作及背景设置等。

7.3.1 实例效果

网上用户注册页面效果如图 7-39 所示。

图 7-39 “网上用户注册页面”效果图

7.3.2 操作步骤与技巧

1）启动 Word 2003，新建一 Word 文档，选择“文件”→“另存为…”菜单命令，打开“另存为”对话框，“保存类型”选择“网页（＊.htm；＊.html）”，文件名为“希望药业公司网上用户注册”，如图 7-40 所示，单击“保存”按钮完成保存。

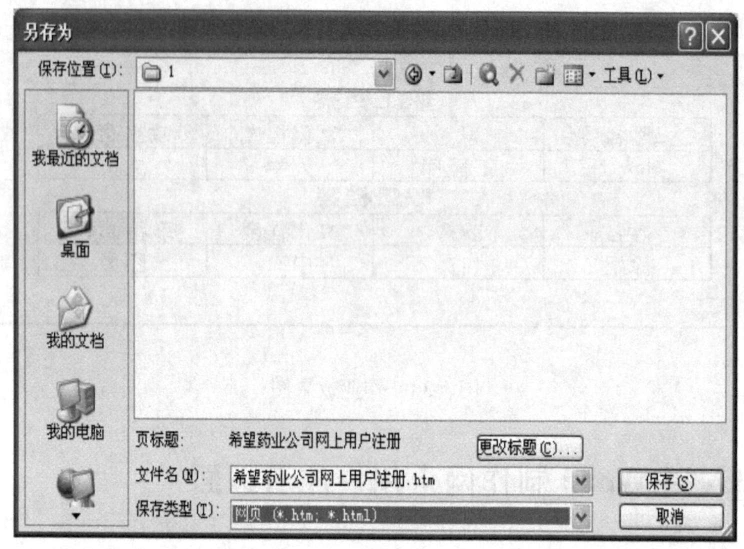

图 7-40　打开“另存为”对话框

提示：选择“文件”→“另存为网页…”菜单命令，也打开“另存为”对话框。

2）在文档中输入“希望药业公司网上用户注册”，设置其字体为“华文彩云”，字号为“一号”，字形为“粗体”，对齐方式为“居中”。选择“视图”→“工具栏”→“Web 工具箱”菜单命令，显示“Web 工具”工具栏，如图 7-41 所示。

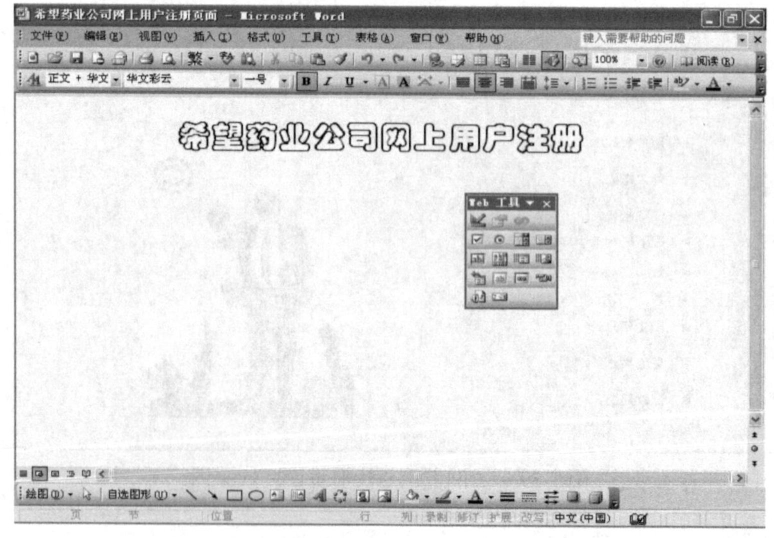

图 7-41　输入部分内容并显示“Web 工具箱”

3）按［Enter］键换行，插入一个1行2列的表格。在表格第1列第1行单元格输入“用户名:”，单击“Web 工具”栏中的“文本框”按钮，在当前光标位置插入一个文本框。按［Enter］键换行，输入“输入密码:”，单击“Web 工具”栏中的“密码”按钮，在当前光标位置插入一个密码框。按［Enter］键换行，输入“确认密码:”，再次单击“Web 工具”栏中的“密码”按钮，在当前光标位置插入一个密码框。当前文档如图7-42所示。

4）按［Enter］键换行，输入“以下内容请用户如实填写:”。按［Enter］键换行，输入“姓名:”，再次单击“Web 工具”栏中的“文本框”按钮，插入一个文本框。按［Enter］键换行，输入“性别：男女”，将光标分别定位在“男”和“女”的前面，分别单击“Web 工具”栏中的“选项按钮”按钮，插入两个“选项按钮”，如图7-43所示。

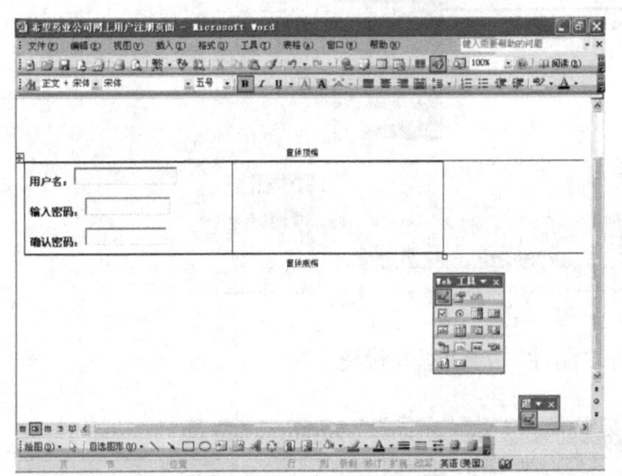

图7-42 输入“用户名、密码”后的文档

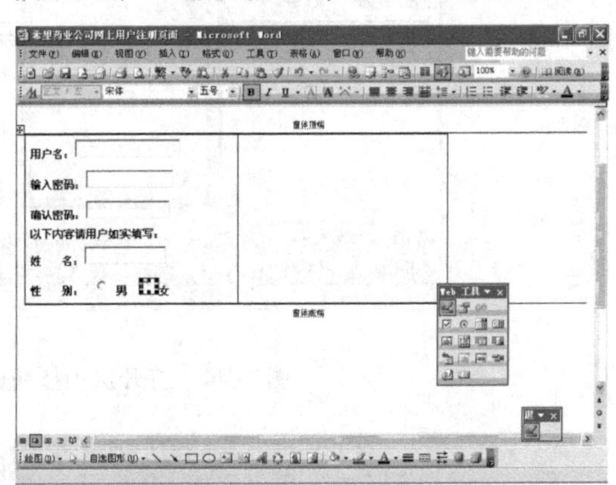

图7-43 输入“姓名、性别”后的文档

5）双击“男”之前的选项按钮，打开“属性”对话框，单击“Checked”属性右侧的下拉列表框，选择其值为“True”，双击“HTMLName”属性，将其值变为“1”，如图7-44所示。单击“属性”对话框右上角的“关闭”按钮关闭“属性”对话框。打开“女”之前的选项按钮对应的“属性”对话框，设置“Checked”属性值为“False”，“HTMLName”属性值为“1”。这样两个选项按钮即成为关联按钮（因“HTMLName”属性值相同）。

提示：在“男”之前的选项按钮上单击鼠标右键，选择“属性”菜单命令，也可以打开“属性”对话框。

6）按［Enter］键换行，输入“出生年月：年月”，单击“Web 工具”栏中的“文本框”按钮，在“年”前插入一个文本框，单击“Web 工具”栏中的“下拉框”按钮在“月”前插入一个下拉框。调整下拉框的大小使它们在同一行上。双击“月”前的下拉框，打开“属性”对话框，设置“DisplayValues”属性值为“1；2；3；4；5；6；7；8；9；10；11；12”，设置“Selected”属性值为“1”，如图7-45所示，关闭该对话框。

7）按［Enter］键换行，输入“证件类别:”，单击“Web 工具”栏中的“下拉框”按钮插入一个下拉框。双击“下拉框”，打开其“属性”对话框，设置“DisplayValues”属性值为“身份证；学生证；军人证；护照”，设置“Selected”属性值为“1”，如图7-46所示，关闭该对话框。

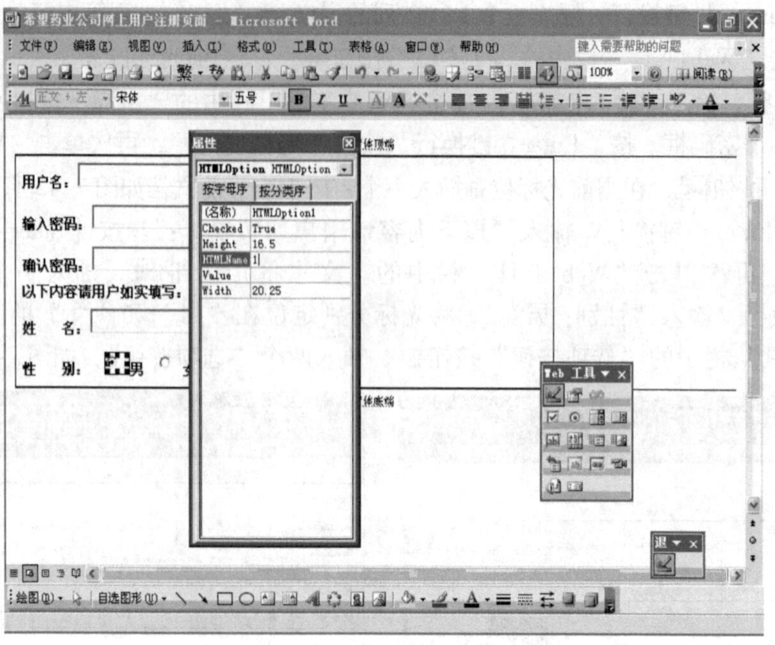

图 7-44 打开选项按钮的“属性”对话框并设置

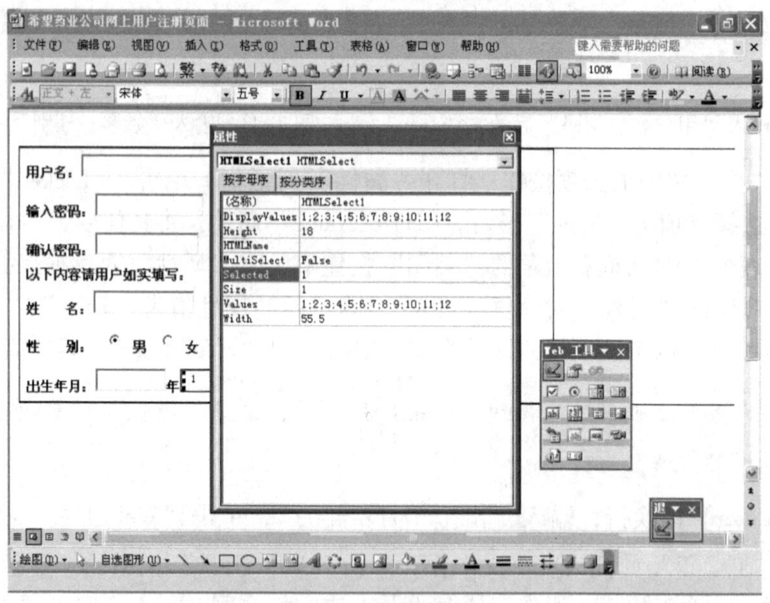

图 7-45 打开下拉框的“属性”对话框并设置

提示：若将“Size”属性的值设置为“4”，则该下拉框的 4 项内容均显示出来，下拉黑箭头将不再显示，如图 7-47 所示。

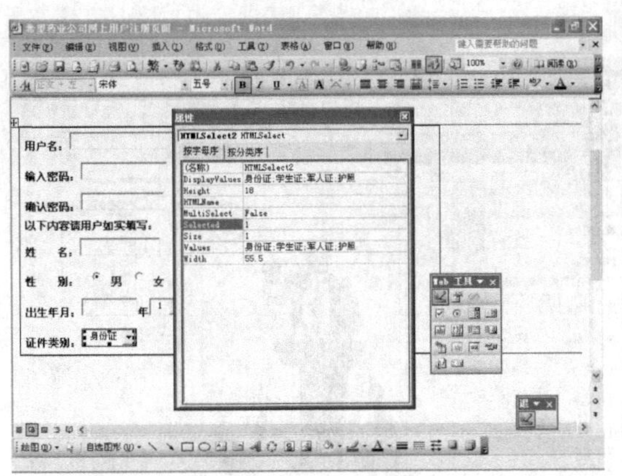

图 7-46　打开下拉框的“属性”对话框并设置

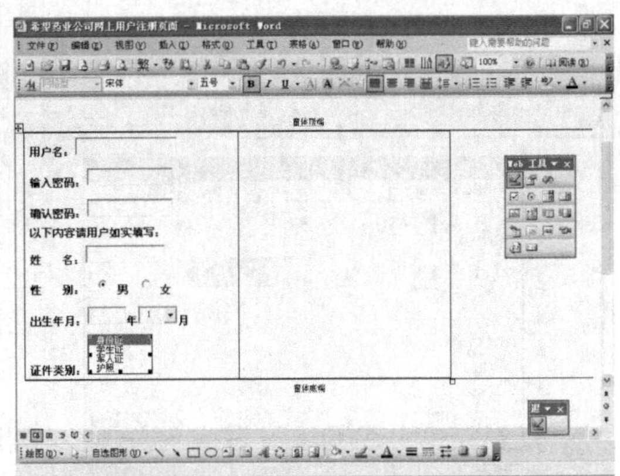

图 7-47　“Size”属性值为“4”时的文档

8）按［Enter］键换行，输入“证件号码:”，单击“Web 工具”栏中的“文本框”按钮，插入一个文本框。按［Enter］键换行，输入“家庭常备药品:”，单击“Web 工具”栏中的“文本区”按钮，插入一个文本区，使文本区控件居中显示，当前文档如图 7-48 所示。

9）按［Enter］键换行，分别单击“Web 工具”栏中的“提交”按钮和“重新设置”按钮，插入两个按钮。打开“提交”按钮的“属性”对话框，设置“Caption”属性值为“提交”；打开“重新设置”按钮的“属性”对话框，设置“Caption”属性值为“重填”，如图 7-49 所示，然后关闭对话框。使两按钮“居中”显示，且在中间输入几个空格。

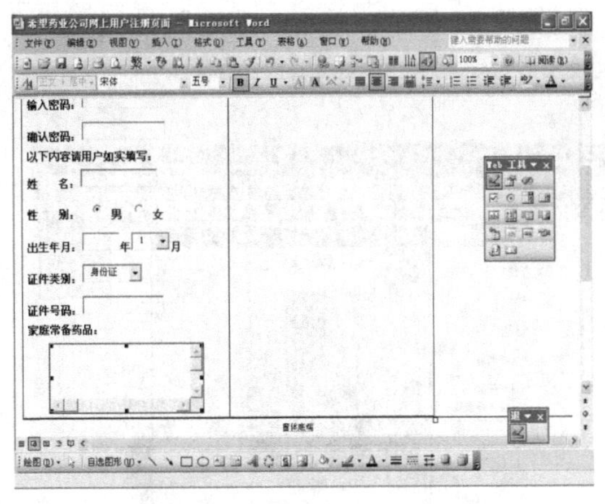

图 7-48　插入“文本区”后的文档

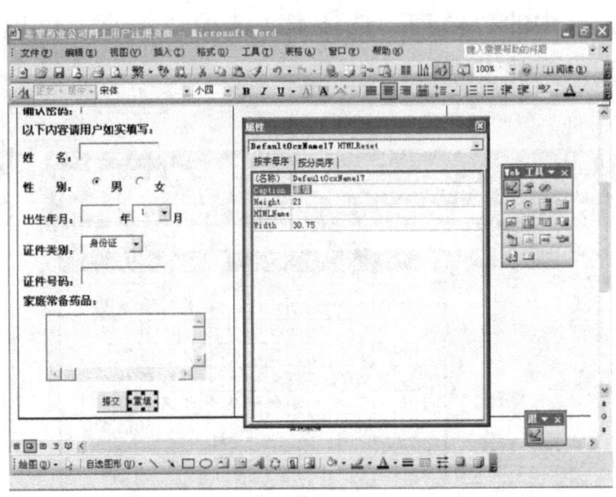

图 7-49　打开“属性”对话框并设置

10）将光标定位到表格右侧单元格，打开“插入图片”对话框，选中所需图片，如图 7-50 所示，单击“插入”按钮，将所选图片插入到右侧单元格中。调整图片大小使其与单元格基本相符。单击“表格和边框”工具栏的“中部居中”按钮使图片相对单元格居中，如图 7-51 所示。

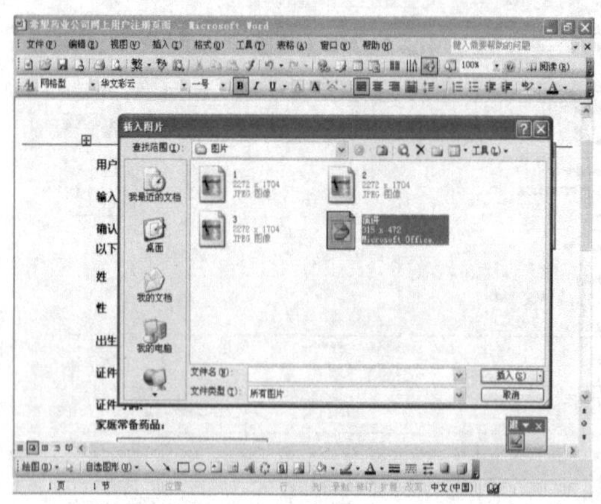

图 7-50　打开“插入图片”对话框

图 7-51　设置图片“中部居中”

11）选择“文件”→“网页预览”菜单命令，预览网页的效果。很显然，表格左侧单元格内容太单调。选中表格左侧单元格中所有内容，选择“格式”→“项目符号和编号…”菜单命令，打开“项目符号和编号”对话框，选择“项目符号”选项卡，任意选择一种项目符号；单击“自定义”按钮，打开“自定义项目符号列表”对话框；单击“字符”按钮，打开“符号”对话框，选择如图 7-52 所示符号，单击“确定”按钮完成项目符号的设置。删除“以下内容请如实填写:”、“文本区”控件和“提交”按钮前的项目符号，并使后两者水平居中显示。

12）选中整个表格，打开“边框和底纹”对话框，将“边框”设置为“无”，即去掉表格边框线。选择“格式”→“背景”→“填充效果…”菜单命令，打开“填充效果”对话框中的“纹理”选项卡，选择“水滴”纹理，如图 7-53 所示，单击“确定”按钮完成填充效果的设置。

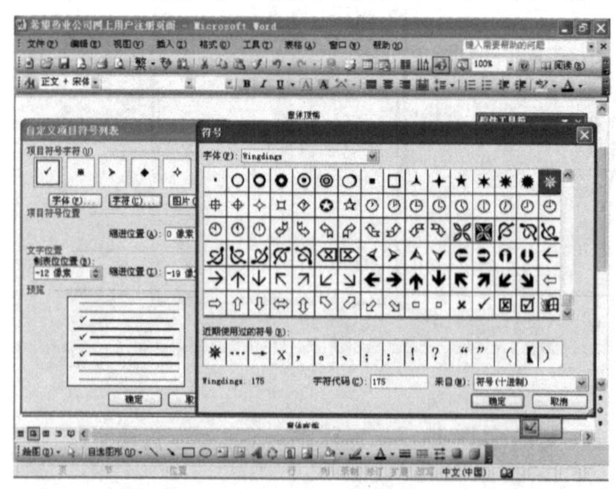

图 7-52　为所选内容添加项目符号

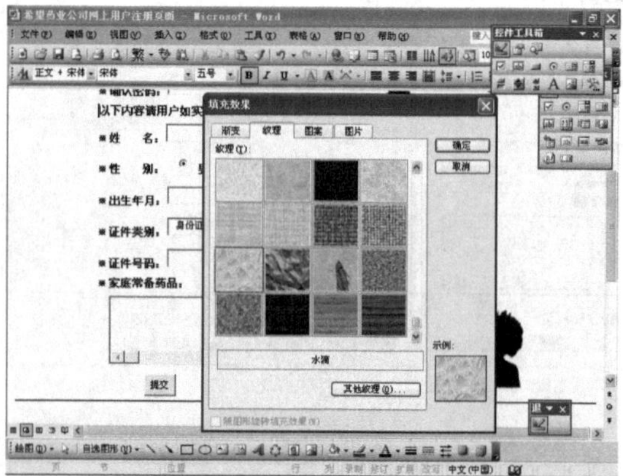

图 7-53　打开“填充效果”对话框

13）选中整个表格，单击“常用”工具栏上的“居中”按钮☰，使表格整体居中显示。单击“保存”按钮再次保存该文件。

7.3.3 思考与练习

操作题

制作如图 7-54 所示的网页。设置标题：文字设置为“华文新魏、小初、粗体”。插入图片 horse. tif（电子资源包中），设置背景纹理为“白色大理石”。

图 7-54 作业效果图

7.4 任务 4 设计制作求职信和求职应聘表格实例

在本任务中将巩固 Word2003 表格的制作，包括求职信的编写和个人简历表格的制作，以及手动制表的方法和表格的调整方法等。

7.4.1 实例效果

求职信和求职应聘表格的效果如图 7-55 所示。

求 职 信

尊敬的＿＿＿＿＿＿先生/女士：

您好！特写此信应聘贵单位招聘的＿＿＿＿＿＿工作岗位。

当我得知贵单位的招聘信息时，心里非常高兴，我一直期望有机会成为贵单位一员。

我毕业于＿＿＿＿学校＿＿＿＿专业，主修＿＿＿＿、＿＿＿＿、＿＿＿＿课程，并且学习成绩优良。我相信，我所具备的专业知识和从业能力对贵单位＿＿＿＿＿＿岗位是非常合适的。而且，从事＿＿＿＿＿＿工作一直是我的理想和兴趣所在。

在学校学习期间，我多次获得＿＿＿＿奖励，而且发表过多篇论文。我还担任过＿＿＿＿干部，具有较强的组织和协调能力。在＿＿＿＿单位的实习期间，对本专业又有了进一步的学习和实践，并增强了我的事业心和责任感，使我能够面对任何困难和挑战。我认为，＿＿＿＿＿＿一职很适合我。我有较为出色的理解能力、协调能力和执行能力，能够帮助我在贵单位的领导下做好这一工作。

随信附上包含有我的个人简历信息的《求职应聘表》。如有机会与您面谈，我将十分感谢。我的 E－mail 邮箱是＿＿＿＿＿＿，手机号为 13XXXXXXXXX，随传随到。

此致

敬礼！

姓名＿＿＿＿

年　月　日

a）

求职应聘表

姓　　名		性别		出生年月			
求职意向							
文化程度		毕业院校					
政治面貌		所学专业					
英语水平		计算机水平				身体状况	
联系方式	手机号码		E－mail 邮箱				
	家庭电话		家庭所在地				
	通信邮编		通信地址				

学习与工作背景			
起始日期	终止日期	所在学校/单位	从事何种学习/工作
主修课程			
社会实践与实习			
获奖情况			
个性特点			
特长			
个人要求			

b）

填表日期＿＿＿

图 7-55　求职信与应聘表效果图

a）求职信　b）求职应聘表

7.4.2 操作步骤与技巧

1. 求职信设计制件

1）建立文件：以“求职信”为名建立一个 Word 文档。

2）输入文件内容：依照样文输入正文内容，设置标题为“隶书”、“二号”、“加粗”，正文为“宋体”、“五号”。

2. 求职应聘表格设计制件

1）将文档另起一页，单击“表格”→“绘制表格”，或单击“常用”工具栏上的绘制表格按钮“”，打开“表格和边框”工具栏；单击“线形”和“粗细”选择下拉按钮，设置线形和粗细，沿对角线画出表格的外框。

2）依照样文分别用单实线和双实线细线，绘制表格的内框线。

3）拖拽表线调整表的宽度，如选择连续的几行，单击“表格”→“自动调整”→“平均分布各行”，可以使选中的行宽相等；填入表格中的文字。

4）点击表格左上角的“”图标或选择表格所有行，选中整个表格。在“表格和边框”工具栏上选择对齐方式下拉列表“”中的“中部居中”按钮“”，使表中文字中部居中。

5）将光标置于表格右上角的单元格，单击“插入→图片→剪贴画”，通过右侧的剪贴画搜索面版，选择一幅剪贴画，插入到单元格中并参考样文适当调整大小。

提示：

1）手动制表时，先画外框再画内框。

2）制表过程中可以使用“表格与边框”工具栏中的“”工具合并单元格，也可以使用“”工具拆分单元格。

3）将光标置于单元格中，单击鼠标右键，会弹出表格的快捷菜单，也可以利用此菜单进行表格的常用操作。

商品 地区		食品	服装	日常生活用品	耐用消费品
最大值	东北	90.20	98.30	92.10	95.70
	华北	84.40	93.30	90.90	90.10
	华东	87.35	97.00	95.50	93.55
	西北	85.50	89.76	88.80	89.90
总　计					
平 均 值					

图 7-56　作业效果图

7.4.3 思考与练习

操作题

1）制作表格：依照样文设计表格，并输入内容，如图 7-56 所示。

2）表格设置：标题用“隶书”、“小三”号字，数字部分用“宋体”、“五号”，其他部分用“宋体”、“五号”、“加粗”。

3）表格计算：计算出各列总计、平均值。

7.5 任务 5 Word 综合版面编排实例（1）

在本任务中将通过对 Word 文档的综合实例的编排，综合所学知识，达到巩固和提高的目的，更好地掌握排版技术。

7.5.1 实例效果

综合排版实例效果如图 7-57 所示。

7.5.2 操作步骤与技巧

1）打开 7-4. doc 文档（电子资源包中），将第三段“PowerPoint …… 演示效果；”选中，用鼠标指向被选中的文字，右击选择“剪切”，将鼠标移至文章的末尾，右击选择“粘贴”。

2）设置字体与字号：选定要设置格式的字，单击菜单栏“格式”→“字体”，将标题定为“黑体”，“小三”，“加粗”，“倾斜”，“靛蓝色”。

3）设置段落格式：选定要设置格式的段落，单击菜单栏“格式”→“段落”，将标题行和第一段后间距设为 1 行，全文首行缩进两个字符，1.25 倍行距，居中对齐。

4）设置边框与底纹：选定第一段，单击菜单栏“格式”→“边框和底纹”，将第一段加“0.5 磅”单实线的“方框”型边框，底纹颜色为“淡蓝色”。

5）分栏设置：选定第二段，单击菜单栏“格式”→“分栏”，将第二段分为两栏。

6）首字下沉设置：单击菜单栏“格式”→“首字下沉”，将第二段的首字下沉，下沉行数为两行。

7）添加项目符号：选定文本，单击菜单栏“格式”→“项目符号和编号”，将后面三段添加项目符号“◆”。

8）插入图形：将文件名为 7-4 图 . jpg（电子资源包中）的图形文件，以四周型环绕方式插入到文档如“样文”所示的位置。

9）插入表格：光标移至文章末尾，按回车键，插入几个空行，单击菜单栏“表格”→“插入”→“表格”，打开插入表格对话框，输入行数为 4 行，列数为 5 列。

10）表格单元格操作：选中第一行的前两个单元格，单击菜单栏“表格”→“合并单元格”。选中第 2 至第 4 行每行第一个单元格，单击菜单栏“表格”→“合并单元格”。

11）表格线段操作：用鼠标拖拽第二条横线和第二条竖线，参照样文适当调整第一行

Microsoft office ——世界最流行的办公集成应用软件

Microsoft office 首开办公集成软件之先河，深受广大用户的钟爱，至今喜爱有加。它将极富特色的应用程序有机地集成到一起，浑然天成，而且更胜一筹。所以这一切归结为最根本的一点：Microsoft office 使您可以方便地极尽软件所能，集中精力处理事务。

Microsoft Office2003 中文版是由微软（中国）有限公司开发的全面支持简繁体中文的一套功能强大的办公软件，它可以协同作业，完成办公中的日常工作。Office2003 标准版主要有 4 个应用程序：Word、Excel、PowerPoint、Outlook，专业版比标准版多一个数据库程序 Access。每个 Office2003 程序都有其特殊的用途，都是完成某类任务的有用工具。每个程序既可以独立工作，又可以连在一起协同工作。所有 Office2003 程序都是在 Windows 下运行的。

- Word 是 Office2003 中最主要的程序之一，它是一个在 Windows 环境下运行的字处理程序。它不仅允许你以所见即所得的方式完成各种文字编辑、修饰工作，而且很容易在文本中插入图形、公式表格以及页眉页脚等元素。
- Excel 是专为数字处理而设计的电子表格程序。它由许多行和列组成，你可以轻松地输入数据，同时允许输入计算公式，进行自动计算。此外，还提供了大量的用于数学、统计、财会等方面的函数，实现了制表自动化。
- PowerPoint 是个幻灯演示程序。幻灯演示就是将计算机数据转换成幻灯、透视图等可视图形。在你的幻灯演示文稿中可以拥有文字、数据、图表、图象、声音以及视频片断，如果设计得当，可以获得极为生动的演示效果。

图 7-57 综合排版实例效果图

和第一列的间距。

12）表格斜线绘制：选中第一行第一个已经被合并了的单元格，单击菜单栏中“表格”→“绘制斜线表头”，绘制如样文所示的斜线表头。

提示：参照样文制作。

1）编辑过程中随时按［Ctrl］+［S］键保存文档；

2）操作的方法多样，仅需参照上面步骤学习，鼓励采用多种方法实现上面的排版操作。

7.5.3 思考与练习

操作题

打开电子资源包中的“习题7-5. doc”文档，按照要求完成下列操作。

1）将标题设置为“三号”、“红色”、“仿宋_GB2312”、“加粗”、“居中”，段后间距设置为“12磅”。

2）给全文中所有“环境”一词添加下划线（波浪线）和着重号；将正文各段文字设置为“小四”、“宋体”；各段落左右各缩进0.4厘米；首行缩进0.8厘米。

3）将正文第一段分为等宽两栏，栏宽6.8厘米，栏间加分隔线。

4）参照样文插入艺术字，以四周环绕方式放置于样文所示位置，并以原文件名保存文档。

完成后效果如图7-58所示。

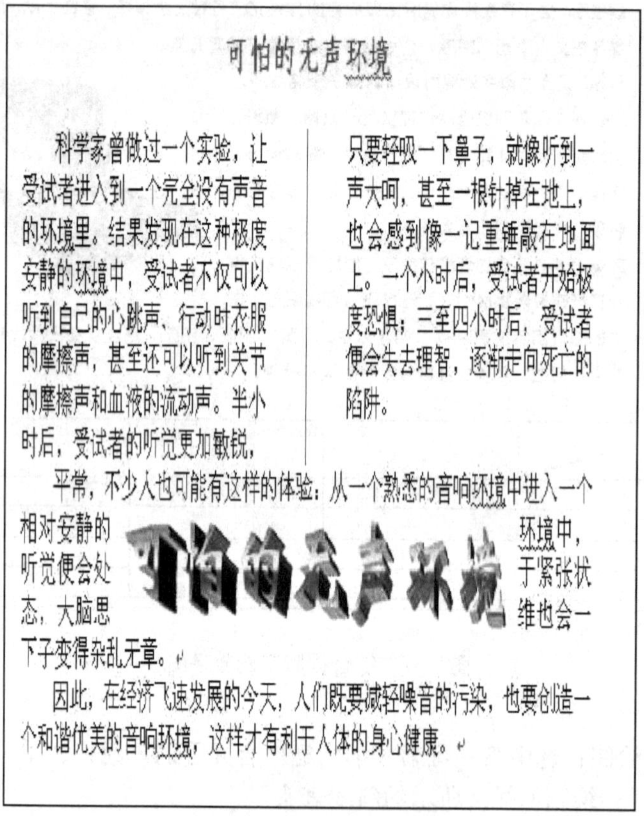

可怕的无声环境

科学家曾做过一个实验，让受试者进入到一个完全没有声音的环境里。结果发现在这种极度安静的环境中，受试者不仅可以听到自己的心跳声、行动时衣服的摩擦声，甚至还可以听到关节的摩擦声和血液的流动声。半小时后，受试者的听觉更加敏锐，只要轻吸一下鼻子，就像听到一声大呵，甚至一根针掉在地上，也会感到像一记重锤敲在地面上。一个小时后，受试者开始极度恐惧；三至四小时后，受试者便会失去理智，逐渐走向死亡的陷阱。

平常，不少人也可能有这样的体验：从一个熟悉的音响环境中进入一个相对安静的环境中，听觉便会处于紧张状态，大脑思维也会一下子变得杂乱无章。

可怕的无声环境

因此，在经济飞速发展的今天，人们既要减轻噪音的污染，也要创造一个和谐优美的音响环境，这样才有利于人体的身心健康。

图7-58 操作题效果图

7.6 任务6 Word综合版面编排实例（2）

在本任务中将通过对Word文档的综合实例的编排，综合所学知识，达到巩固和提高的目的，更好地掌握所学排版技术，包括页眉页角和文本框的学习，达到巩固和提高的目的。

7.6.1 实例效果

编排实例效果如图 7-59 所示。

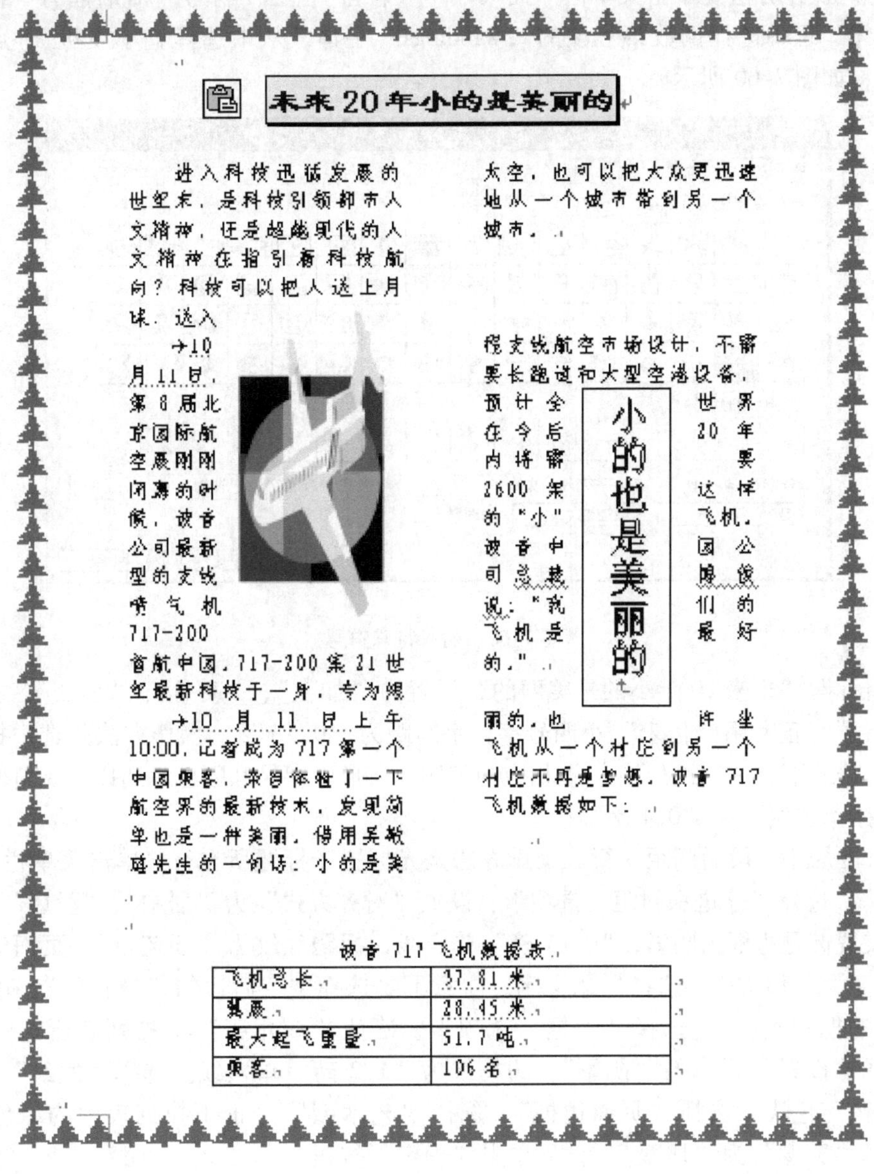

未来20年小的是美丽的

进入科技迅猛发展的世纪末，是科技引领都市人文精神，还是超越现代的人文精神在指引着科技航向？科技可以把人送上月球，送入太空，也可以把大众更迅速地从一个城市带到另一个城市。

→10月11日，第8届北京国际航空展刚刚闭幕的时候，波音公司最新型的支线喷气机717-200首航中国。717-200集21世纪最新科技于一身，专为短程支线航空市场设计，不需要长跑道和大型空港设备。预计全世界在今后20年内将需要2600架这样的"小"飞机。波音中国公司总裁说："就飞机是们的最好的。"

→10月11日上午10:00，记者成为717第一个中国乘客，亲自体验了一下航空界的最新技术，发现简单也是一种美丽。借用吴敏雄先生的一句话：小的是美丽的，也许坐飞机从一个村庄到另一个村庄不再是梦想。波音717飞机数据如下：

小的也是美丽的

波音717飞机数据表

飞机总长	37.81米
翼展	28.45米
最大起飞重量	51.7吨
乘客	106名

图 7-59　实例效果图

7.6.2 操作步骤与技巧

1）打开文档：打开电子资源包中的 7-6. doc 文档，将文中所有“客机”替换为“科技”，“播音”替换为“波音”。操作方法是单击菜单栏“编辑”→“替换”，打开“查找和替换”对话框，在“查找”选项中输入查找内容“客机”，在“替换”选项中输入“科技”；单击“高级”按钮，在“搜索”选项中选择“全部”，点击“全部替换”。用同样方法，将文中的“播音”替换为“波音”。

2）在“10 月 11 日，第 8 届……”和“10 月 11 日上午 10:00……”之前各插入一“✈”符号。操作方法是单击菜单栏“插入”→“符号”，在“符号”对话框的“符号”选项卡“字体”框中选择倒数第三项的“Windings”字体，从中选择“小飞机”，点击“插入”按钮，如图 7-60 所示。

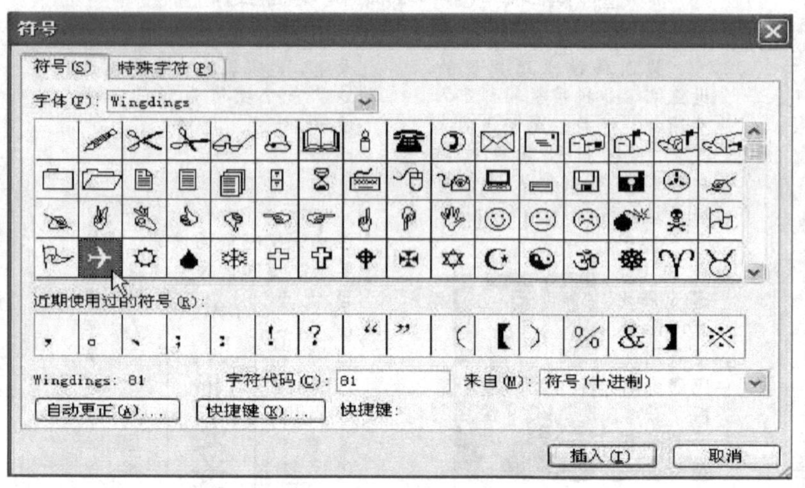

图 7-60　插入特殊符号

3）将标题“未来 20 年小的是美丽的”设置为“加粗”、“隶书”、“小二”，字体颜色为“浅蓝色”，正文用“仿宋”小四号字，字间距为“0.5 磅”。操作方法是选中标题，单击菜单栏“格式”→“字体”，设置相应的字体、字形、字号和颜色。选择“字符间距”选项卡，选择“加宽”→“0.4 磅”。

4）标题居中，段后间距一行。操作方法是光标置于标题所在行，单击菜单栏“格式”→“段落”，选择“缩进和间距”选项卡，设置“对齐方式”为“居中”，“段后”为 1 行。

5）设置标题边框为阴影，“0.75 磅”单实线，标题底纹为“淡蓝色”，页面边框为艺术型，宽度为“18 磅”。选择标题文字，注意不要选择文字后边的“换行符”，单击“格式”→“边框和底纹”，选择“边框”选项卡，确认“应用于”下拉列表所选的是“文字”，选择“设置”栏中的“阴影”。边框线为“1/2 磅”单实线。选择“底纹”选项卡，单击“淡蓝”色块。选择“页面边框”，选择“艺术型”边框下拉列表中的绿色“小松树”，选择“宽度”为“18 磅”，然后单击“确定”按钮。

6）正文（除标题行部分）字体为“仿宋”、“小四”，字间距为“加宽 0.4 磅”。选中正文，单击菜单栏“格式”→“字体”，进行设置，打开“字符间距”选项卡设置“字间距”。

7）首行缩进 2 个字符，左右各缩进 1 个字符，1.5 倍行距。操作方法是单击菜单栏“格式”→“段落”，在“缩进和间距”选项卡中进行设置，其中“首行缩进”是在“特殊格式”中设置。

8）将正文中前三行分两栏。选中正文，单击菜单栏“格式”→“分栏”，分为两栏。

9）将“波音 717 飞机数据表”的文本转换为表格，添加表线，并适当调整表线间距，如图 7-59 所示。操作方法是选中表格中的文字，单击菜单栏中“表格”→“转换”→“文本转换成表格”，直接单击“确定”按钮。适当调整单元格间距。

10）光标移至“波音 717 飞机数据表”标题前，插入若干空行，使该表转入第二页。

11）建立页眉和页角，输入页眉文字：“综合运用 Word”，字体为“华文新魏”，五号字，居中显示；页角显示宋体 5 号字的“第 X 页，共 X 页”的页码。操作方法是单击菜单栏“视图”→“页眉和页脚”，在页眉区输入相应字体、字型、字号的文字，在“格式”工具栏中单击“居中”按钮。单击“”按钮，切换到页角，在页角区输入汉字“第”，单击“”按钮，输入自动页码，再输入“页 共”字，单击“ ”按钮输入自动页数，输入“页”，检查无误，单击“关闭”按钮。分别浏览第一页和第二页页眉页角，观察它们的变化。

12）插入一剪贴画和一竖排文本框，如图 7-59 所示。在文档中的插图位置单击鼠标定位插入点，再单击菜单栏“插入”→“图片”→“剪贴画”，屏幕右侧会弹出“剪贴画”窗口，如图 7-61 所示。打开“搜索范围”下拉菜单，点选“Office 收藏集”前的复选框，给它打上钩，点击前边的“ + ”号，展开 Office 收藏集，继续点选“科学”复选框，然后单击上方的“搜索”按钮，双击其中的“航天飞机”剪贴画将其插入。拖拽剪贴画四角的控制点，调整为适当的大小。单击该剪贴画，在弹出的“图片”工具栏中点击“”按钮，（如未显示“图片”工具栏，可单击菜单栏“视图”→“工具栏”→“图片”使其显示出来）选中其中的“四周型环绕”，再适当调整该图片的位置。插入文本框的方法是：单击菜单栏“插入”→“文本框”→“竖排”，在插入点拖拽鼠标，画出一个如样文大小的竖排文本框，向其中输入“小的也是美”，选中其中的文字，设置字体为“华文彩云”、“二号”、橙色字。然后右击文本框的边缘，选择“设置文本框格式”命令，在打开的对话框中选择“版式”→“四周环绕”，选择“颜色与线条”将线条的颜色设置为橙色。适当调整文本框的大小，然后选中该文本框，单击下方的“绘图”工具栏中的阴影样式按钮“”，单击其中的“阴影样式 14”（如没有“绘图”工具栏，可单击菜单栏“视图”→“工具栏”→“绘图”显示出“绘图”工具栏），按样文所示摆放好位置。

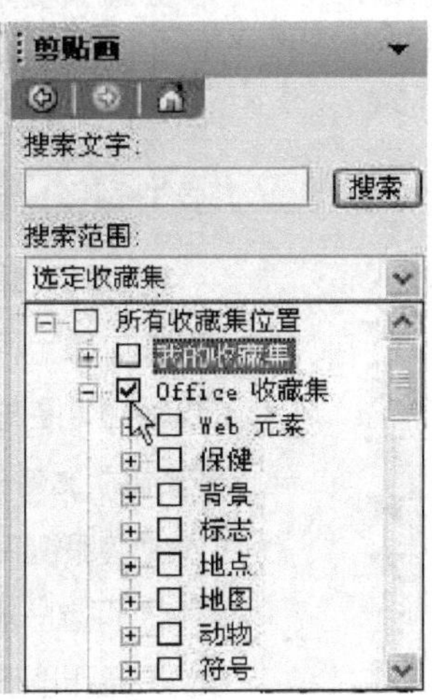

图 7-61　插入剪贴画

提示：

1）添加文字边框和文字底纹，最容易出的错是不看“边框与底纹”对话框右下角的“应用于”的范围指示。如果选择错误（如将应用于“文字”边框设置成了应用于“段落”边框），方法是在原范围不变的情况下（还在应用于“段落”边框状态下），将错误的选择按当初的选择方法，将边框设置为“无边框”或颜色设置为“无颜色”，然后再改变范围选项（选应用于“文字”边框）重新设置即可。

2）页角中的页码和页数，务必分别用“页眉页角”工具栏中的“插入页码”和“插入页数”按钮来插入，不能直接输入数值，否则每页的页码和页数都会一样。

7.6.3 思考与练习

操作题：

1）打开电子资源包中的“习题7-6. doc”文件，输入标题、班级、姓名如样文。

2）在 Word 中按样文（见图 7-62）要求制作。

数码技术

数码相机综述

班级 XXX　　姓名 XXX

数码相机的镜头焦距，与人类的眼睛一样，数码照相机通过镜头来摄取世界万物，如果焦距出现误差，则会出现无法正确的分辨事物，同样作为数码相机的镜头，主要特性是镜头的焦距值。镜头的焦距不同，能拍摄的景物广阔程度就不同，照片效果也迥然相异。

与传统的相机相比，由于数码相机使用 CCD 感光器件，因而其镜头上标明的焦距通常是 5.0 毫米、10 毫米等等，在普通的 35 毫米相机上一般都使用超广角或鱼眼镜头了，而数码相机厂家一般使用的镜头只是相当于 35 毫米相机的小广角镜头。

要说明这个问题，首先就得从镜头视角与焦距的关系谈起。从镜头的中心节点到成像平面对角线两端所张的夹角就是镜头的对角线视角。

拍摄照片的过程，是相机开启快门后，让眼前的影像透过镜头后投影到数码相机的 CCD 感光器上，感光器在通过数模转化器，将图象的信息在相机的存储卡上记录下来，这个过程与传统的相机的曝光过程一样。

部分数码相机具有近距离拍摄的功能选择，您可以根据您自己的需求进行选择，原则上可拍摄距离越近的数码相机适用范围越广。

班级	姓名	年龄	民族	特长

图 7-62　操作题效果图

① 标题为二号华文新魏、浅蓝色、居中带着重号和字符边框线如样文，输入自己的班级、姓名用五号红色字，正文为小四号宋体、黑色，

② 共5个自然段，全部分两栏带分割线，各段首缩进两字，1段要装入横排文本框，框线为双线，文本框底纹为淡蓝色。第4段要求首字下沉2行红色、黑体空心阴影字。

③ 用自选图形画一带中心过渡红色的五角星图形，紧密环绕；按样文位置插入“7-6图.jpg”图片（电子资源包中）；画出样文中的表格然后填入数据。要求表格内所有数据的显示均为水平和垂直居中，注意表格线型和风格应符合样文要求。

提示：第“③”步先分栏，后将第一段装入文本框，选中文字，点击“绘图”工具栏中的横排文本框按钮。

模块8　五笔字型录入进阶练习

本模块是为用五笔字型输入法录入汉字的进阶而设计的练习，每个练习先给出短文中出现的词组，然后给出了短文，短文中又给出了难拆字的代码。

学习者先为短文词组写出输入代码，然后在“金山打字通”或“禧龙字王”软件中进行词组与短文的录入练习与测试，通过这一模块的进阶练习，一定能进一步提高录入速度。在练习过程中，将录入的速度记入附录6中的“文字录入练习轨迹表”中，观察文字录入的进阶情况。

> **提示**：短文括号中给出的是该字的五笔字型输入法的录入代码，注意在录入时用小写字母。

练习1：牛和青蛙

青蛙________小心________回家________母亲________妈妈________动物________
很大________这样________肚皮________孩子________那么________还要________
拼命________就是________

两只小青蛙在水池边玩，有只大牛来喝（KJQ）水。牛（RHK）一不小心就把（RCN）一只小青蛙踩死了，剩（TUXJ）下的一只小青蛙逃（IQP）回（LKD）家，对母亲说：“妈妈！糟（OGMJ）了呀！哥哥被一只有脚的大动物（TRQ）给踩死了！”青蛙妈妈还不曾见过牛。“很大，是这样的吗？”青蛙妈妈把肚皮吹大给孩子看。“不，更大！”“那么，是这样吗？”青蛙妈妈再把肚皮吹的更大些。“还要大，还要更（GJQ）大些呀！”青蛙妈妈拼命地吸（KEY）气（RNB），将肚皮吹的像（WGJ）气球，圆鼓鼓的。“哦！就是这样吧？”青蛙妈妈正说着话，肚皮却啪一声（FNR）裂开了。

练习2：蚂蚁报恩

炎热________夏季________池塘________看到________情景________可怜________
叶子________始终________这时________子弹________并且________

在一个炎热的夏季里，有一只蚂蚁被风刮落到池塘（FYV）里，命在旦夕（QTNY），树上有只鸽子看到这情景。“好可怜噢（KTMD）！去帮他吧！”鸽子赶忙将叶子丢进池塘。蚂蚁爬上叶子，叶子再漂到池边，蚂蚁便得救了。“多亏鸽子的救（FIYT）助（EGL）啊！”蚂蚁始终记得鸽子的救命之恩。过了很久，有位猎（QTA）人来了，用枪瞄准树上的鸽子，但是鸽子一点儿也不知道。这时蚂蚁爬（RHYC）上猎人的脚，狠狠咬了一口。“哎呀！好痛！啊！”猎人一痛，就把子弹打歪（GIG）了，使得鸽子逃过一劫，并且蚂蚁也报答了鸽子的救命之恩。

练习3：聪明伶俐的小羊

聪明________虽然________发抖________伯伯________以前________能否________
什么________配合________喜欢________还会________打算________跳舞________

可爱________愤怒________非常________上当________那是________信号________

迷路的小羊被狼抓住了。小（IH）羊（UDJ）虽然吓得发抖，但是他很聪明。小羊说：“狼伯伯，求求你，在吃掉我以前，能否吹个笛子给我听呢？”“什么？吹笛子做什么呢？”“我想在死之前，配合着笛声，跳一下我最喜欢的舞（RLG）。”“该不会打算边跳舞边溜（IQYL）走吧！”“不会、不会，我绝不会逃（IQP）走！”“好吧！我就吹一曲（MA）吧！”狼吹起笛子，小羊配着调子跳舞，跳得很可爱。牧羊人听到笛声，跑了过来。“啊！是狼！”牧（TRT）羊人愤（NFA）怒的将狼抓住，救了小羊。狼非常的懊（NTM）悔。“上当啦！那是小羊向牧羊人求救的信号啊！”

练习4：蚊子和狮子

面前________不怕________到底________什么________力量________牙齿________

女人________男人________打架________这么________要是________愿意________

周围________没有________地方________自己________战胜________凯歌________

蜘蛛________将要________叹息________强大________动物________较量________

不料________消灭________故事________那些________打败________人物________

适用于________

蚊子飞到狮子面前，对它说：“我不怕你，你并不比我强。若不是这样，那你到底（YQA）有什么力量呢？是用爪（RHYL）子抓，牙齿咬吗？女人同男人打架，也会这么干。我比你强得多。你要是愿意，我们来较量较量吧！”蚊子吹着喇叭冲过去，朝狮子脸上专咬鼻子周围没有毛（TFN）的地方。狮子气得用爪子把自己脸都抓破了。蚊子战胜了狮子，又吹着喇叭，唱着凯歌飞走，却被蜘蛛网粘住了。蚊子将要被吃掉时，叹息说，自己同最强大的动物都较量过，不料被这小小的蜘蛛消灭了。这故事适用于那些打败过大人物，却被（PUHC）小人物打败（MTY）的人。

练习5：鱼国国王

非常________粗暴________骄傲________讲理________总是________世界________

因此________食物________霸占________相反________时常________肚子________

纷纷________逃走________最后________回家________高兴________值得________

你们________难道________提心吊胆________

有一条非常大的鱼（QGF）。这条鱼粗暴、骄傲（WGQT）、不讲理，总是欺负小鱼们。“我是世界第一大鱼，是鱼国国王，小不点让开！让开！”他大声喊骂着驱散小鱼。因此小鱼总是提心吊胆。好吃的食物被大鱼独自霸占，使的他又胖又壮。相反的，小鱼们时常饿肚子，变的消瘦不堪。有一天，渔夫撒下网捕鱼，被网进网内的小鱼，纷纷自网眼逃（IQP）走（FHU）了，最后只剩下大鱼被抓到，而且就这条大鱼，便把鱼网塞的满满的。“哇！好大的一条鱼啊！”渔夫欢天喜地的回家了，小鱼们也高兴地跳起舞（RLG）来。有什么值得高兴的呢？你们的食物多了难道不会长胖吗？

练习6：映在水中的影子

影子________美味________骨头________运气________慢慢________高兴________

天气________愉快________眼睛________非常________担心________随时________

抢夺________如果________继续________通过________脚步________起来________

小狗乔到街上去，觅（EMQ）得了一根美（UGDU）味、可口的骨头，“嗯！运气真佳！带（GKP）回去慢慢地啃吧！”乔高兴地衔着骨（ME）头（UDI）咚咚的走着。这天真是好天气，小鸟们愉快的唱着歌，乔紧紧的衔着骨头，瞪大着眼睛提防着，好像非（DID）常担心随时会有大狗来抢夺它的骨头似的，那么战战兢兢（DQD）。乔终于走到桥上，如果他继续往前通过桥就好了，可是乔停住了脚步，从桥上往下看看河水。他竟看见河里有一头狗也衔着一根粗骨头。“啊！那根骨头我也要呀！”乔大声“汪！汪！”叫了起来，就在这瞬（HEP）间，骨头从口中掉下，沉到水底（YQA）去了，“真糟（OGMJ）！这是我的影子映（JMD）在水中啊！”

练习7：刺猬凳子

动物________头目________因此________非常________放肆________一直________
大家________今天________天气________耳朵________拒绝________觉得________
舒服________更加________高兴________邀请________喜欢________知道________
所以________心里________虽然________仍然________看到________起来________
打扰________竟然________这么________当作________屁股________看不起________

猴子是动物群中的小头（UDI）目，因此非常的任性放肆（DV），一直让大家很受不了。有一天，猴子对兔（QKQY）子说：“今天天气真好，我们去尖山玩好吗？”兔子摇着长耳朵拒绝了，猴子觉得很不舒（WFKB）服，又约狸一起去，可是狸也拒绝了，猴子更加不高兴，又邀（RYTP）请了狐狸，狐狸也不喜欢任性的猴子，又拒绝了它。猴子被拒绝之后，不知道该（YYNW）做什么好，所以心里虽然不高兴，但仍然去了尖山。猴子爬上尖山，看到有只刺猬缩成球（GFI）状在睡午（TFJ）觉，“唷！喂！起来！小头目来了！”“吵死了！不要打扰（RDN）我睡午觉！”“唉呀！这么小竟然这么狂妄自大，看我不拿你当作我的凳子才怪！”猴子看不起刺猬，就坐了下来，刺猬一怒，就把背上的刺全都竖了起来，“啊！好痛！呀！”于是，猴子抱着屁股跳（KHI）了起来。

练习8：狡猾的狐狸

狡猾________互相________争夺________发现________所以________应该________
放手________食物________眼睛________然后________孩子________你们________
伯伯________评理________知道________起来________右边________一半________
左边________比较________大小________结果________再见________多么________
如果________吵架________似乎________垂头丧气________

两只猫互相争夺美食，“这是我发现的，所以是我的！”“不对，我先发现的，应该是我的！”“不，是我先（TFQ）发现的，拿来！”“才不给哩！”“放手啊！”“才不放手！”两只猫互（GX）不退（VEP）让，紧抓着食物不放。过路的狐狸停住了脚，用两只闪亮的眼睛看了看。然后硬闯入这两只猫中间。“孩子们，你们吵什么？”“嗯！狐狸伯伯，请评理，是他想抢走我发现的食物啊！”“不对，这是我先发现的！”“我知道了，知道了！伯伯会好好地把食物分成两半的，不要再吵了，去拿秤来！”狐狸将食物分成两半（UF），并且用秤量了起来。“咦，右边比较重喔！”狐狸说着就把右边的一半咬下了一小口，“啊！这次变（YO）成左边比较重啦！”接着狐狸又咬了一口右边的食物。“这样右边又太轻了！”于是再咬下一口左边的。两只猫睁着眼睛看着秤上的食物，变成了豆粒般（TEM）大小。“实在没办法啦！就让伯伯吃光吧！”结果狐狸把食物吃的一干二净，还说：“啊！真好吃！嗨！再见了！”多么狡猾的狐狸呀！两只猫似乎明白了，它们说：“我们两个如果不吵架，好好把那食物分开来吃该多好啊！”两只猫垂头丧气，以后再也不敢（NB）吵架了。

练习 9：老鼠的商议

最近________几乎________每天________晚上________都有________同伴________
大家________办法________对付________商议________当然________主意________
脖子________知道________真是________非常________高兴________一致________
表示________赞成________现在________只要________不必________可怕________
不行________最后________办法________执行________

“最近，几乎（TUH）每天晚上都有同伴（WUF）被猫吃掉！大家想想办法来对付那只猫吧！”有天晚上，老鼠（VNU）们这样商议着。“当然有。我有个好主意！我们把铃铛挂在猫的脖子上就行了。”“对呀！这样只要铃铛一响，就知道是猫来了。”“真是个好主意！”老鼠们非常高兴的一致表示赞（TFQM）成。现在只要在猫的脖子上挂上铃铛，我们就不必再担心了。可是，要由谁去替可怕的猫挂上铃铛呢？“喔！我怕，我不要！”“我也不行！”最后这个好办法并（UA）没有执行。

练习 10：悬崖下的狼

很高________那儿________突然________眼睛________附近________不管________
地方________上去________因此________温柔________声音________可爱________
孩子________危险________许多________好吃________关于________可怕________
事情________所以________谢谢________没有________之前________可能________
伯伯________可恶________非常________生气________

在很高的悬（EGCN）崖上，有两只小羊（UDJ）在那儿玩。有只饥肠辘辘（LYN）的狼，突然眼睛往上瞧。狼环视附近，这么高的悬崖，不管（TP）从什么地方都爬（RHYC）不上去，因此，狼用温柔（CBTS）而低（WQA）沉的声音说：“可爱的孩子们呀！在那种地方玩很危（QDB）险，快下来呀！下面长了许多柔嫩好吃的草喔！”但是，小羊因为常听到关于狼的可怕事情，所以说：“狼伯伯，谢谢你的好意，但是，我们下不去。如果我们下去了，在还没有吃到嫩草之前，可能就被伯伯给吃掉了！”“什么！可恶（GOGN）的孩子！”狼非常生气地说。

练习 11：纯洁的自信心

纯洁________应该________鼓励________员工________乞求________成功________
热情________一点________必须________注意________只有________才能________
发出________健康________知道________帮助________达到________成功________
然而________只是________贪婪________那么________同事________公司________
构成________危害________可能________后果________寓言________扩张________
自己________事业________决定________培养________于是________每天________
训练________如何________捕捉________希望________通过________邻近________
经过________野生________人工________抚养________所以________很小________
既然________如此________相信________能够________变成________杰出________
果然________肚子________最后________结局________出于________从此________
教训________深刻________无关________很多________企业________人力________
资源________开发________管理________常常________自信心________穷光蛋________

事实上________胡作非为________罪魁祸首________

我们应该鼓励员工们去追求成功的热情，但是，有一点必须注意：只有纯洁的自信心才能生发出健康的热情。我们知道，自信心常能帮（DT）助人们达到成功。然而，如果一位员工的自信心只是为了个人的贪婪，那么他将对同事和公司构成潜在的危害。在不健康的热情的驱使下，很可能会不计后果地胡作非为。有一则寓（PJM）言是这样说的：一个牧羊人为了扩张自己的事业，决定培养一只狼作帮手。于是，他每天训练（XAN）狼如何捕捉小羊。他希望通过狼把邻近羊群中的小羊据为己有。这只狼事先并没有经过野（JFC）生训练，是人工抚养（UDYJ）大的，所以胆子很小。为了鼓励它，牧羊人说："你是一只狼呀，既然如此，那么你要相信自己能够变成一只最杰出的狼！"这只狼果然变得很杰出，因为它把主人的羊也捕捉到了自己的肚子里。最后的结局是这样的，一位猎人出于义愤击（FMK）杀了这只狼，而牧羊人也从此沦（IWX）为穷光蛋。这个教训是深刻（YNT）的，牧羊人成了害（PD）人害己的罪魁祸首。不要以为这则寓言与我们无关，事实上，很多企业在人力资源开发和管理中，常犯牧羊人的毛（TFN）病。

练习 12：熊的秘密私语

秘密________朋友________突然________眼前________出现________其中________
敏捷________没有________功夫________赶紧________样子________过来________
那个________然后________动物________侵犯________放心________刚刚________
悄悄________遇难________不能________

有两位好朋友走在山路小道上，突然就在他们眼（HV）前出现一只大熊。其中一个敏捷（RGV）的爬到树上，而另一个却没有这种功夫，赶紧倒在地上，假（WNH）装死掉的样子。熊走过来，拨（RNT）弄一下倒在地上那个人的脸，然后就走了。因为熊对死的动物是不会侵犯（QTB）的。爬到树上的那个人放心的爬下树来。"熊刚刚悄悄的和你私语着，说了些什么呢？""啊，那个吗？"倒下的男子回答道："熊对我说在遇难时，不能相助（EGL）的人，不是好朋友。"

练习 13：熊猫

熊猫________北京________著名________动物________体形________耳朵________
黑色________生长________学者________生活________虽然________系统________
属于________既然________什么________时候________主义________由于________
原因________这些________动物园________

北京西郊动物园中有熊猫。它是久已著名的动物。人们很喜欢看它，常常有人在围（LFNH）着（UDH）看。它是胖胖的体形，像（QJE）熊的动物，毛（TFN）色呈乳脂白色，耳朵前方黑色，两眼各有一黑色圈（LUD），肩部及腿也是带黑色的，但有些个体带栗壳色的赤（FO）色，它又叫大熊猫。它生长（TA）在我国的西部，据动物学者说，它是吃竹（TTG）笋、竹叶及其枝生活的。虽然它系统上属于食肉类，却不吃肉。它既（VCA）然是食肉类，祖先一定是吃肉的，什么时候变为素食主义者的呢？由于什么原因呢？这些我们还不知道。

练习 14：被同伴驱逐的蝙蝠

同伴________驱逐________蝙蝠________鸟类________发生________争执________
爆发________战争________并且________交战________战胜________突然________

出现________堡垒________各位________那些________粗暴________打败________
真是________英雄________翅膀________所以________伙伴________大家________
指教________非常________需要________加入________增强________实力________
欢迎________战争________开始________后来________战胜________胜利________
实在________同类________乐意________纳入________自己________最后________
结束________行为________世界________客气________只好________来到________
言归于好________

很久以前，鸟（QYNG）类和走兽，因为发生一点争执，就爆发了战争，并且双方僵持，各不相让。有一次，双方交战，鸟类战胜了，蝙（JYNA）蝠突然出现在鸟类的堡垒。“各位，恭（AWN）喜啊！能将那些粗暴（JAW）的走兽打败，真是英（AMD）雄啊！我有翅（FCN）膀又能飞（NUI），所以是鸟的伙伴！请大家多多指教！”这时，鸟类非常需要新伙伴的加入，以增强实力，所以很欢迎蝙蝠的加入。可蝙蝠是个胆小鬼，等到战争开始，便不露面，躲（TMDS）在一旁观战。后来，当走兽战胜鸟类时，走兽们高声地唱着胜利的歌。蝙蝠却又突然出现在走兽的营区。“各位恭喜！把鸟类打败！实在太棒了！我是老鼠的同类，也是走兽！敬请大家多多指教！”走兽们也很乐（QI）意将蝙蝠纳入自己的同伴群中。于是，每（TXG）当走兽们胜利，蝙蝠就加入走兽。每当鸟类们打赢，却又成为鸟类们的伙伴。最后战争结束了，走兽和鸟类言归和好，双方都知道了蝙蝠的行为。当蝙蝠再（GMF）度出现在鸟类的世（AN）界时，鸟类很不客气的对他说：“你不是鸟类!”被鸟类赶出来的蝙蝠只好来到走兽的世界，走兽们则说：“你不是走兽!”并赶走了蝙蝠。最后，蝙蝠只能在黑（LFO）夜（YWT），偷偷地飞着。

练习 15：跑的比你快

两个________打猎________突然________树林________慌乱________逃跑________意思________
非常________奇怪________回答________所有________方式________动力________在于________
不断________创新________经营________手段________概念________成为________各类________
公司________前进________关键________即使________许多________行业________领袖________
保持________比如________著名________每年________通过________进行________引起________
特别________企业________成功________突出________重要________化妆品________为什么________

有两个人去打猎，突然从树林里窜出一条老虎。其中一个人慌乱不已，拔（RDC）腿就跑，而另一个人却不惊不慌（NAY）地系（TXI）鞋带。那个逃跑的人看同伴没有逃（IQP）命的意思，感到非常奇怪，问道：“你为什么不（GI）逃命呢?”坐在树旁的人回答道：“并（UA）不是所有的救（FIYT）命方式都是逃跑，因为我跑的比你快啊。”

在营销方面的动力在于（GF）不断的创新。经营手段（WDM）的创新，概念炒作的创新，已成为了各类公司不断前进的关键点。即使是许多行业领袖，无一不保持营销的创新，比如著名化妆品公司雅（AHTY）兰，在每年的美博会上，都通过不同的手段来进行招商，引起了一次又一次的轰动。特别是在化妆品企业视为成功关键所在的概念炒作，更突出了这种创新性的重要。

练习 16：苏格拉底时代的雅典

时代________集市________仿佛________出来________之前________老婆________出门________
尽管________如此________因为________如果________今天________发生________争吵________

解决______问题______知道______之后______大雨______如果______公民______
那么______可能______告诉______朋友______什么______幸福______正义______
真正______已经______著名______开心______固执______唯一______满足______
今天______向往______宣称______真诚______探讨______时候______上帝______
所以______思考______尽管______愿意______认为______争夺______青年______
身边______最后______都有______太阳______只是______

这个老人穿（PWAT）着（UDH）脏兮（WGNB）兮的长袍，肩上还湿淋淋的一片，向雅（AHTY）典（MAW）的集市（YMHJ）走去。路人见到纷纷闪开，仿佛有点怕他。他出来之前，刚和刁（NGD）蛮的老婆吵了一架，出门时，一盆水便从二楼泼（INTY）了下来，尽管如此，我还是向往这个时代，因为如果今天再发生这种争吵，怕就不是一盆水所能解决问题的了，老人抹抹脸上的水，头也不抬，只轻轻地说了一句："我早知道，雷霆（FTF）之后必有大雨。"如果我是一个雅典公民，那么我很可能被老人拉住袖子问道："告诉我，朋友，什么是幸福？什么是正义？"但真正的雅典人已经被他问怕了。他们会说："苏格拉底，别再用你那著名的反讥讽和我们穷开心了。你什么都知道的，你就直说吧。"但老人固执地摇摇（RER）头说："我知道什么！我唯一知道的，就是我一无所知。"在太多的人满足于一知半（UF）解的今天，我向往这个有人宣称他一无所知的时代。在太多的人说"你累不累呀"的今天，我也向往这个真诚地探讨什么是正义和幸福的时代。那个时候，雅典人还不知有上帝，所以，他们思考上帝就不会发笑，一般的人更不会笑。尽管他们自己怕被苏格拉底缠（XYJ）住问个不休，但他们愿意听，即使听不懂，也不会一哄而散。但这终于要了他的命，雅典当局认为他在和他们争夺青年，便逼他服毒，那时，我真想和柏拉图一起守在他身边，听他说出最后一句话："每个人身上都有太阳，只是要让它发光……"

练习 17：关于基础，纪昌学箭

关于______基础______没有______传授______具体______技巧______要求______
必须______学会______目标______眼睛______即使______功夫______标准______
达到______体积______东西______能够______清晰______放大______看到______
最小______车轮______得知______结果______满意______学习______眼力______
动作______扎实______应用______可以______企业______经营______也是______
基本______从事______财务______技术______业务______掌握______那么______
如果______忘记______倒塌______进一步______轻而易举______

纪昌向飞卫学射（TMDF）箭，飞卫（BG）没有传授具体的射箭技巧，却要求他必须学会盯住目标而眼睛不能眨动，纪昌花了两年，练（XAN）到即（VCB）使椎子向眼角刺（GMI）来也不眨一下眼睛的功夫。飞卫又进一步要求纪昌练眼力，标准要达到将体积较小的东西能够清晰地放大，就像（WQJ）在近处看到一样。纪昌苦练三年，终于能将最小的虱子看成车轮一样大，纪昌张开弓（XNG），轻而易举的一箭便将虱子射穿。飞卫得知结果后，对这个徒弟极为满意。学习射箭必须先练眼力，基础的动作扎实了，应用就可以千变万化。企业的经营也是一样，基本的人事、财务、技术、业务一定要好好掌握，那么后续就可以鸿图大展（NAE）了。办企业尤（DNV）如修塔，如果只想往上砌（DAV）砖，而忘记打牢基础，总有一天塔会倒塌（FJN）的。

练习 18：鞋带松了吗

表演______告诉______点头______致谢______仔细______一切______回答______
因为______劳累______长途______可以______通过______细节______表现______
告诉______发现______并且______热心______一定______保护______热情______
及时______鼓励______至于______更多______机会______表演______学习______
发现______下属______优点______慈爱______作为______经营______管理______
大力______提倡______经济______时代______要求______现代______时代______
智慧______最大______限度______凝聚______精神______降低______成本______
今天______种子______春风______收获______任何______理想______境界______
著名______集团______核心______文化______产品______市场______同事______
报酬______时候______坚持______一切______做人______做事______之中______
成为______为什么______积极性______

有一位表演大师上场前，他的弟子告诉他鞋带松了。大师点头致谢，蹲（KHUF）下来仔细系好。等到弟子转身后，又蹲下来将鞋带解松。有个旁观者看到了这一切，不解地问：“大师，您为什么又要将鞋带解松呢？”大师回答道：“因为我饰（QNTH）演（IPG）的是一位劳累的旅（YTEY）者，长途（WTP）跋涉让他的鞋带松开，可以通过这个细节表现他的劳累憔悴（NYWF）。”“那你为什么不直接告诉你的弟子呢？”“他能细心地发现我的鞋带松了，并且热心地告诉我，我一定要保护他这种热情的积极性，及时地给他鼓励（DDNL），至于为什么要将鞋带解开，将来会有更多的机会教他表演，可下一次再说啊。”向大师学习，就要以真挚的爱心去发现下属的优点，并将“发现”加以泛化，就会“慈爱无疆，仁者无敌”。将“爱”作为一种经营管理理念大力提倡，是“人本经济”的时代要求，是现代管理的时代智慧，最大限度地凝聚（BCT）了团队精神，降低了管理成本。今天播下“爱”的种子，春风化雨，就会收获到“士为知己者死，妇为悦己者容”，这个足以令任何大师所仰（WQBH）慕（AJDN）的理想境界。著名的青岛双星鞋业集团以“积德行善”为企业核心文化，对产品、市场、岗位、同事、报酬（SGYH），奉信“善（UDUK）有善报，恶有恶报，不是不报，时候不到”，坚持一切“利他”，将“善心、善举”寓（PJM）于“做人、做事”之中，成为常胜不衰（YKGE）一代“鞋王”。

练习 19：驴马之鉴

因为______偏爱______辛苦______许多______郊外______只好______全部______
货物______路途______遥远______后悔______现代______老板______员工______
寓言______得失______利弊______服从______企业______长远______本质______
利益______合理______人力______资源______调动______下属______最大______
限度______普通______同仁______依附______只有______学会______形成______
最大______积极性______一视同仁______

有人养了一头驴，一匹（AQV）马。因为偏（WYNA）爱那匹马，每有劳作，驴子总比马辛（UYGH）苦了许多。马恃宠（PDX）自得，不屑驴怨。一日，主人令驴马拉货于郊外，驴力小而载多，马轻荷而逍遥。路远日烈，驴渐不支，求助于马，马不肯助一丝一毫。几时，驴终累得倒地气绝。主人只好把驴身上全部货物尽载于马。日头愈烈，路途遥远，马独荷重负，后悔不已。现代职场，老板对员工必有亲疏。因亲疏而分力，必蹈马之覆辙。读驴和马寓言，察（PWFI）个人之得失：身为老板者，亲疏（NHY）好恶，利弊（UMIA）取舍，要服从企业的长远与本质利益。对员工需一视同仁，以合理整（GKIH）合人力资源，调动下属最大限度积极性；身为普通员工，同仁间唇（DFEK）齿相依，互为依附，只有学会精诚合作，形成最大合力，方能走出博弈怪圈（LUD），求得职场双赢。

练习 20：北风与南风

北风______继承______衣服______百年______之后______不料______紧紧______
自己______寒风______更加______猛烈______拿来______施展______本领______
温暖______开始______接着______阵阵______忍受______纷纷______先生______
形象______现代______比喻______真诚______拥抱______对方______时候______
同时______竞争______激烈______管理______之间______往往______彼此______
员工______放大______各自______那样______保持______同仁______警戒______
许多______相信______权威______严厉______企业______已经______语言______
目光______目标______演变______阶段______成为______威慑______难以______
掌握______影响______技能______

风神生（TG）了两个儿子，一个叫北风，一个叫南风。北风身（TMD）强体阔、力大如牛（RHK），南风温文而雅（AHTY）、弱不禁风，北风就瞧不起南风，要比武争夺继承权。风神就说：“你们俩谁能吹下行人的衣服，我百（DJ）年（RH）之后，谁就继承我做风神。来到城郭，遥望行人。北风冲上前去一阵猛吹，直吹得飞沙走石（DGTG）、树枝乱颤（YLKM）。不料，路上的行人都紧紧裹（YJSE）住自己的衣服。北风见状，把寒（PFJ）风吹得更加猛烈，还专（FNY）往行人衣角、脖领里灌，但是行人不但把身上的衣服裹得更紧，还把家里的皮衣皮裤拿来穿上。终于，北风累得直喘粗气，等南风来施展本领。南风端坐云头，把温暖的南风徐徐（TWT）送向行人，行人开始脱掉皮衣皮裤；南风接着把阵阵的热风吹向行人，行人开始汗流浃背，忍受不了热风的抚弄（GAJ），纷纷脱光衣服跳（KHI）到了河里。钱钟书老先生曾形象地把现代人比喻为刺猬。当刺猬想真诚地拥抱对方的时候，同时也深深地刺痛了对方。在竞争激烈的职场，管理与被管理之间，往往彼此视为“天敌”。在敌对中，员工的“防卫（BG）意识”被放大，他们各自穿着这样或（AKG）那样的“衣服”，保持着对管理者（和同仁）的警戒（AAK）。许多管理者，过多的相信了权威和严厉，却忽视企业已经从“鞭子管理、语言管理、目光管理、目标管理的演变中，走向了人性管理新阶段，亲和力也已经成为比威慑力更难以掌握、更具影响的管理技能。

练习 21：生于淡薄，死于偏执

淡薄______非洲______蝙蝠______身体______攻击______整个______巨大______
动物______分析______认为______复杂______厌恶______生命______结束______
丢失______性命______多少______宝贵______世界______就是______珍惜______
心灵______和谐______相处______必须______做事______出世______做人______
宽阔______胸襟______

非（DJD）洲（IYT）草原有一种吸（KE）血蝙蝠，它的身体极小，却是当地野（JFC）马的天敌。当它攻击（FMK）野马时，整个身体附在马的腿上，用嘴的尖端吸血，被吸血的野马就会暴（JAW）怒，狂奔，死（GQX）于荒郊。是蝙蝠威力巨大吗？动物学家分析认为，蝙蝠吸血量微不足道，野马是死于暴怒的狂奔而非失血。职场艰辛，人事复杂。对因厌恶针尖之事，轻生念起，使生命结束于一池水，一根绳，或盛怒难平致人伤亡而丢失性命者又有多少呢？生命是最宝贵的，死不能复生。我们来到这个世界上，就是要好好地珍惜生命、善（UDUK）待生命，与自己的心灵和谐相处。若要笑傲（WGQT）职场，必须有“入世做事，出世做人”的宽阔胸襟。对他人，要生仁爱之心；对个人，要有恬淡之心。

练习 22：防患于未然

兄弟______ 医术______ 到底______ 最好______ 那么______ 出名______ 治病______
病情______ 发作______ 之前______ 由于______ 一般______ 知道______ 事先______
所以______ 名气______ 无法______ 出去______ 只有______ 知道______ 轻微______
严重______ 看到______ 皮肤______ 高明______ 因此______ 控制______ 经营______
体会______ 等到______ 错误______ 决策______ 造成______ 重大______ 损失______
寻求______ 弥补______ 可惜______ 已经______ 为什么______ 亡羊补牢______

魏（TVR）文王问名医扁鹊说：“你们家兄弟三人，都精于医术，到底哪一位最好呢？”扁鹊答说：“长兄最好，中兄次之，我最差。”文王再问：“那么为什么你最出名呢？”扁鹊答说：“我长兄治病，是治病于病情发作之前。由于一般人不知道他事先能铲除病因，所以他的名气（RNB）无法传出去，只有我们家的人才知道。我中兄治病，是治病于病情初起之时。一般人以为他只能治轻微的小病，所以他的名气只及于本乡（XTE）里（JFD）。而我扁鹊治病，是治病于病情严重（TGJ）之时。一般人都看到我在经脉上穿针管来放血，在皮肤上敷（GEYT）药等大手术，所以以为我的医术高明，名气因此响遍全国。”未（FII）雨绸缪。事后控制不如事中控制，事中控制不如事前控制，大多数的经营者均未能体会到这一点，等到错误的决策造成了重大的损失才寻求弥补，可惜这时已经为时已晚。

练习 23：学会放弃

学会______ 放弃______ 来到______ 现在______ 过去______ 最大______ 前提______
只能______ 不准______ 如果______ 简单______ 高兴______ 对面______ 等待______
结果______ 于是______ 最后______ 失败______ 原因______ 以为______ 最大______
前头______ 所以______ 总是______ 匆匆______ 结果______ 知道______ 其实______
自己______ 已经______ 追求______ 最大______ 古老______ 故事______ 永远______
不能______ 满足______ 缺乏______ 明确______ 判断______ 能力______ 时候______
自己______ 东西______ 特别______ 现代______ 社会______ 什么______ 可以______
事业______ 成功______ 娱乐______ 爱情______ 金钱______ 庄严______ 生命______
保留______ 价值______ 必要______ 纯粹______ 部分______ 累赘______ 哲学家______

大哲学家柏拉图曾带着他的七个徒弟来到一块麦田前，对徒弟们说：“你们现在从这块田地里走过去，在田里捡一穗最大的麦穗，前提是你们只能拾一支，且（EG）谁也不准回头，如果谁捡到了，这块田地就归谁。”“这还不简单！”徒弟们听了很高兴地说。“好，我就在对面等你们。”柏拉图站在田地的对面等待结果。于是那七个徒弟就从田地里走到对面，最后他们都失败了。原因很简单，因为他们都以为最大的麦穗在前头，所以他们一路上总是匆匆（QRY）向前，结果到了尽头才知道其实最大的麦穗自己已经错过，追求最大却失去最大。这是一个古老的故事，意为着人的欲望永远不能被满足，以及缺乏明确判断的能力。“贪”是大多数人的毛病，有时候，如果我们只想抓住自己想要的东西不放，特别是现代社会，有些人什么都不愿放弃，结果却什么也得不到。

学会放弃，就得知道该放弃什么，不该放弃什么。为了熊掌，我们可以放弃鱼；为了事业的成功，我们可以放弃消遣（KHGP）娱乐；为了纯真的爱情，我们可以放弃金钱；为了庄严的真理，我们可以放弃利禄乃（ETN）至生命。我们应保留生命中最有价值、最必要、最纯粹的部分，而放弃那些附疣（UDNV）与累赘（GQTM）。当你放弃的那一刻，你就找回了自己，找回了快乐。

练习 24：我的位置在最高处

年轻______ 应该______ 担当______ 基层______ 职务______ 许多______ 创业______
肩负______ 重任______ 他们______ 扫帚______ 清扫______ 度过______ 最初______
时光______ 注意______ 现在______ 配备______ 工友______ 不幸______ 有益______
教育______ 组成______ 部分______ 不过______ 如果______ 早晨______ 某个______
未来______ 气质______ 青年______ 犹豫______ 假如______ 得到______ 聘用______
而且______ 都有______ 良好______ 开端______ 胸怀______ 那些______ 尚未______
自己______ 重要______ 公司______ 领导______ 思想______ 满足______ 充当______
任何______ 首席______ 职员______ 规模______ 位置______ 最高______ 企业家______
办公室______ 总经理______

年轻人应该从头学起，担当最基层职务。许多大企业家在创业之初都肩负过重任。他们与扫帚结伴，以清扫办公室度过了企业生涯的最初时光。我注意到，现在的办公室都配备了工友，这使我们的年轻人不幸丢掉了这个有益的企业教育的组成部分。不过，如果哪一天早晨清扫工碰巧没来，某个具有未来合伙人气质的青年就应毫不犹豫地试着拿起扫帚。假如你们都得到了聘用，而且都有了良好的开端，那我对你们的忠告是："要胸怀大志。"对那些尚未把自己看成是重要公司的合伙人或领导人的年轻人，我会不屑一顾。你们在思想上一刻也不要满足于充当任何企业的首席职员、领班或总经理，不管这家企业的规模有多大，你们要对自己说："我的位置在最高处。"

附　　录

附录 A　电子资源包内容简介

本资源包中包括五笔字型、拼音输入法的几种安装程序，计算机录入中用的练习和测试免费小程序，教材中文字录入大量对应的练习素材，Word 2003 排版中所用的素材和教材中大部分练习的答案，可供学生学习和练习，并有电子教案供老师备课参考。

模块 1 中的内容

- 任务 1 ~4 效果图与素材
- 任务 1 ~4 教案

模块 2 中的内容

- 常用输入法安装程序
  极品五笔
  紫光拼音
  五笔字型 86 版
  五笔字型编码查询系统
- 录入素材
  打字练习素材（模块 2 中的）
  打字练习素材（打字进阶）
- 录入测试与练习软件
  禧龙字王工作站软件 wk10b4
  禧龙字王网络软件 ws10b
  数字小键盘练习程序
- 五笔难拆字
- 五笔编码速查表（86 版）

模块 3 中的内容

- 任务 1 ~8 效果图与素材
- 任务 1 ~8 教案

模块 4 中的内容

- 任务 1 ~5 效果图与素材
- 任务 1 ~5 教案

模块 5 中的内容

- 任务 1 ~5 效果图与素材
- 任务 1 ~5 教案

模块 6 中的内容

- 任务 1 ~5 效果图与素材
- 任务 1 ~5 教案

模块 7 中的内容

- 任务 1 ~6 效果图与素材
- 任务 1 ~6 教案

模块 8 中的内容

- 25 个练习的文章

附录B　五笔字型输入法要点

五笔字型汉字编码流程图

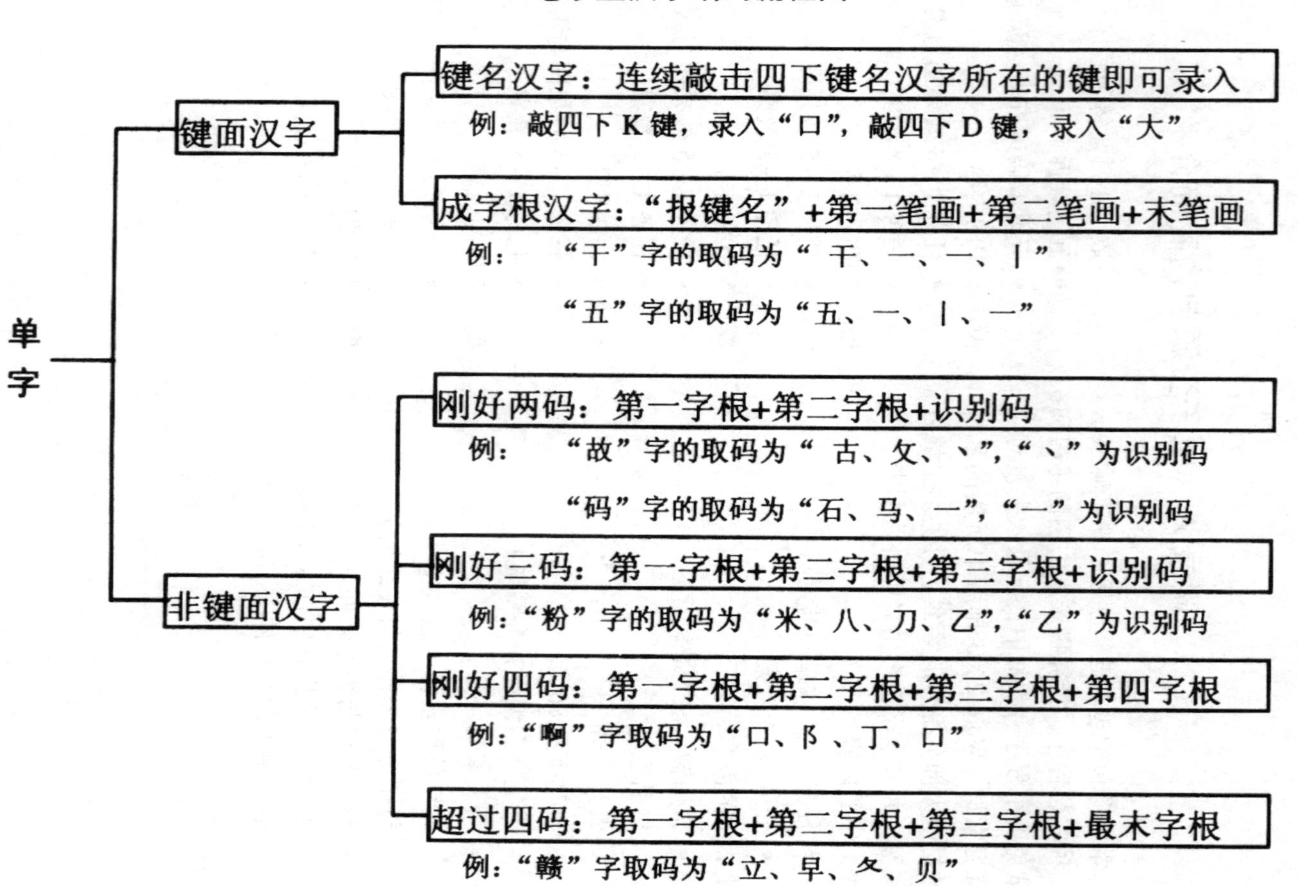

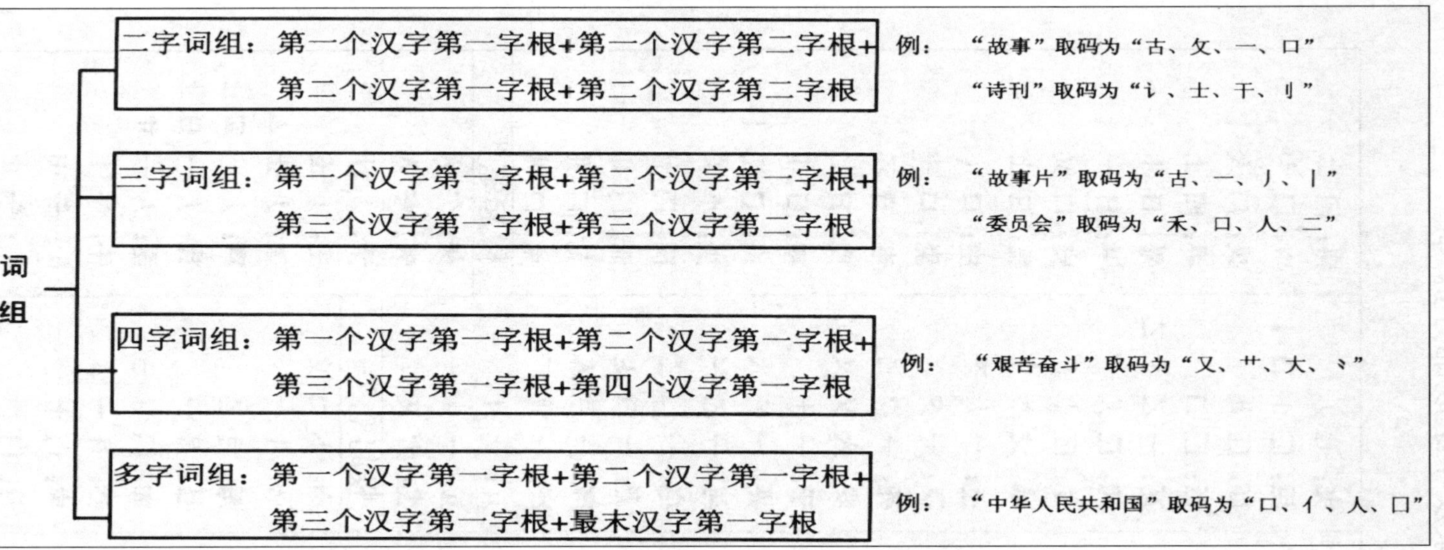

末笔识别码表

W	最后一笔为撇，杂合型 E	最后一笔为撇，上下型 R	最后一笔为撇，左右型 T	最后一笔为捺，左右型 Y	最后一笔为捺，上下型 U	最后一笔为捺，杂合型 I	O
S	最后一笔为横，杂合型 D	最后一笔为横，上下型 F	最后一笔为横，左右型 G	最后一笔为竖，左右型 H	最后一笔为竖，上下型 J	最后一笔为竖，杂合型 K	L
X	C	最后一笔为折，杂合型 V	最后一笔为折，上下型 B	最后一笔为折，左右型 N	,	.	

附录C　常用复杂汉字组成部分拆解

横起笔类

手：三 十
[illegible]：龶 勹
于：一 寸
夫：二 人
无：二 儿
正：一 止
酉：西 一
下：一 卜
击：二 山
未：二 小
末：一 木
並：二 丨丨 一
井：二 川
韦：二 乙 丨
[illegible]：千 䒑
戋：十 戈
耒：三 小
非：三 丨丨 三
考：土 丿 一 乙
[illegible]：十 䒑
才：十 丿
求：十 八 丶
疋：乛 止
丐：一 卜 乙
亚：一 业 一
事：一 口 彐 丨
吏：一 口 乂
[illegible]：一 口 丨 冖
再：一 冂 土
冓：一 冂 廾
市：亠 冂 丨
丙：一 冂 人
面：一 由
本：木 一
東：一 口 小
柬：一 四 小
束：一 冂 小
术：木 丶
平：一 䒑 丨
来：一 米
巫：工 人 人
世：廿 乙
甘：卄 二
其：卄 三
革：廿 [illegible]
辰：厂 二 [illegible]
灭：一 火
太：大 丶
夹：大 丷
丈：ナ 乀
兀：一 儿
尤：尢 乙
万：丆 乙
页：丆 贝
成：厂 乙 乙 丿
戌：厂 一 乙 丿
咸：厂 一 口 丿
豖：豕 丶
百：丆 日
甫：一 月 丨 丶
不：一 小
东：七 小
东：七 乙 八
戈：七 丿
臣：匚 丨 コ 丨
匹：匚 儿
巨：匚 コ
瓦：一 乙 丶 乙
兂：匚 儿
牙：匚 丨 丿
戒：戈 廾
[illegible]：一 丿 龶
歹：一 夕
死：一 夕 匕
爽：大 乂 乂 乂
于：一 十
夹：一 䒑 人
与：一 乙 一
屯：一 凵 乙
[illegible]：一 彐 止
夷：一 弓 人
严：一 业 厂
丌：一 川
互：一 [illegible] 一
友：ナ 又

竖起笔类

卤：卜 口 乂
[illegible]：丨丨 𠂉 丶
甩：月 乙
且：月 一
[illegible]：冂 丨丨 三
县：月 一 厶
曲：冂 廿
丹：冂 亠
册：冂 冂 一
冉：冂 土
巾：冂 丨
央：冂 大
[illegible]：四 土
果：日 木
[illegible]：日 十
史：口 乂
里：日 土
虫：口 丨 一
[illegible]：口 龶
电：日 乙
鬼：日 匕
申：日 丨
禺：日 冂 丨 丶
少：小 丿
冊：冂 卄
[illegible]：冂 丨丨
见：冂 儿
[illegible]：口 儿

撇起笔类

矢：𠂉 大
失：𠂉 人
千：丿 十
壬：丿 士
丢：丿 土 厶
[illegible]：丿 一 四 土
重：丿 一 日 土
垂：丿 一 卄 土
牛：𠂉 丨
[illegible]：𠂉 山
[illegible]：𠂉 止
[illegible]：𠂉 冂 丨

（续）

朱：𠂉 小
無：𠂉 罒 一
天：丿 大
生：丿 龶
𠂒：丿 土
牜：丿 扌
我：丿 扌 乙 丿
[illegible]：亻 三
升：丿 卄
乇：丿 七
臿：丿 十 臼
秉：丿 一 彐 小
舌：丿 古
毛：丿 二 乙
午：𠂉 十
气：𠂉 乙
长：丿 七 ㇏
片：丿 丨 一 乙
甶：白 丿
囱：丿 口 夕
丘：斤 一
舟：丿 丹
𠂤：𠂆 彐 乙
斥：斤 丶
[illegible]：𠂆 コ
瓜：𠂆 厶 丶
[illegible]：亻 二 车 乙
爪：𠂆 丨 ㇏
币：丿 冂 丨
自：丿 目
身：丿 冂 三 丿
禹：丿 口 冂 丶

[illegible]：亻 コ コ
角：⺈ 用
[illegible]：丿 止
乎：丿 丷 丨
[illegible]：[illegible] [illegible]
乏：丿 之
臾：臼 人
鱼：[illegible] 一
免：⺈ 口 儿
风：几 㐅
夂：夂 丶
犭：犭 丿
乌：⺈ 乙 一
勿：⺈ 𠂎
勹：⺈ 丿
[illegible]：𠂆 丿
[illegible]：𠂆 丶
勺：⺈ 丶
匈：⺈ 人 乙
饣：⺈ 乙
久：𠂊 ㇏
鸟：⺈ 丶 乙
卵：𠂆 丶 丿 丶
氏：𠂆 七
乐：𠂆 小

捺起笔类

㐫：文 凵
亡：亠 乙
[illegible]：广 コ 〢
产：立 丿
亥：亠 乙 丿 人
州：丶 丿 丶 丨

半：丷 十
羊：丷 手
[illegible]：丷 [illegible]
[illegible]：丷 手 丷
北：丬 匕
[illegible]：丿 米 丨
⺍：⺍ 一
兆：㓁 儿
[illegible]：丷 人
并：丷 廾
关：丷 大
首：丷 丿 目
酋：丷 西 一
[illegible]：丷 冂 小
农：冖 𧘇
义：丶 㐅
尢：一 儿
[illegible]：一 亻 圭
礻：礻 丶
衤：衤 ⺀
户：丶 尸
良：丶 彐 𧘇
永：丶 乙 [illegible]

折起笔类

[illegible]：コ 丨 コ
[illegible]：コ 丨 二
尺：尸 ㇏
夬：コ 人
[illegible]：彐 厶
丑：乙 土
[illegible]：乙 丨 [illegible]
尹：彐 丿

[illegible]：彐 人
[illegible]：彐 月 丨
隶：彐 水
弟：弓 丨 丿
弗：弓 川
[illegible]：乙 耳
刁：乙 一
臧：𠂆 乙 𠂆 丿
卫：卩 一
出：凵 山
亟：了 口 又 一
丞：了 [illegible] 一
[illegible]：乙 止
[illegible]：乙 [illegible]
[illegible]：刀 二
飞：乙 ⺀
[illegible]：卩 又
予：龴 卩
发：乙 丿 又 丶
刃：刀 丶
[illegible]：[illegible] 一
乡：乡 丿
幽：幺 幺 山
母：[illegible] 一 ⺀
[illegible]：[illegible] 十
[illegible]：[illegible] [illegible]
[illegible]：乙 [illegible]
书：乙 乙 丨 丶
也：乙 乙
叉：又 丶

附录 D　文字录入练习轨迹表（1）

文章名称	第 1 次 字数/分钟	第 2 次 字数/分钟	第 3 次 字数/分钟	第 4 次 字数/分钟	文章名称	第 1 次 字数/分钟	第 2 次 字数/分钟	第 3 次 字数/分钟	第 4 次 字数/分钟

文字录入练习轨迹表（2）

文章名称	第1次 字数/分钟	第2次 字数/分钟	第3次 字数/分钟	第4次 字数/分钟	文章名称	第1次 字数/分钟	第2次 字数/分钟	第3次 字数/分钟	第4次 字数/分钟

参 考 文 献

［1］高萍．五笔字型输入法标准教程［M］．北京：科学出版社，2003.
［2］青华工作室．五笔打字与 Word 排版［M］．北京：电子工业出版社，2007.